有色金属冶炼场地
重金属污染土壤异位稳定化技术

欧阳坤 李倩 宁平 等编著

Ex-situ Stabilization Technology for
Heavy-metal Contaminated Soil at
Non-ferrous Metal Smelting Sites

化学工业出版社

·北京·

内容简介

本书以有色金属冶炼场地重金属污染土壤稳定化修复技术为主线，系统介绍了有色金属冶炼场地污染来源与特征、重金属稳定化技术研究与应用进展、稳定剂研发与制备、稳定化装备研制以及重金属异位稳定化修复技术在有色金属冶炼场地的应用实例，涵盖有色金属冶炼场地复合重金属污染土壤修复技术研发至应用全流程，旨在促进稳定化技术和装备在有色金属冶炼场地的推广应用，为采用类似修复技术和方法的场地修复提供理论依据和技术支撑，推动我国土壤修复工作顺利开展，促进国内自主研发技术装备实力提升，助力美丽中国建设。

本书具有较强的技术性和针对性，可供从事场地重金属污染控制及土壤修复等的科研人员、工程技术人员和管理人员参考，也可供高等学校环境科学与工程、冶金工程、生态工程及相关专业师生参阅。

图书在版编目（CIP）数据

有色金属冶炼场地重金属污染土壤异位稳定化技术 /
欧阳坤等编著. -- 北京 ： 化学工业出版社， 2025. 4.
ISBN 978-7-122-47803-0

Ⅰ. X53

中国国家版本馆CIP数据核字第20259WD938号

责任编辑：刘兴春　刘　婧
文字编辑：李　静
责任校对：赵懿桐
装帧设计：王晓宇

出版发行：化学工业出版社
　　　　　（北京市东城区青年湖南街13号　邮政编码100011）
印　　装：北京建宏印刷有限公司
787mm×1092mm　1/16　印张15¾　彩插5　字数259千字
2025年7月北京第1版第1次印刷

购书咨询：010-64518888
售后服务：010-64518899
网　　址：http://www.cip.com.cn
凡购买本书，如有缺损质量问题，本社销售中心负责调换。

定　　价：158.00元

《有色金属冶炼场地重金属污染土壤异位稳定化技术》
编著人员名单

编著者（按姓氏拼音排序）：

包　姗　包双友　蔡　超　陈国强　陈佳利　陈　婷

邓　嫔　辜娇峰　胡　涛　李　灿　李　凯　李　倩

刘兴宇　马　英　宁　平　欧阳坤　彭　达　彭　邹

石　燕　孙　鑫　万　斯　万文玉　王　兵　王　峰

王　伟　文　珊　杨景香　杨　流　姚咏歌　游　萍

袁翠玉　张又弛　周　斌　周　航　周　睿　朱　清

近年来，随着工业化、城市化进程的加速，土壤污染事件呈高发态势，土壤环境安全问题逐渐凸显，已成为公众关注的核心议题。中南地区作为我国重要的有色金属产业基地，集聚了大量有色金属冶炼企业。长期以来，这些企业在生产过程中排放的含重金属"三废"，经大气沉降、废水灌溉及废渣堆放等途径，致使冶炼场地及其周边土壤遭受严重的重金属复合污染。此类污染具有隐蔽性、累积性、长期性和不可逆性等特点，不仅会导致土壤质量下降、生态功能退化，还会通过食物链传递对人体健康构成潜在威胁。鉴于此，开展针对中南地区重金属污染土壤的快速高效修复技术研究已成为当前土壤环境保护领域的重要任务，对于保障区域生态安全、农业可持续发展及人民群众身体健康具有重要的现实意义。稳定化技术作为土壤重金属污染修复领域的重要手段，主要是通过添加稳定化材料降低土壤中重金属的迁移性与生物有效性，因操作简便、成本相对较低而被广泛应用。在欧美等发达国家和地区该技术已发展数十载，应用颇为广泛，以1982 ~ 2011年美国超级基金修复项目为例，1266个污染场地中有280个采用了稳定化技术。我国土壤稳定化技术应用起步晚于发达国家和地区，虽近年来国内研究机构与修复公司大力开展稳定化修复材料研发工作，但市场仍缺乏高效、绿色、经济的稳定化修复材料产品。在有色金属冶炼场地重金属复合污染问题突出，不同重金属间的拮抗作用给稳定化修复带来巨大挑战，因此开发能同时稳定处理多种重金属的长效、绿色稳定化药剂是亟待解决的关键技术难题。

　　针对中南地区冶炼场地重金属复合污染问题，尤其是饱水高黏性土壤修复，急需开发实用高效的修复技术与功能材料，并配备先进设备以保障冶炼场地综合防控与安全再利用。虽然永清环保等企业自主研发的移动式药剂生产线设备、固定式土壤修复一体化设备已获成功应用，但相较德、美、英等土壤修复技术发达国家，我国土壤修复设备仍有较大的提升空间。当前，国内多数设备依赖进口或进口改造，由于国内外土壤存在差异，引进的设备往往容易出现"水土不服"的情况，造价和维护成本双双走高。中南地区冶炼场地土壤饱水高黏性的特征使得能在其他土质场地正常应用的设备出现异位搅拌时混合困难、处理效率低、工程风险大等问题，导致修复效果受到影响。因此，研发具有自主知识产权、适用于中南地区冶炼场地饱水高黏性重金属复合污染土壤的快速高效异位稳定化修复技术与装备意义重大。

　　自2014年起，我国陆续发布一系列与污染场地治理相关的政策法规标准，初步构建了场地环境保护标准体系框架，基本解决了建设用地、污染地块的环境管理、风险防控与场地修复技术标准等问题，但大规模土壤修复工程应用时仍有诸多实际问题待解决。有色金属冶炼场地采用稳定化修复技术进行修复时的技术、设备、实地应用，以及其修复对象、修复方法、技术路线、实施过程、使用方法，并无相关书籍可供参考。本书基于国家重点研发计划课题"冶炼场地土壤重金属异位快速稳定化处理关键技术与智能装备研究"（2018YFC1802703）、湖南省科技重大专项"湘江流域镉污染控制关键技术研究与示范"（2012FJ1010）研究成果，按照稳定剂材料研发—稳定剂生产线建设—修复装备研制—实例验证的逻辑顺序行文，涵盖有色金属冶炼场地复合重金属污染土壤修复全流程，以期促进稳定化技术与装备在有色金属冶炼场地的推广应用，为其他地区土壤修复提供依据和支撑，推动设备规模化产业化应用推广，促进我国土壤修复工作的开展与自主技术装备实力的提升，同时传播笔者团队研究成果与经验，供土壤修复领域科研工作者和工程技术人员参阅与交流思考。

　　本书由湖南有色金属研究院有限责任公司、永清环保股份有限公司、中国科学院城市环境研究所、昆明理工大学等单位联合编著。本书的研究工作得到了国家重点研发计划课题"冶炼场地土壤重金属异位快速稳定化处理关键技术与智能装备研究"（2018YFC1802703）的资助，在此表示感谢。本书主要由欧阳坤（昆明理工大学博士，湖南有色金属研究院有限责任公司高级工程师）、李倩、宁平、游萍、周睿、胡涛、邓嫔、李灿等负责编著，全书最后由欧阳坤、李倩、宁平统稿并定稿。

本书在编著过程中参考了部分中外文资料，所引用文献资料统一列于参考文献中，部分做了取舍、补充或变动，对于没有说明之处敬请原作者或原资料引用者谅解，在此表示衷心的感谢。

限于编著者水平及编著时间，书中难免存在一些不足和疏漏之处，敬请各位读者批评指正。

编著者

2025年1月于长沙

目
录

第 **6** 章
异位稳定化技术与装备应用典型案例　　197

第 **1** 章

概 论

有色金属是国防科技与国民经济发展的最重要的战略资源[1]。我国是有色金属生产和消费大国，10种有色金属产量居世界前列。在长期冶炼活动中，冶炼矿石伴生或共生的重金属通过大气沉降、废渣淋溶、污水灌溉等方式进入土壤，导致冶炼场地及周边土壤重金属逐年累积[2,3]。全国土壤污染状况调查公报显示，重污染企业用地及周边土壤重金属污染超标率高达36.3%[4]，有色金属行业企业也在代表性重污染企业之列。近年来，重金属污染问题因长期累积而逐渐显现，流域和区域层面的重大污染事件频发。这些问题对我国社会经济的可持续发展和公众健康构成了严重威胁，并给我国生态系统的安全带来了重大隐患和潜在风险[5]。

1.1
有色金属冶炼场地土壤污染状况

1.1.1　有色金属冶炼场地分布情况

我国有色金属冶炼场地分布呈现显著的地域性特征，重金属污染在空间分布上呈现南方地区高于北方地区、东部地区高于西部地区的特点[6,7]，中南地区是有色金属冶炼的主要聚集区[3]。铅锌冶炼主要集中在中南地区（湖南、湖北、河南、广西）、西南地区（贵州、云南）、西北地区（甘肃、陕西），铜冶炼集中在中南地区（湖北、江西）、华东地区（安徽），锑冶炼集中在中南地区（湖南、广西）。湖南省以铅、锌、铜、锑冶炼为主，冶炼区主要集中在娄底冷水江、株洲清水塘、衡阳水口山、郴州三十六湾等地区，主要污染物为Pb、Zn、Cu、Sb、Cd、As、Hg、Cr[8-12]。湖北省以铜、铅冶炼为主，冶炼区聚集在大冶地区，主要污染物为Cu、Pb、Cd、Zn、As、Hg[13,14]。河南省以铅冶炼为主，冶炼区集中分布在焦作、济源、安阳、三门峡地区，主要污染物为Pb、Cd、Zn、As[15-18]。江西省以铜及钨等稀有金属冶炼为主，冶炼区集中分布在鹰潭贵溪和赣州地区[3]，主要污染物为Cu、Cd、Pb、Zn、As、Hg、Cr[19-23]。广西壮族自治区以铅、铜、锑冶炼为主，冶炼区集中在百色、河池、柳州、钟山等地区[24]，主要污染物为Pb、Cu、Sb、Cd、Zn、As、Cr[25-27]。此外，贵州省（赫章、威宁等）、云南省（会泽、个旧等）、甘肃省（白银等）、陕西省

（宝鸡、汉中、商洛）是除中南地区之外的铅、锌冶炼活动的聚集区，主要污染物为 Cd、Pb、Zn、As[28-31]。安徽省是除中南地区之外的铜冶炼的聚集区，冶炼区集中分布在铜陵，主要污染物为 Cd、Pb、Zn、Cu、As、Cr[32,33]。

1.1.2 有色金属冶炼场地重金属污染特征

场地污染主要呈现为表层污染，同时局部区域亦存在深度污染现象。由于矿石原料、冶炼工艺以及企业规模、运行时间等的差异，不同类型冶炼厂周边土壤表现出不同的重金属复合污染特征。例如，铅锌冶炼厂周边经常会出现严重的 Pb、Zn、Cu 和 Cd 复合污染，有时还伴有不同程度的 As、Cr、Hg、Ni 等复合污染[34]。铜冶炼厂周边土壤常会出现 Cu 与 Cd、Zn、Pb、As 的多种复合污染[35-39]。

1.1.2.1 冶炼活动对重金属水平分布的影响

冶炼场地土壤中不同重金属在杂填土层中的污染分布呈现明显的空间异质性特征。Zhong 等[40]对铅锌冶炼场地进行研究发现，场地 Cd、Zn、As 和 Pb 呈现重度污染，且整个场地的分布均呈现高水平污染特征；Hg、Mn、Cu 和 Sb 污染主要集中分布于部分区域，如沸腾炉工段、焙烧车间等；Zn、As、Cd 和 Pb 的分布区域相似，多集中在原料堆场、锌浸出区、焙烧车间和锌电解区等几个关键的生产功能区。Zhang 等[41]运用正矩阵分解（PMF）与主成分分析（PCA）方法研究发现，铅锌冶炼场地土壤中的 As、Hg、Sb、Pb 和 Cu 元素主要分布在火法冶金区域，而 Cd、Tl 和 Zn 元素则主要分布在湿法冶金区及原料储存区。场地土壤金属污染以冶炼活动输入为主，占比84.5%，其中 Pb、Tl、As、Hg、Sb 和 Cu 主要来自大气沉降，Cd 和 Zn 主要来自地表径流。文献表明[42-44]，在一定区域内，距离工业区较近的监测点位所检测到的重金属污染水平显著高于远离工业区的监测点位。在中南地区某大型冶炼厂周边，土壤 Cd 与 Pb、Zn 浓度显著相关，并且与距冶炼厂的距离呈显著负相关[45]。孙涛等[46]的统计结果表明，该地区 Cu、Cr、As、Fe、Ni 和 Zn 的浓度在距厂区 200m 处出现峰值，随后开始减少，而在 400～600m 处再次增加，重金属的扩散受到扬尘降落、运输降落、风向风力和雨水冲刷等多种因素的影响。

1.1.2.2 冶炼场地重金属的垂向分布

重金属由冶炼活动释放至表层土壤中。在长期的降雨淋溶下，吸附或附着于表层土壤颗粒中的活性形态重金属会释放出来，其中一部分滞留于土壤孔隙中或者被质地更为紧密的岩土相截留，另一部分随雨水持续向下迁移与潜水地下水相结合。研究发现地形、污染物的类型和特性、土层的物理和化学性质、污染源的距离等多种因素的共同作用导致重金属垂向分布差异[47]。尹炳奎等[48]研究表明，重金属含量从表层向下总体呈递减趋势，在厂区下风向呈由纵向向深层土壤扩散的趋势[49]。冶炼场地及周边土壤中重金属含量随土层深度增加而快速降低，主要累积在2m以内[50]。Ma等[51]通过分析不同土层重金属污染状况，也得出重金属分布均随土层加深而呈现递减趋势的结论。冶炼场地重金属污染集中分布在杂填土层，素填土层重金属含量减少，黏土层重金属污染较轻，泥质粉砂岩层中以低浓度元素为主。填土层有显著的渗透特性，形成了污染物传输的"优先通道"，促进了污染物的高效传输与迁移；此外，填土层中广泛分布的高岭石等黏土矿物对重金属具有一定的吸附能力，这些因素综合作用导致了大量重金属在填土层中累积。黏土层土壤的渗透性较低，能在一定程度上限制重金属的迁移过程。风化基岩层中的泥质粉砂岩具有较高的密实度，对重金属迁移具有显著的阻滞效应，从而有效地抑制了污染物质向深层土壤的扩散。从介质的物理和化学特性分析，重金属的吸附总量受到土壤阳离子交换能力以及黏土矿物种类和数量的共同影响[52]。粉质黏土具有较高的阳离子交换能力和充足的黏土矿物，大量研究已经证实重金属在黏土层的迁移受到较多限制[53]。重金属在土壤及地下水中的迁移与分布特性，显著受到特定区域环境条件的制约[1]，在土壤和地下水环境的诸多影响因素中，pH值占据着举足轻重的地位。众所周知，碱性环境能够增强土壤中黏土矿物和有机物对金属离子的吸附作用，从而有效降低溶液中金属离子的浓度。此外，土壤中更还原的条件会导致重金属的生物可利用性和迁移性持续下降。聚焦于重金属自身特性，已有研究证实Cd是一种具有特殊水化学特性的重金属[54]，也被认为是自然环境中迁移性最强的重金属之一[55]。Zn在土壤水溶液中多以Zn^{2+}形式存在，在特定的环境条件下与Cd相似也极易随水运移。自然环境中As多以三价砷或五价砷形式存在，迁移能力较强的赋存形态有水溶态砷和吸附态砷，但在土壤中更多是以非水溶性的形态存在，因此由冶炼活动释放的As多滞留于上层土壤，垂向迁移能力低于其他重金属。Pb在土壤中主要以+2价存在，容易形成$Pb(OH)_2$或$PbCO_3$等难溶沉淀，因此其在土水环境中的迁移能力也相对较弱[56]。对Hg而言，土壤中的大部分Hg^{2+}被固定在固相胶体中，由于其极小的体积，固相胶体颗粒会携带大量Hg在土壤孔隙中持续迁移[57]，这些特定的物理化学特性在一定程度上阐释了深层土壤中重金属Cd和Hg污染的成因。

1.2
有色金属冶炼场地重金属污染来源及危害

1.2.1　有色金属冶炼场地重金属污染来源

冶炼活动是重金属人为释放至土壤-地下水系统的主要途径，因此冶炼场所普遍被视为区域内的主要重金属污染源。有色金属矿石中通常伴生有Cd、As、Cu、Ni等多种重金属元素，如图1.1所示[58]（书后另见彩图），在冶炼过程中这些元素大多会转移到冶炼渣、冶炼废水和烟尘中，而冶炼渣无序堆放、生产废水直接排放、烟尘大气沉降3种方式是冶炼场地土壤重金属污染的主要途径[59]。

空气污染

大气沉降

矿山

冶炼厂

矿业活动

金属离子

重金属淋滤

冶炼废渣

金属颗粒富集

图1.1　冶炼厂污染土壤中重金属污染源[58]

2017年，冶炼渣产量达到4.51×10^9t，占中国工业固体废物总产量的12.34%[60]。据不完全统计，在中国每生产1×10^4t金属Zn就会产生约9.6×10^3t冶炼渣[61]，而因为管理不当等问题这种典型的危险废物在过去几十年间不断被倾倒在冶炼厂周边区域[62]。这些冶炼渣中通常含有大量有毒有害重金属元素（Cd、Zn、As、Cu和Pb等）[63]。研究发现[64]，固废堆存区表层土污染最严重，往往与其长期堆放固体废物相关。Yang等[65]推断Zn冶炼渣可能是造成农业土壤重金属污染的主要原因。吕留彦等[66]研究发现黔西北地区土法炼锌活动已停止10~20年，但集中分布的遗留土法炼锌矿渣仍然是对外释放污染的源头，对周边土壤、水源造成一定程度的污染。此外，许多研究表明，地表侵蚀、自然风化、降雨冲洗以及微生物活动会加速冶炼渣中重金属的溶出扩散，不仅造成冶炼场地的重金属污染，还随着重金属的迁移扩散造成场地周边土壤和地下水的污染[67-69]。Jarošiková等[70]发现，在pH值为3~12范围内，铜冶炼渣中的Cd浸出浓度为0.01~8.06mg/kg，Cu的浸出浓度为0.04~1780mg/kg，Pb的浸出浓度为0.01~752mg/kg，Zn的浸出浓度为0.07~907mg/kg。吴攀等[71-73]对土法炼锌矿渣进行研究发现，这些废渣是一种高度不均匀的复杂集合体，pH呈中性、微碱性，重金属的总量大、释放时间长，随着水文地球化学影响重金属转化为溶解态，河流沉积物成为重金属潜在的二次污染源，对环境构成持续性威胁。废弃堆渣中的矿物质在外环境作用下产生的酸性废水，对废弃堆渣场地及其周围的地下水及生态环境都有着严重的影响[59,74-76]。

有色金属冶炼厂排放富含金属颗粒的大气沉降物被普遍认为是冶炼场地和周边土壤中最主要的金属富集途径之一[59,77]。Li等[78]研究发现湖南省株洲铅锌冶炼厂在1991~2000年期间向大气中排放了77.82t Cd，占该市排放总量的95%。Neerag等[79]观察到长期的冶炼粉尘沉降造成了Zn冶炼厂周边土壤严重的Zn污染。Lu等[80]采用Pb同位素技术对辽宁省葫芦岛锌冶炼场地重金属污染进行了定量解析，也发现冶炼废气的沉降是周边影响区域重金属污染的主要来源。Lee等[81]评估发现冶炼厂周围表层土壤中49%和83%的重金属元素是由冶炼厂颗粒物的排放和沉积造成的，且建筑物顶粉尘中重金属大部分来自冶炼活动，尤其是来自冶炼铸造、浸出区的烟囱排放[24]。Song等[82]也采用同位素技术判别锌冶炼场地土壤Hg污染的形成原因，明确了大气沉降是土壤汞污染的主要途径。Ghayoraneh等[83]调查发现，伊朗北部的一个铅锌冶炼厂排放的烟尘富含Cd、Zn和Pb，并且沿着风向传播扩散，Cd可传播至下风口8km处土壤中，Zn和Pb传播至3.4km处土壤中，且土壤重金属含量与距冶炼厂距离呈负相关。Gelly等[84]发现冶炼厂产生的富铅颗粒可以沿主风向传播长达7km，甚至可以转移到表层土壤以下80cm处。研究[85]发现冶炼过程中使用的燃料和辅助材料（如煤炭、石油等）燃烧会产生含有重金属的烟尘和飞灰，这些物质会沉降在土壤中，导致重金属累积。陶美娟等[86]等发现季节变化会影响重金属的大气沉降量，尤其是Cr、Zn，并且研究发现春夏两季易出现各种重金属沉降量的最高值，冬季一般最低。

有色金属冶炼过程中排放的废水具有物质种类多、组分复杂、重金属浓度高、水量大等特点，如处理不当，甚至随意排放，将会造成严重的环境污染，进而对生态系统及人体健康产生重大危害[87]。其中，有色金属冶炼中通过废水排放的污染物绝大部分集中在污酸废水中，具有重金属浓度高、酸度高、腐蚀性强的特点[88]。此外，为了获得高纯度的金属，通常采用湿法冶金对原矿进行预处理，也会释放大量的高浓度重金属离子废水[89]。在环保措施有限的过去，废水可以通过"跑冒滴漏"等途径进入土壤或地下管道附近的环境中。例如，曾晓娜等[90]对南方典型有色金属冶炼企业集中区污染情况进行调查，发现厂内污染主要集中在生产区和废水治理区。

1.2.2 有色金属冶炼场地重金属污染危害

有色金属冶炼场地的重金属污染对生态环境构成了显著的风险，其中以镉、铅、砷等元素最为严重。这些重金属不仅在土壤中富集，还可能通过地表水和地下水等途径迁移和扩散，从而影响更广泛的区域和生态系统。重金属元素生物降解与生物地球化学循环如图1.2所示[91]（书后另见彩图）。

冶炼过程中产生的废水、废气和废渣中的重金属会通过多种途径进入土壤和地下水系统。研究表明，冶炼厂周边土壤中重金属如Cd、Pb、As等的含量显著高于背景值，且污染程度与距冶炼厂的距离密切相关[50]。在某冶炼厂周边，土壤中Cd的平均含量为20.7mg/kg，是地壳背景值的345倍[50]；某废弃锌冶炼场地土壤中Zn的超标率为81%，Cd为53%[92]。铜冶炼场地周边土壤中Cd、Cu的平均含量分别为10.5mg/kg和1948mg/kg，远高于背景值[93]。此外，冶炼场地的土壤和地下水中的重金属含量也远超国家农用地土壤污染风险管制值[94]。例如，对于湖南郴州市冶炼厂区的研究显示[95]，7种重金属（Cd、As、Pb、Cr、Cu、Zn、Hg）存在不同的污染程

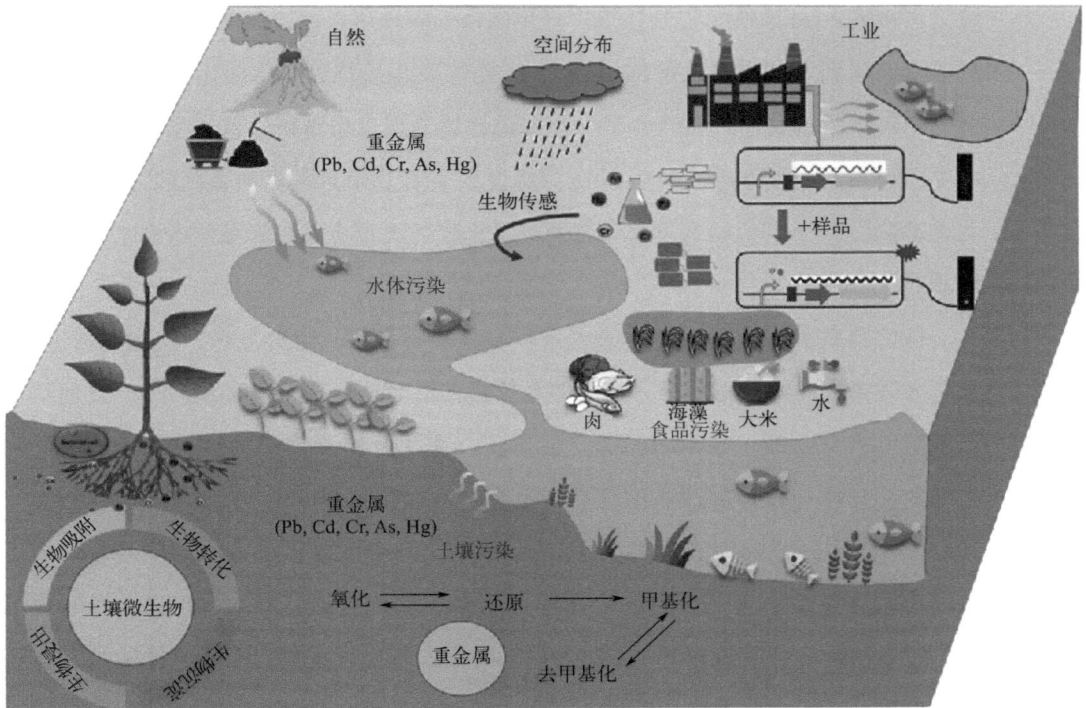

图1.2 重金属元素生物降解与生物地球化学循环[91]

度，Cd、As、Hg、Zn平均含量分别为2.8mg/kg、57.2mg/kg、0.6mg/kg和347.1mg/kg。这些重金属在土壤和地下水中长期累积，不仅影响土壤的生态功能，还可能通过地表水和地下水系统进入更广泛的环境。冶炼厂周边的农田土壤也显示出不同程度的重金属污染，如四川省典型冶炼企业周边农田土壤中Cd、Zn、Cu、Pb等元素超标[96]；河南省义马市20余万吨铬渣在未经处理缺乏防护的情况下堆放在梁沟村农田之中，经过雨水的淋溶作用造成梁沟村地下水严重污染，土壤寸草不生[97,98]。国内学者对西南地区某矿冶区附近土壤进行采样，结果表明，研究区农田土壤重金属Cd、Pb、Zn含量相对处在极高水平，Cd、Pb、Zn的均值分别为15.56mg/kg、419.4mg/kg、933.4mg/kg，污染十分严重[99]。

通过潜在生态危害指数法和其他风险评估模型，研究发现冶炼场地及其周边地区的重金属污染具有较高的生态风险。例如，云南省某冶炼区的土壤和底泥中Cd含量显著超标，且存在极高的潜在生态风险[94]；湖南省某冶炼城市的大气降尘中也检测出多种重金属元素，其中Cd、Fe、Sb等达到极重度污染水平[100]；西南地区某矿冶区附近农田土壤重金属Cd、Pb、Zn含量相对处于极高水平，Hg和As属于中度污染，研究区整体上处于极高生态风险水平[99]。许大毛等[101]以黄石市大冶有色冶炼厂周边地表水和农业土壤为研究区域，分析6种重金属（Cr、Ni、Cd、Cu、Pb、Zn）含量及重金属相关性与来源，并开展健康风险评价，结果表明土壤中致癌风险主要来自Cr。莫小荣等[102]结合克里金法，从二维角度对某冶炼厂拆迁地块土壤进行健康风险评价，结果表明生产区和堆放场土壤中Cr存在致癌风险。

重金属污染对生态系统的影响是多方面的。重金属如Cd、Pb、As等具有极高的生态毒性，能够通过食物链累积，导致生物体内的重金属浓度增加，进而影响生物的生长发育和繁殖能力。例如，研究显示冶炼区周边土壤中Cd的潜在生态风险指数极高，表明其对生态系统构成了极大的威胁[94]。一些重金属已经被证明对淡水螺的繁殖、发育和孵化都有负面影响[103]。鸟类和哺乳类长期暴露在重金属环境下，也可导致睾丸发生病变[104]。此外，重金属污染还可能导致土壤微生物群落结构的变化，降低土壤的生物多样性和生态稳定性。张彦等[105]对长期污水灌溉区农田土壤重金属镉污染的影响进行了研究，结果表明土壤中微生物的数量、酶活性等生物指标均随重金属浓度的增加而下降，严重影响微生物的正常生长繁殖，进而影响土壤功能。

冶炼场地重金属的扩散迁移可能污染周边农田的农作物，威胁当地居民健康[106]，甚至影响土地资源的有效利用，制约区域社会的可持续发展[107]。土壤在受到重金属污染以后会直接危害人体健康，主要是由于粮食以及蔬菜等从土壤中吸收的重金属被人类食用以及使用后就会被人体所吸收，引发中毒、骨质疏松、心血管疾病、癌症等严重疾病[108]。近年来，我国重金属污染事件频频曝光。2005年12月，广东省北江韶关段出现镉污染，环保部门检测出镉浓度超过标准近10倍；2006年3～8月，甘肃省铅污染事件直接导致甘肃省陇南市徽县水阳乡368人血铅超标，造成此次污染的企业周边400m范围内的土地全部被污染；2006年9月湖南省岳阳砷污染事件造成县城8万多居民饮水困难，监测发现砷超标10倍左右；2008年，贵州省独山县、湖南省辰溪县、广西壮族自治区河池、云南省阳宗海、河南省大沙河等地相继发生5起重大砷污染事件，其他类型重金属事件也有8起[109]；2009年8～9月，媒体又相继报道了陕西省凤翔、湖南省武冈、河南省济源、内蒙古自治区赤峰、福建省上杭5起重金属污染事件[110]；2010年发生14起重金属污染事件，其中9起都与血铅中毒有关；2011年1～8月全国共发生11起重金属污染事件；2012年1月，广西壮族自治区龙江河发生镉污染事故；2013年5月，湖南省攸县生产的大米在广东省被查出镉超标，此事件引发了社会热议。根据农业农村部门的调查，中国约10%的稻米存在镉超标问题，对于全球稻米消费量最大的国家来说，这无疑是一个需要重视的现实问题。

1.3
有色金属冶炼场地重金属污染防治相关政策

国务院颁发的《土壤污染防治行动计划》指出，土壤污染防治以坚持预防为主、保护优先、分类管理、风险管控、污染担责、公众参与为准则，对污染场地的风险管控和修复技术进行大量研究。2019年《中华人民共和国土壤污染防治法》正式实施，将风险管控与修复技术纳入其中，自此中国的场地土壤环境管理正式步入法治化管理轨道。

1.3.1 政策和法规

针对有色金属冶炼行业重金属污染防控方面，国家层面提出了控制产能、节能减排以及转型创新等发展目标，鼓励有色金属行业绿色发展。例如：2013年，国务院印发了《循环经济发展战略及近期行动计划》；2013年2月，工业和信息化部发布了《关于有色金属工业节能减排的指导意见》，以推动有色行业在产业结构优化调整、加强节能减排与资源综合利用关键技术研发、推动节能减排先进适用技术应用示范等方面积极开展工作。2015年，新的《中华人民共和国环境保护法》正式实施，面对更严格的制度、更严密的法治，有色行业在环保倒逼机制下寻求高质量的发展机遇[111]。2017年1月国务院发布《全国国土规划纲要（2016—2030年）》，提出推动有色金属冶炼等行业技术革新改造，减少污染排放；2022年3月生态环境部发布《关于进一步加强重金属污染防控的意见》（环固体〔2022〕17号），要求针对包括重有色金属冶炼业在内的六大行业，进一步强化重金属污染物排放控制，有效防控涉重金属环境风险；2024年3月工业和信息化部等七部门发布《推动工业领域设备更新实施方案》，要求有色金属行业加快高效稳定铝电解、绿色环保铜冶炼、再生金属冶炼等绿色高效环保装备更新改造。地方政府也出台相应政策，推动有色金属行业绿色发展。例如，2022年内蒙古自治区人民政府发布《内蒙古自治区碳达峰实施方案》，提出要严格实行产能置换，严控新增产能，加强有色金属技术装备开发应用，积极推进电解铝、铜铅锌等冶炼技术改造升级。

针对重金属污染治理与修复方面，国家层面出台了一系列政策，强调有色金属行业要加强污染减排、固体废物综合利用及环境管控与修复。例如，2015年4月16日，国务院发布《水污染防治行动计划》（又称"水十条"），提出要整治包括有色金属行业在内的十大行业的水污染问题，推动污染较重企业退出；2016年，国务院发布了《土壤污染防治行动计划》（又称"土十条"），从十个方面制定了35条细则，重点聚焦有色金属矿产资源开发活动集中区域和受污染耕地安全利用，系统开展土壤污染治理；2017年7月，《污染地块土壤环境管理办法（试行）》正式施行；2018年，生态环境部发布《工矿用地土壤环境管理办法（试行）》，同年，印发《土壤环境质量 农用地土壤污染风险管控标准（试行）》（GB 15618—2018）和《土壤环境质量 建设用地土壤污染风险管控标准（试行）》（GB 36600—2018），为开展农用地、建设用地准入管理和安全利用提供技术支撑；2019年1月1日起施行的《中华人民共和国土壤污染防治法》规定，任何组织和个人都有保护土壤、防止土壤污染的义务，需要对造成的土壤污染依法承担责任；2020年，出台《土壤污染防治基金管理办法》，规范土壤污染防治基金的资金筹集、管理和使用，引导社会资本参与污染土壤治理与修复；2021年，中共中央、国务院下发《关于深入打好污染防治攻坚战的意见》，提出要深入打好净土保卫战，管控建设用地土壤污染风险，推进农用地土壤污染防治和安全利用；2022年，政府工作报告中再次申明，持续推进土壤污染防治，加强固体废物和新污染物治理；2024年9月生态环境部发布《关于以高水平保护促进中部地区加快崛起的实施意见》，加强尾矿库、重金属和历史遗留矿山综合治理，督促指导安徽、江西、河南、湖南等省份加强重点区域、重点行业重金属污染防控，有效减少重金属排放总量，支持推动长江流域、黄河流域历史遗留矿山生态环境综合治理，加快整治尾矿库、丹江口库区上游历史遗留重金属污染等环境风险隐患。地方政府在有色金属行业污染防治方面也发布了多项政策，推动当地开展源头减排、污染治理工作。

1.3.2 技术规范与标准

为了实现重金属污染的有效防控，我国制定了多项技术规范和标准。2017年6

月，环境保护部修订了铜、铝、铅、锌、镁等污染物排放标准，增强了对企业环境监管的有效性；2017年9~12月，环境保护部更新排污许可证申请与核发技术规范中铅锌冶炼、铝冶炼、铜冶炼等10项技术规范，进一步完善排污许可技术支撑体系，指导和规范有色金属工业相关产业排污单位许可证申请与核发工作，并加强重金属冶炼工艺废水深度治理。2020年，生态环境部等部门加大了对含重金属废水的管控力度，修订了铅锌工业、锡锑汞工业污染物排放标准，修改中增加了对废水中总铊的控制要求，重金属排放量大幅度下降。2022年1月1日起施行的《排污单位自行监测技术指南　有色金属工业—再生金属》（HJ 1208—2021），规范了再生有色金属工业排污单位自行监测工作。

对于污染地块管理、风险管控与修复方面，2014年2月，环境保护部正式发布了《场地环境调查技术导则》（HJ 25.1—2014）、《场地环境监测技术导则》（HJ 25.2—2014）、《污染场地风险评估技术导则》（HJ 25.3—2014）、《污染场地土壤修复技术导则》（HJ 25.4—2014），这些技术规范是污染场地治理的依据和方法，初步搭建了场地环境保护标准体系的框架。2019年发布的系列标准取代了2014年版的相关标准，基本解决了建设用地、污染地块的环境管理、风险防控和场地修复技术标准等问题。

地方政府也根据当地实际情况，纷纷出台相应的技术标准，推动有色金属行业绿色发展。如湖南省曾因污染源控制不当遭受严重的镉污染，是国内最早开展重金属污染治理的地区，曾先后出台《湘江流域重金属污染治理工程实施方案》《重金属污染场地土壤修复标准》（DB43/T 1125—2016）、《工业废水铊污染物排放标准》（DB43/ 968—2021）等；上海、江西、深圳等地纷纷出台建设用地土壤风险管控及筛选值相关标准。

我国在有色金属冶炼场地的重金属污染控制方面，通过制定政策法规和技术规范、开展污染防治技术研究、实施地方性政策规划、加强环境监管与执法以及提出风险管控与修复方案等多方面的措施，形成了较为完善的重金属污染防控体系。但是，在大规模的土壤修复工程应用时还有诸如政策、标准、技术等方面的很多实际问题需要解决。本书通过介绍有色金属冶炼场地稳定化修复技术、设备、实地应用，推广稳定化修复技术和装备在有色金属冶炼场地的应用，为全国其他地区土壤修复采用类似修复技术和方法提供依据和支撑。

参考文献

[1] 曾嘉庆. 铅锌冶炼场地污染精细刻画与阻控分析[D]. 长沙：中南大学，2023.

[2] 中华人民共和国自然资源部. 全国矿产资源节约与综合利用报告（2020）[EB].

[3] 桂娟，常海伟，和君强，等. 中南有色金属冶炼场地与周边土壤重金属污染概况及稳定化修复技术研究进展[J]. 中国农学通报，2022，38（27）：86-93.

[4] Wang L，Cui X，Cheng H，et al. A review of soil cadmium contamination in China including a health risk assessment[J]. Environmental Science and Pollution Research，2015，22（21）：16441-16452.

[5] 云雅如，王淑兰，胡君，等. 情景分析法在我国环境保护相关领域管理决策中的现状与展望[J]. 中国人口资源与环境，2012，22（S2）：131-135.

[6] 秦顺超. 某废弃铅锌冶炼场地铅镉污染土壤固化/稳定化修复实验研究[D]. 北京：中国地质大学，2019.

[7] Liu X，Shi H，Bai Z，et al. Heavy metal concentrations of soils near the large opencast coal mine pits in China[J]. Chemosphere，2019，244：125360.

[8] Sun X，Ning P，Tang X，et al.Heavy metals migration in soil in tailing dam region of Shuikoushan，Hunan Province，China[J]. Procedia Environmental Sciences，2012，16：758-763.

[9] Xu L，Dai H，Skuza L，et al.Comprehensive exploration of heavy metal contamination and risk assessment at two common smelter sites[J]. Chemosphere，2021（7）：131350.

[10] 郭婧琳，邱波，刘耀驰，等. 湖南三十六湾甘溪河重金属污染特征及环境风险评估[J]. 安徽农业科学，2016，44（10）：85-88.

[11] 黄一凡，周恺，涂婳，等. 精明收缩理念下的资源型城市生态安全格局修复实施路径设计——以冷水江锡矿山为例[J]. 自然资源学报，2023，38（01）：171-185.

[12] He J，Peng Z H，Zeng J Q，et al. Source apportionment and quantitative risk assessment of heavy metals at an abandoned zinc smelting site based on GIS and PMF models[J]. Journal of Environmental Management，2023，336：117565.

[13] Wang J，Zhang X X，Chen A F，et al. Source analysis and risk evaluation of heavy metal in the river sediment of polymetallic mining area：Taking the Tonglüshan skarn type Cu-Fe-Au deposit as an example，Hubei section of the Yangtze River Basin，China[J]. China Geology，2022，5（4）：649-661.

[14] Cai L M，Wang Q S，Luo J，et al. Heavy metal contamination and health risk assessment for children near a large Cu-smelter in central China[J]. Science of the Total Environment，2019，650：725-733.

[15] Ke W S，Zeng J Q，Zhu F，et al. Geochemical partitioning and spatial distribution of heavy metals in soils contaminated by lead smelting[J]. Environmental Pollution，2022，307：119486.

[16] Luo J，Xing W Q，Ippolito J A. Bioaccessibility，source and human health risk of Pb，Cd，Cu and Zn in windowsill dusts from an area affected by long-term Pb smelting[J]. Science of the Total Environment，2022，842：156707.

[17] Zang Z F，Li Y H，Li H R，et al. Spatiotemporal variation and pollution assessment of Pb/Zn from smelting activities in China[J]. International Journal of Environmental Research and Public Health，2020，17（6）：1-13.

[18] Luo X H，Wu C，Lin Y C，et al. Soil heavy metal pollution from Pb/Zn smelting regions in China and the remediation potential of biomineralization[J]. Journal of Environmental Sciences，2023，125：662-677.

[19] 蒋起保，欧阳永棚，章敬若，等. 江西省贵溪市水系沉积物重金属污染及其潜在生态风险评价[J]. 西北地质，2022，55（3）：326-334.

[20] 陈仁祥，张博，宋勇，等. 赣州稀土矿区周边地表水污染分布特征及健康风险评价[J]. 有色金属（冶炼部分），2022（12）：124-133.

[21] Hu Y M，Zhou J，Du B Y，et al. Health risks to local residents from the exposure of heavy metals around the largest copper smelter in China[J]. Ecotoxicology and Environmental Safety，2019，171：329-336.

[22] Liu G N，Tao L，Liu X H，et al. Heavy metal speciation and pollution of agricultural soils along Jishui River in non-ferrous metal mine area in Jiangxi Province，China[J]. Journal of Geochemical Exploration，2013，132：156-163.

[23] Lin W T，Wu K M，Lao Z L，et al. Assessment of trace metal contamination and ecological risk in the forest ecosystem of dexing mining area in northeast Jiangxi Province，China[J]. Ecotoxicology and Environmental Safety，2019，167：76-82.

[24] 曾嘉庆，高文艳，李雪，等. 有色冶炼场地重金属污染特征与修复研究进展[J]. 中国有色金属学报，2023，33（10）：3440-3461.

[25] Wu Y F，Li X，Yu L，et al. Review of soil heavy metal pollution in China：Spatial distribution，primary sources，and remediation alternatives[J]. Resources，Conservation and Recycling，2022，181：106261.

[26] Zhang B L，Hou H，Huang Z B，et al. Estimation of heavy metal soil contamination distribution，hazard probability，and population at risk by machine learning prediction modeling in Guangxi，China[J]. Environmental Pollution，2023，330：121607.

[27] Zhou Y，Jiang D D，Ding D，et al. Ecological-health risks assessment and source apportionment of heavy metals in agricultural soils around a super-sized lead-zinc smelter with a long production history，in China[J]. Environmental Pollution，2022，307：119487.

[28] Zhou Y T，Wang L L，Xiao T F. Legacy of multiple heavy metal（loid）s contamination and ecological risks in farmland soils from a historical artisanal zinc smelting area[J]. Science of the Total Environment，2020，720：137541.

[29] Zhao X L，He B H，Wu H Y，et al. A comprehensive investigation of hazardous elements contamination in mining and smelting-impacted soils and sediments[J]. Ecotoxicology and Environmental Safety，2020，192：110320.

[30] Li P Z，Lin C Y，Cheng H G，et al. Contamination and health risks of soil heavy metals around a lead/zinc smelter in southwestern China[J]. Ecotoxicology and Environmental Safety，2015，113：391-399.

[31] Shen F，Liao R M，Ali A，et al. Spatial distribution and risk assessment of heavy metals in soil near a Pb/Zn smelter in Feng County，China[J]. Ecotoxicology and Environmental Safety，2017，139：254-262.

[32] Du B Y，Zhou J，Lu B X，et al. Environmental and human health risks from cadmium exposure near an active lead-zinc mine and a copper smelter，China[J]. Science of the Total Environment，2020，720：137585.

[33] 赵兴青，朱旭炎，黄兴，等. 安徽铜陵矿区不同功能区域土壤中重金属对微生物及酶活性的影响[J]. 环境科学研究，2019，32（12）：2139-2147.

[34] 雷鸣，曾敏，郑袁明，等. 湖南采矿区和冶炼区水稻土重金属污染及其潜在风险评价[J]. 环境科学学报，2008（6）：1212-1220.

[35] 龙安华，刘建军，倪才英，等. 贵溪冶炼厂周边农田土壤重金属污染特性及评价[J]. 土壤通报，2006（6）：1212-1217.

[36] 徐升，弓晓峰，刘春英，等. 贵溪冶炼厂周边土壤重金属污染分析与生态风险评价[J]. 南昌大学学报（理科版），2015，39（01）：96-102.

[37] Li Z B，Shan Q H，Zhang J F，et al. Soil copper distribution in Tongling Mine Tailing Dam，China[C]//International Conference on Biomedical Engineering and Biotechnology. Macao：IEEE，2012：1672-1675.

[38] 付欢欢，马友华，吴文革，等. 铜陵矿区与农田土壤重金属污染现状研究[J]. 农学学报，2014，4（06）：36-40.

[39] 赵兴青，朱旭炎，黄兴，等. 安徽铜陵矿区不同功能区域土壤中重金属对微生物及酶活性的影响[J]. 环境科学研究，2019，32（12）：2139-2147.

[40] Zhong Q，Yin M，Zhang Q，et al. Cadmium isotopic fractionation in lead-zinc smelting process and signatures in fluvial sediments[J]. Journal of Hazardous Materials，2021，411：125015.

[41] Zhang Y，Li T，Guo Z，et al.Spatial heterogeneity and source apportionment of soil metal（loid）s in an abandoned lead/zinc smelter[J]. Journal of Environmental Sciences，2023（5）：519-529.

[42] 杨牧青，康宏宇，刘源，等. 云南会泽某铅锌冶炼厂周边土壤重金属污染特征与评价[J]. 山东农业科学，2017，49（04）：72-77.

[43] 王玮雅，丁园，陈怡红. 某冶炼厂周边土壤重金属污染现状分析与评价[J]. 江西科学，2019，37（03）：401-404，419.

[44] 李强，何连生，王耀锋，等. 中国冶炼行业场地土壤污染特征及分布情况[J]. 生态环境学报，2021，30（03）：586-595.

[45] 曹雪莹，张莎娜，谭长银，等. 中南大型有色金属冶炼厂周边农田土壤重金属污染特征研究[J]. 土壤，2015，47（01）：94-99.

[46] 孙涛，徐皓普，于致伟，等. 某铅锌冶炼厂周边土壤重金属污染特征研究[J]. 山东化工，2019，48（17）：221-223.

[47] Chen Y，Liu D，Ma J，et al. Assessing the influence of immobilization remediation of heavy metal contaminated farmland on the physical properties of soil[J]. Science of the Total Environment，2021，781：146773.

[48] 尹炳奎，黄满红，李光明，等. 云南某冶炼厂周围农田土壤重金属污染状况及生态风险评价[J]. 有色金属工程，2017，7（01）：92-96..

[49] 周弛，念娟妮，王晓岩，等. 陕西省某铅锌冶炼厂周边土壤中重金属污染评价及特征分析[J]. 环境与发展，2019，31（11）：109-111.

[50] 姜智超. 有色冶炼场地及周边土壤重金属空间分布特征与迁移模拟[D]. 长沙：中南大学，2023.

[51] Ma J，Lei M，Weng L，et al. Fractions and colloidal distribution of arsenic associated with iron oxide minerals in lead-zinc mine-contaminated soils：Comparison of tailings and smelter pollution[J]. Chemosphere，2019，227：614-623.

[52] Cui X，Mao P，Sun S，et al. Phytoremediation of cadmium contaminated soils by *Amaranthus Hypochondriacus* L.：The effects of soil properties highlighting cation exchange capacity[J]. Chemosphere，2021，283：131067.

[53] Na W. Advances in research on repairing heavy metal pollution in soil by clay minerals[J]. IOP Conference Series：Earth and Environmental Science，2019，310（4）：042017.

[54] Kashif Irshad M，Chen C，Noman A，et al. Goethite-modified biochar restricts the mobility and transfer of cadmium in soil-rice system[J]. Chemosphere，2020，242：125152.

[55] Kubier A，Wilkin R，Pichler T. Cadmium in soils and groundwater：A review[J]. Applied Geochemistry，2019，108：104388.

[56] 任慧敏，王金达，张学林. 外源铅化合物在土壤中的转化[J]. 中国环境科学，2007，27（2）：235-240.

[57] O'Connor D，Hou D，Ok Y，et al. Mercury speciation，transformation，and transportation in soils，atmospheric flux，and implications for risk management：A critical review[J]. Environment International，2019，126：747-761.

[58] Xu D M，Fu R B，Liu H Q，et al. Current knowledge from heavy metal pollution in Chinese smelter contaminated soils，health risk implications and associated remediation progress in recent decades：A critical review[J]. Journal of Cleaner Production，2020，286（3）：124989.

[59] 胡学武. 胶渣强化硫酸盐还原菌修复有色冶炼场地土壤Cd、Zn污染研究[D]. 北京：北京科技大学，2022.

[60] Gao W，Ni W，Zhang Y，et al. Investigation into the semi-dynamic leaching characteristicsof arsenic and antimony from solidified/stabilized tailings using metallurgical slag-basedbinders[J]. Journal of Hazardous Materials，2020，381：120992.

[61] Zhang P，Muhammad F，Yu L，et al. Self-cementation solidification ofheavy metals in lead-alkali-activated materials[J]. Construction and Building Materials，2020，249：118756.

[62] Agnello AC，Potysz A，Fourdrin C，et al.Impact of pyrometalurgical slags on sunflowergrowth，metal accumulation and rhizosphere microbial communities[J]. Chemosphere，2018，208：626-639.

[63] Mikula K，Izydorczyk G，Skrzypczak D，et al. Value-added strategies for the sustainablehandling，disposal，or value-added use of copper smelter and refinery wastes[J]. Journal of Hazardous Materials，2021，403：123602.

[64] 赵鹏，肖佩文，Adnan M，等. 中南某废弃铅冶炼场地土壤剖面重金属污染成因及风险评估[J]. 矿物岩石地球化学通报，2023，42（02）：360-368.

[65] Yang Y，Li S，Bi X，et al. Lead，Zn，and Cd in slags，stream sediments，and soils in anabandoned Zn smelting region，southwest of China，and Pb and S isotopes as sourcetracers[J]. Journal of Soils and Sediments，2010，10（8）：1527-1539.

[66] 吕留彦，陈祥娥，陈武，等. 黔西北土法炼锌集聚区重金属污染评价及范围界定[J]. 农业工程学报，2024，40（18）：228-239.

[67] 邓新辉，柴立元，杨志辉，等. 铅锌冶炼废渣堆场土壤重金属污染特征研究[J]. 生态环境学报，2015，24（09）：1534-1539.

[68] Twaróg A，Mamak M，Sechman H，et al. Impact of the landfill of ashes from the smelter on the soil environment：Case study from the South Poland，Europe[J]. Environmental Geochemistry and Health，2020，42（5）：1453-1467.

[69] Liu T，Li F，Jin Z，et al. Acidic leaching of potentially toxic metals cadmium，cobalt. chromium，copper，nickel，lead，and zinc from two Zn smelting slag materials incubated inan acidic soil[J]. Environmental Pollution，2018，238：359-368.

[70] Jarošiková A，Ettler V，Mihaljeviã M，et al. The pH-dependent leaching behavior of slags from various stages of a copper smelting process：Environmental implications[J]. Journal of Environmental Management，2017，187：178-186.

[71] 吴攀，刘丛强，张国平，等. 黔西北炼锌地区河流重金属污染特征[J]. 农业环境保护，2002（05）：443-446.

[72] 吴攀，刘丛强，杨元根，等. 土法炼锌废渣堆中的重金属及其释放规律[J]. 中国环境科学，2002（02）：14-18.

[73] 吴攀，刘丛强，杨元根，等. 炼锌废渣中重金属Pb、Zn的矿物学特征[J]. 矿物学报，2002，22（1）：39-42.

[74] 魏东洋，安坤，王龙乐，等. 矿山酸性废水中重金属离子处理方法综述[C]//2019中国环境科学学会科学技术年会论文集（第三卷），2019：5.

[75] 朱延生. 矿山酸性废水源头控制及资源化技术研究[D]. 赣州：江西理工大学，2012.

[76] 熊琳媛. 硫化矿山酸性废水资源综合回收技术及工艺研究[D]. 赣州：江西理工大学，2013.

[77] Wu Q，Wang S，Wang L，et al. Spatial distribution and accumulation of Hg in soil surrounding a Zn/Pb smelter[J]. Science of the Total Environment，2014，496：668-677.

[78] Li Z，Feng X，Li G，et al. Mercury and other metal and metalloid soil contamination near a Pb/Zn smelter in east Hunan Province，China[J]. Applied Geochemistry，2011，26（2）：160-166.

[79] Neeraj A，Hiranmai R Y，Iqbal K. Comprehensive assessment of pollution indices，sources apportionment and ecological risk mapping of heavy metals in agricultural soils of Raebareli District，Uttar Pradesh，India，employing a GIS approach[J]. Land Degradation & Development，2022，34：173-195.

[80] Lu C，Zhang J，Jiang H，et al. Assessment of soil contamination with Cd，Pb and Zn and source identification in the area around the Huludao Zinc Plant[J]. Journal of Hazardous Materials，2010，182（1）：743-748.

[81] Lee P，Kang M，Yu S，et al. Assessment of trace metal pollution in roof dusts and soils near a large Zn smelter[J]. Science of the Total Environment，2020，713：136536.

[82] Song Z，Wang C，Ding L，et al. Soil mercury pollution caused by typical anthropogenic sources in China：Evidence from stable mercury isotope measurement and receptor model analysis[J]. Journal of Cleaner Production，2021，288：125687.

[83] Ghayoraneh M，Qishiagi A. Concentration，distribution and speciation of toxic metals insoils along a transect around a Zn/Pb smelter in the northwest of IranJ[J]. Journal of Geochemical Exploration，2017，180：1-14.

[84] Gelly R，Fekiacova Z，Guihou A，et al. Lead，zinc，and copper redistributions in soils along a deposition gradient from emissions of a Pb-Ag smelter decommissioned 100 years ago[J]. Science of the Total Environment，2019，665：502-512.

[85] 帅旺财，刘文奇，马丽雅，等. 典型有色金属冶炼场地重金属来源解析及生态健康风险评估[J]. 地球与环境，2024，52（06）：756-770.

[86] 陶美娟，周静，梁家妮，等. 大型铜冶炼厂周边农田区大气重金属沉降特征研究[J]. 农业环境科学学报，2014，33（07）：1328-1334.

[87] 王妍. 我国有色金属工业土壤重金属污染防治的现状与对策[J]. 有色金属（冶炼部分），2021（03）：1-9.

[88] 王妍. 我国有色金属冶炼行业废水污染防治的现状与对策[J]. 有色金属（冶炼部分），2023（05）：145-150.

[89] 王喆，辛龙. 磷肥对铅锌矿污染土壤中铅毒的修复作用[J]. 世界有色金属，2019（06）：275-277.

[90] 曾晓娜，贺秋华，吕世豪，等. 典型冶炼企业集中区土壤重金属污染分析及风险评价[J]. 有色金属（冶炼部分），2021（12）：98-104.

[91] Chen J，Xue X，Li M. Editorial：Trace elements in the environment：Biogeochemical cycles and bioremediation[J]. Front Microbiol，2022，13：1056528.

[92] 袁珊欣，冯静岩，曾嘉庆，等. 某废弃锌冶炼场地土壤重金属污染的精细刻画[J]. 中国有色金属学报，2023，33（07）：2356-2369.

[93] 彭驰，刘旭，周子若，等. 铜冶炼场地周边土壤重金属污染特征与风险评价[J]. 环境科学，2023，44（01）：367-375.

[94] 刘奇，王晟，陈文，等. 典型有色金属冶炼区重金属污染特征及生态风险评价[J]. 农业环境科学学报，2024，43（02）：308-322.

[95]　陆泗进，王业耀，何立环.湖南省某冶炼厂周边农田土壤重金属污染及生态风险评价[J].中国环境监测，2015，31（03）：77-83.

[96]　张济龙，魏莉，马飞攀，等.2021年四川省典型重金属监管企业周边农用地土壤重金属污染特征及风险评价[J].环境与健康杂志，2024，41（09）：787-795.

[97]　黄治平.规模化猪场区域农田土壤重金属污染研究[D].北京：中国农业科学院，2007.

[98]　李元吉.我国土壤重金属污染法律规制研究[D].咸阳：西北农林科技大学，2015.

[99]　蒋慧豪.大型有色冶炼区土壤重金属污染特征及健康风险评价[D].武汉：长江大学，2020.

[100]　徐庆利，肖晨威，李跃，等.典型金属冶炼城市降尘中重金属污染特征及风险评价[J].中国环境监测，2022，38（06）：133-143.

[101]　许大毛，张家泉，占长林，等.有色金属冶炼厂周边地表水和农业土壤中重金属污染特征与评价[J].环境化学，2016，35（11）：2305-2314.

[102]　莫小荣，吴烈善，邓书庭，等.某冶炼厂拆迁场地土壤重金属污染健康风险评价[J].生态毒理学报，2015，10（04）：235-243.

[103]　GOMOT A. Toxic effects of cadmium on reproduction，development，and hatching in the freshwater snail Lymnaea stagnalis for water quality monitoring[J]. Ecotoxicology and Environmental Safety，1998，41（3）：288-297.

[104]　Marettova E，Maretta M，Legath J. Toxic effects of cadmium on testis of birds and mammals：A review[J]. Animal Reproduction Science，2015，155：1-10.

[105]　张彦，张惠文，苏振成，等.长期重金属胁迫对农田土壤微生物生物量、活性和种群的影响[J].应用生态学报，2007（07）：1491-1497.

[106]　Li L，Zhang Y，Ippolito J A，et al.Lead smelting effects heavy metal concentrations in soils，wheat，and potentially humans[J]. Environmental Pollution，2019，257：113641.

[107]　骆永明.中国污染场地修复的研究进展、问题与展望[J].环境监测管理与技术，2011，23（03）：1-6.

[108]　舒心.土壤重金属累积对土地利用与景观格局的响应研究[D].杭州：浙江大学，2018.

[109]　安桂荣，林琳.重金属污染防治法律问题的思考[J].北方经贸，2012（02）：52-53.

[110]　王俊民.我国环境污染健康损害补偿法律制度研究[D].重庆：西南大学，2013.

[111]　郭沛宇.辉煌十年有色志·环保篇[J].资源再生，2022（12）：13-19.

第 **2** 章
有色金属冶炼
场地重金属复
合污染土壤稳
定化技术

2.1
有色金属冶炼场地污染土壤修复技术研究进展

2.1.1 有色金属冶炼场地土壤修复技术发展与应用

2.1.1.1 重金属污染场地土壤修复技术发展

污染土壤修复的研究起步于20世纪70年代后期，在过去的几十年时间里欧、美、日、澳等发达国家和地区研究了多种土壤修复技术，积累了丰富的修复技术研究与应用经验。有学者[1]对Web of Science数据库中2012～2022年时间段内发表的关于重金属污染场地土壤修复的相关研究进行了统计（图2.1），发现以论文、综述、会议论文等文献形式发表的刊物共计1145篇，近10年引用次数达23080次，特别是自2018年以来，出版物和引文数急剧增加，充分说明了重金属污染土壤修复技术的研究越来越受到关注。

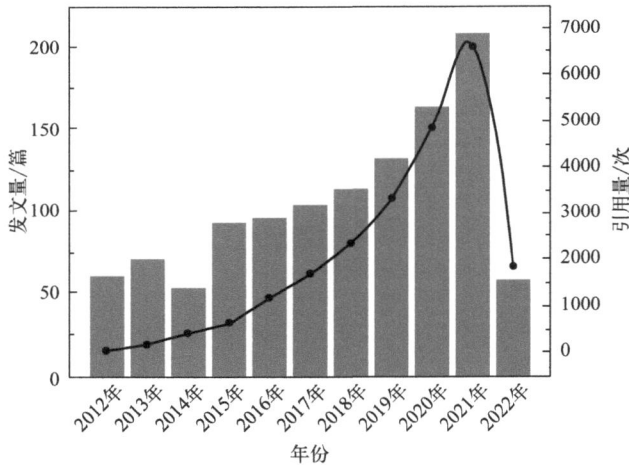

图2.1 重金属污染场地土壤修复文献发表量[1]

重金属污染土壤修复技术经历了漫长而多元的发展历程，涵盖了多个不同的发展阶段。

（1）物理化学修复技术

在早期阶段，大多数物理化学修复技术因具有设备简单、操作方便、成本低的特点，被重点用于重金属污染土壤修复。物理化学修复技术包括电动修复技术、热解吸修复技术、土壤淋洗技术、玻璃化修复技术、固化/稳定化技术、土壤置换法等。

① 热解吸修复技术主要是针对含汞土壤。

② 土壤置换法需用洁净土替换或覆盖污染土壤，在1984年之前是污染场地修复最常用的方法之一，此法能有效改善土壤质量和生产力，但需高昂的劳动力成本，适用于不同程度的污染[2]。此法能有效降低土壤污染物浓度，但成本高，可能破坏土壤结构，且有引发二次污染的风险[3]。

③ 玻璃化修复技术通过高温高压处理降低土壤中重金属流动性，需土壤中含有碱性阳离子，适用于重度重金属污染区修复，但不适用于有机质和高含水量土壤，该技术能永久固定污染物，但工程量大、成本高，易引发二次污染[4]。

④ 电动修复技术通过插入电极于污染土壤中，使重金属迁移并从土壤中脱离，适用于不同土壤，尤其对低渗透性土壤有效，但存在电极极化引发的二次污染风险，能耗高，且受土壤和污染物性质影响较大[5]。

⑤ 固化/稳定化技术是在土壤中添加固化剂或稳定剂，以固定土壤中的重金属元素，从而降低重金属的浸出毒性、迁移性和生物有效性[6]。如使用水泥、生物炭、铁基材料等可有效降低土壤中 Cd 和 Pb 的生物有效性[7,8]。

⑥ 土壤淋洗技术通过化学溶剂将土壤中的重金属淋滤提取[9]，可用于大面积、重度高渗透性土壤的治理，但淋洗液需进行处理，土壤结构与功能被破坏且易产生二次污染[10]。

（2）生物修复技术

随着时间推移，生物修复技术逐渐成为公众关注的焦点。该技术主要依赖植物、微生物及其他生物体，它们能够吸收、转化或降解土壤中的污染物。

① 植物修复技术利用植物吸收土壤中的重金属，随后通过收割这些植物，将重金属从土壤中移除，从而降低其对环境的危害[11,12]。其中，早前超富集植物的发现及相关研究就已有报道[13-15]，将超积累植物广泛种植运用于重金属污染区，实施植被重建以及净化污染环境等的研究与试验在近年逐渐兴起，因其具有费用低、环境亲和性强等特点而备受关注。

② 微生物修复即指通过本土自然生长的菌落或者经过人为有目的的培育筛选出具有特殊作用有助于实现环境净化的微生物，如各类土著菌类、人为引进的外地菌种以及特殊的基因工程菌等，在适宜条件下进行人工培育，增强目标微生物的代谢

功能，促进该类微生物降解环境中的有毒有害物质以达到修复土壤的目的[16,17]。研究表明，使用生物炭和堆肥混合物可以显著改善重金属污染土壤的pH和有机碳含量，并促进作物生长[18]。另有研究表明，硫氧化菌在铅冶炼场地土壤中表现出较高的丰度，可有助于重金属的稳定化[19]。

（3）联合修复技术

在最近的研究中，科学家开始专注于开发更为高效、经济且环境友好的修复技术，同时进行各种技术的联合研究，以提高修复效率和适应性。目前广泛研究的联合修复法有化学生物修复法[20,21]、生物电动修复法[22]、固定化生物吸附法、土壤微生物燃料电池法、物理化学修复法[23,24]等。以胶渣强化硫酸盐还原菌（SRB）修复技术为例，该技术有效结合了工业固体废物的利用与微生物修复技术的优势。首先通过胶渣吸附重金属，同时为SRB的生长提供适宜的环境条件，进而促进SRB的持续增长，最终达到对土壤中重金属的有效稳定化[25]。此外，研究者正在探索利用微生物诱导碳酸盐沉淀（MICP）技术来固化土壤中的重金属，该技术通过激发微生物的活动，促进碳酸盐沉淀的形成，从而实现对重金属的固定[26]。生物电动修复法是将污染土壤中的重金属使用微生物预处理和电动修复组合的方法进行解毒，先利用微生物将土壤中吸附态的重金属解吸出来，再利用电动方法进行修复。何佳颖[27]研究表明微生物联合电动修复可显著提升污染土壤中的$Cr（VI）$去除率。Sharma等[28]研究表明农杆菌生物质被包裹在含有氧化铁纳米颗粒的藻酸盐中，显示对Pb的吸附能力为197.02mg/g，并且确认在连续5个循环中有效。袁立竹[29]研究表明采用柠檬酸加氯化钙作为电动修复重金属污染土壤的新型辅助试剂，可显著提高Cd、Cu、Ni、Pb和Zn的去除效率。Guo等[30]研究提出联合使用无机混合药剂与螯合剂进行稳定化处理，可实现同步稳定化土壤中的Cd、Pb和As。一些研究还探索了新的修复材料和技术组合，如利用红泥和牛粪进行土壤改良，以提高土壤肥力并增加作物产量[31]。联合修复技术被认为是未来土壤重金属污染治理的主要研究方向[32]。总体来看，重金属污染土壤修复技术向着高效、低成本、环境友好的方向发展，同时研究者也在不断探索新的修复材料和技术组合，以应对复杂多变的污染情况[33,34]。

综上所述，重金属污染土壤的修复技术发展历程可概括为：从初始阶段的物理化学方法，逐步过渡至生物修复技术，并最终发展至多种技术的集成应用。在这一技术演进的历程中，修复效率得到了显著的提升，同时环境保护及成本效益亦得到了更为深入的考量与重视[35-37]。

我国的污染土壤修复技术研究起步较晚，在"十五"期间才得到重视。在近20年的发展历程中，我国土壤污染修复技术研究得益于国家"863"计划项目等的多方面有力支持，逐步迈入了稳步发展的轨道；自"十五"计划时期起步，至"十一五"阶段取得显著进步，再到"十二五"期间持续发展，直至"十三五"时期实现了跨越式的发展[38,39]。在过去的20年中，我国在场地和地下水污染风险管控以及修复技术的发展历程中，发表的与场地和地下水污染风险管控以及修复技术相关的英文（SCI）论文数量呈现快速增长趋势，甚至超越了美国。尽管我国在多种新技术的发明时间上平均落后美国约10年，但我国的发明专利在国际上的占比已接近2/3[39]。但是，我国相关技术的转化率处于较低水平，从整体上来看，目前仍处于对国外先进技术进行跟踪学习的阶段。在重金属污染修复方面，植物修复、固化/稳定化药剂及设备、淋洗设备、电动修复的电极材料研发以及微生物修复的菌剂研发等是被关注的热点内容。当前，我国正在积极努力创新研发绿色高效的环境功能材料，着力研制智能化、模块化的装备，致力于提升绿色且可持续的土壤污染管控与修复技术、产品以及装备的水平，全力推动土壤污染综合防治与安全利用技术体系及模式的形成，进一步提高土壤环境管理与风险监管能力以及土壤污染协同治理水平[39,40]。

2.1.1.2　有色金属冶炼场地土壤修复技术应用

从应用情况来看，目前有色金属冶炼场地主要的土壤修复技术为固化/稳定化技术[41,42]，通过向污染土壤中加入固化/稳定化剂，促使重金属和污染介质间发生一系列的物理化学作用，将污染土壤固封（低渗透性的固化体），或将重金属转化成化学性质不活泼形态，实现降低重金属在环境中的迁移和扩散[43]。目前常用的修复剂包括磷基、钙基、金属氧化物、有机物等，主要药剂或复配材料有膨润土、硫酸亚铁、稳定化污泥、粉煤灰、生石灰、沸石、羟基磷灰石和有机废物等。在实际工程实践中，固化/稳定化技术常与其他修复技术组合使用，如李道明[44]结合原位固化/稳定化技术、阻隔防渗技术、覆土绿化技术在较短的工期内完成了江西某锑冶炼场地的修复工程，修复污染面积$3000m^2$。美国环保署（EPA）公布的位于宾夕法尼亚州的某锌冶炼场地，也通过原位稳定化（稳定化污泥/粉煤灰/生石灰）联合植物修复的技术实现了对场地Cr、Cd、Pb等较好的修复效果。

其次为土壤异位洗脱技术，在对污染土壤异位挖取的基础上，采用物理方法，通过添加水或增效剂，借助工程机械实现将污染物由固相转移至液相并随水洗出的目的[45]。这一技术需要对洗脱后的废水进行得当的处置，以避免二次污染。巴西某铅冶炼场地土壤重金属修复采用柠檬酸和乙二胺四乙酸（EDTA）异位洗脱技术[46]，实现了对Pb、Cd、Sb、Zn等重金属的同步去除。此外，实际案例中涉及的土壤修复技术还有热脱附技术，热脱附技术多应用于挥发性及半挥发性有机污染物的修复场景，但对于挥发性较强的重金属Hg也同样适用。EPA发布的位于美国西部的一处有色冶炼场地，采用热脱附/洗脱技术实现了对21000m³污染土壤中Hg的有效去除[35]。水泥窑协同处理技术对土壤污染程度和类型要求较高，因此在进行重金属修复过程中存在局限性，多用于土壤有机物和重金属的复合污染场地，例如浙江省某工业园区场地通过水泥窑协同处置技术，对园区350m³污染土壤进行了处理，主要针对有机污染和Cu、Ni等重金属污染[35]。

生态修复技术在有色金属冶炼场地修复中应用也较多，其中植物修复主要依靠特定的重金属富集植物，该技术具有使用面积大、环境友好性强等特点[35]。例如，广西壮族自治区环江有色金属"采选冶"影响区大力推广蜈蚣草主导的植物修复技术，示范面积1280亩（1亩=666.7m²），较好地解决了土壤As污染问题。此外，一些耐性植物或乡土物种也被选择应用于修复后场地的生态重建中，如贵州省某铅锌冶炼场地，在解决低污染土壤问题时采用黏土阻隔联合植物修复技术，选用一些乡土物种（狗牙根、火棘、华山松）构建了一个完整的草本-灌木-乔木群落系统，实现了生态重建。生物修复常与植物修复联用，例如江苏省某场地通过趋磁细菌和富集植物竹柳实现对土壤中Cu、Pb和Ni的同步去除。微生物诱导碳酸盐沉淀技术作为一种新兴的固化技术，具有成本低、处理效率高等优点，但在实际应用中的效果和适用范围仍需进一步研究[35]。

2.1.1.3　有色金属冶炼场地污染土壤修复难点与发展趋势

（1）在冶炼场地土壤污染修复的实际应用过程中面临诸多问题

① 多重污染的复杂性。冶炼场地常见的污染物主要为铅、镉、砷、汞等多重金属复合污染，这些污染因子通常含量较高，对环境和人体健康构成严重威胁。不同污染物的分布模式与土壤理化性质、污染物迁移路径等因素密切相关，需要制定针对性的修复方案[30]。

② 污染深度和广度难以精确确定。冶炼活动可能导致土壤污染深度较大，且污染范围广泛，这使得修复工作在技术和经济上面临较大挑战。冶炼场地土壤中的污

染物不仅影响土壤质量，还可能通过食物链对生态系统和人体健康造成威胁。因此，在修复过程中需要进行细致的污染调查与生态风险评估，并采取协同修复措施[47]。

③ 修复技术选择复杂。针对不同的污染物和污染程度，需要选择合适的修复技术。每种技术都有其适用条件和局限性，选择适合的技术方案需要进行详细的现场调查和科学评估。

④ 修复效果的不确定性。尽管稳定化技术在实验室和小规模试验中表现出良好的效果，但在实际应用中，由于场地条件的复杂性，其长期效果和稳定性仍需进一步验证[7]。修复后的场地仍需要长期监测，确保污染物不会再次释放到环境中，需要建立和完善长期的环境监测系统。

⑤ 经济压力较大。土壤修复工程通常需要大量资金投入，尤其是对于历史长、污染严重的冶炼场地。资金的匮乏也是制约修复工作的一个重要因素。

⑥ 技术创新与推广。尽管联合修复技术和生物修复技术具有潜力，但目前这些技术在实际应用推广中仍面临理论和方法不完善、监测管理不足等问题[48]。

综上所述，冶炼场地土壤修复是一个技术复杂、经济压力大、需要长期投入的过程，需要政府、企业和社会各界共同努力，通过科技创新和政策引导，逐步解决这些难点。

（2）未来研究及应用的发展方向聚焦的若干关键领域

① 应持续深化对不同修复技术间协同作用及其优化组合的探索，以期提升修复效率与适应性[32]。

② 推进生态修复与植被恢复工作。采用生态修复技术，尤其是利用本土植物进行植被重建，被视为是冶炼场地土壤整治的关键策略。这一方法不仅能够提升土壤品质，还能促进生物多样性的增长，降低重金属污染，同时防止土壤侵蚀[49]。此外，生物工程技术和植物修复技术也被认为是未来生态恢复的重要方向[48]。

③ 加强技术创新与智能化管理。随着人工智能和智能管理系统的发展，未来冶炼场地土壤修复将更加高效和可持续。例如，人工智能在数据分析、监测预警、自动化管理和生态模型构建中的应用，将显著提升修复项目的效率和效果[49]。

④ 推进绿色低碳修复技术的应用。考虑到环境保护和"双碳"目标，未来的土壤修复技术评估中应将碳排放量纳入评分标准。生物堆技术等低碳修复方法因其低能耗和低碳排放特性，可能成为未来的选择[50]。

⑤ 开发土壤改良与资源化利用技术。冶炼场地土壤修复不仅需要去除污染物，还应考虑土壤的资源化利用。稳定化技术在土壤修复实践中越来越被接受，但还需

要对其进行多方位的优化[2]。

总之，冶炼场地土壤修复技术的未来展望在于技术创新、多技术联合应用、智能化管理以及绿色低碳发展等方面，这些方向将共同推动冶炼场地土壤修复技术的进步和可持续发展。

2.1.2　有色金属冶炼场地污染土壤稳定化技术研究现状

2.1.2.1　重金属污染土壤稳定化技术发展过程

稳定化技术由于修复成本低、修复时间快、工期短、操作便捷等优点被广泛应用于重金属污染修复，其最初主要用于处理污泥，随后其应用范围扩展至土壤修复领域，并逐渐成为美国超级基金项目中最广泛采用的修复技术之一。20世纪90年代，其在加拿大的土壤修复项目中得到应用和推广，继而在21世纪初被法国、荷兰等国家采纳[51]。近年来，由于稳定化技术处理后的土壤在长期有效性方面的不确定性，以及北美洲和欧洲土壤修复项目的整体减少，该技术在这些国家和地区的应用逐渐减少。同时，一些国家（例如韩国和丹麦）要求在修复过程中彻底清除土壤中的污染物，这进一步限制了以风险管控为主要目的的固化/稳定化技术的发展[52]。尽管在全球范围内，土壤固化/稳定化技术的应用呈现下降趋势，但在我国这项技术近年来却引起了前所未有的关注并迅猛发展。梁竞等[53]基于招投标网公开资料，对我国2005～2019年间的455个污染场地修复项目进行了数据统计。研究发现，我国污染场地修复项目数量呈现逐年上升的趋势，其中涉及重金属污染的项目占比达到36.2%。在这些重金属污染项目中，有42%采用了固化/稳定化技术。此外，张雅贤等[54]对2002～2019年我国重金属污染场地修复技术的专利进行了计量分析，结果显示固化/稳定化技术在各类重金属污染场地修复技术中的占比介于31.48%～54.55%之间。Cui等[55]对2000～2022年间在Web of Science数据库收录的知名期刊上发表的重金属稳定化材料研发的相关文献进行了统计，发现随着时间的推移，发表的文章数量总体呈增长趋势（图2.2）。这也表明，近20年来科学界对重金属污染土壤的化学稳定修复表现出越来越浓厚的研究兴趣。据中国环境保护产业协会统计，2018年中国土壤修复市场规模超过100亿元。在所有土壤修复技术中，稳定化技术的市场应用占据领先地位，其市场份额高达48.5%[42]。

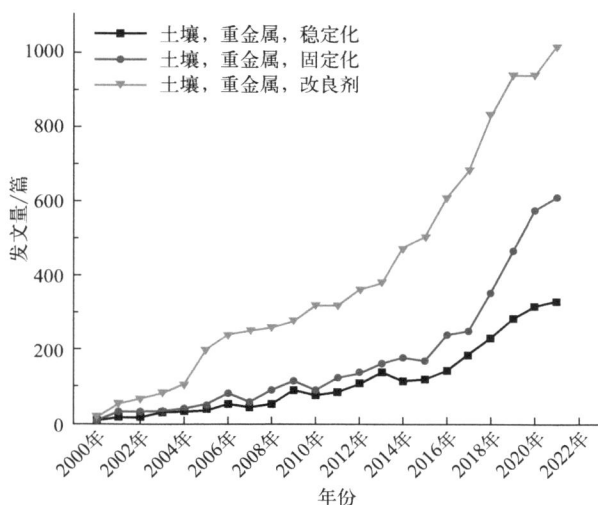

图2.2 2000～2022年Web of Science中有关重金属污染土壤稳定修复的发文量统计[55]

稳定污染土壤的技术通常分为原位技术和异位技术。目前，就地稳定和异地稳定措施的比例大致持平。在国内，原位稳定项目相对较少，这是因为原位稳定对场地的破坏和二次污染较小，但其实施受到地下施工障碍和地层结构对修正剂注入及混合限制的制约。相比之下，异位稳定化需要挖掘和预处理污染土壤，处理后的土壤还需进行处置和利用，整个过程更为复杂。然而，异位稳定化的程序和质量控制更容易监管[55,56]。

稳定化技术是利用化学药剂通过物理化学反应使有毒有害物质转化为低溶解性、低迁移性及低毒性物质的过程，可达到减少浸出率，阻止有毒有害物质被植物摄取、向深层土壤甚至地下水迁移的效果。稳定化材料是稳定化技术的核心要素之一，在传统固化/稳定化技术中，主要采用波特兰水泥作为修复材料。它以短修复周期、低成本、高施工灵活性以及对多种污染物的良好适应性而著称。然而，在实际应用中，该技术在土壤修复的长期有效性和可持续性方面面临挑战。在野外环境下，硫酸盐和酸雨会侵蚀波特兰水泥，同时重金属会与水泥水化产物中的氢氧化钙发生反应，抑制水泥的水化过程，这些因素都可能削弱固化/稳定化处理的长期效果。一旦固化/稳定化失效，必须进行二次修复，这将显著增加土壤修复的全生命周期成本，并降低其可持续性[42]。同时，以波特兰水泥作为主要修复材料，显著增加了整个修复过程的碳足迹。每生产1t波特兰水泥，将伴随约900kg的二氧化碳排放。从1751年至2014年，波特兰水泥的生产对全球人为二氧化碳排放量贡献了10%。此外，在固化/稳定化土壤修复过程中，常常出现过度使用波特兰水泥的情况，以获得远超修复需求的水泥土强度和污染物稳定性，导致了"过度修复"的问题[39]。为了避免此问题，研究者开始专注于开发高性能且可持续的修复材料，例如绿色水泥等胶凝材料。绿色水泥主要由低碳、成本低廉的修复材料构成。特别是氧化镁系绿色水泥，它不仅具备低碳和成本低廉的优势，还展现出对酸雨和硫酸盐侵蚀等的强大抵抗力[40]。随着"循环经济"的发展和"以废治废"理念的提出，人们把研究目标转向了工业废弃物的再次利用，将矿渣、粉煤灰、磷石膏等应用于固化/稳定化修复研究[57]。其中最常用的高炉矿渣可以促进水泥水化过程中水化硅酸钙胶体的生成，避免过高的pH值，从而提高重金属的稳定化程度和土体强度[58,59]。随着对土壤中重金属元素形态分布及其迁移转化研究的深入，研究者开始关注新型稳定化材料的探索，例如生物炭、硫酸亚铁、双层金属氢氧化物、磷灰石、黏土矿物以及这些材料的改性功能材料，在重金属污染土壤稳定化修复方面显示出了显著的成效[40,60,61]。生物炭等材料不仅能稳定土壤中的污染物，还具备改善土壤结构、提升土壤肥力、增强持水能力以及抑制土壤酸化的多重功能[61]。此外，这些新型稳定化材料还可以与缓释材料和微生物协同使用，进一步提高修复的长期有效性。然而，由于土壤性质和场地环境条件不同，相同的稳定化处理材料对于同样的重金属，其处理效果也会出现偏差。部分代表性稳定化材料及其对重金属的稳定效果如表2.1所列[62~76]。

表2.1 代表性土壤重金属稳定化材料处理效果

类型	稳定化材料	重金属	用量	土壤pH值	稳定化率
钙硅材料	CaO[62]	Zn, Fe, Cu, Cd	25%	7.5	Zn, 22.89 %; Fe, 70.3 %; Cu, 74.28 %; Cd, 70.77 %
	Ca（OH）$_2$[63]	Cd, Zn	5mg/hm^2	4.9	Cd, 50%; Zn, 80%
	波特兰水泥[64]	Cd, Mn	5%	10.5~13.0	Cd, 72.5%~99.9%; Mn, 89.3%~99.9%
黏土矿物	白云石与膨润土[65]	Pb, Zn, Cd	90t/hm^2	5.17	Pb, 29.7%; Zn, 29.8%; Cd, 46.4%
	鸟粪石+硅藻土[66]	Pb	5%	5.6	Pb, 71%
	高岭土与石灰[67]	Pb, As	6%	4.2	Pb, 98.8%; As, 96.2%
	海泡石[68]	Cd	2kg/m^2	5.4	Cd, 33.0%~57.1%

类型	稳定化材料	重金属	用量	土壤pH值	稳定化率
金属和金属化合物	锰氧化物[69]	As	10%	4.9	As，94.7%～97.7%
	MgO[64]	Pb，Zn	5%	9.0～10.5	Pb，96.7%～99.9%； Zn，90.6%～99.9%
	无定形氧化锰[70]	Cd，Cu，Pb	2%	4.3	Cd，92% Cu，92%； Pb，93%
含磷材料	过磷酸钙[71]	Pb，Zn，Cd	8%	7.0	Pb，82.1%～89.4%； Zn，97.7%～100%； Cd，99.8%～100%
	羟基磷酸铁[72]	Cd，Pb，As	10%	7.8	Cd，44%； Pb，59%； As，69%
	活化磷矿[73]	Cd，Pb，Zn	2%～10%	7.9	Cd，12%～62%； Pb，36%～89%； Zn，15%～52%
工业废渣	赤泥[74]	Cd，Cu，Ni，Pb，Zn	3%	4.7	Cd，17%； Cu，83%； Ni，15%； Pb，55%； Zn，42%
	硫酸亚铁＋炉渣[75]	Pb，Sb	硫酸亚铁4%； 炉渣50%	7.7	Sb，90.0%； Pb，98.5%
生物炭	大豆秸秆生物炭[76]	Pb，Cu	10%	8.0	Pb，88.08%； Cu，86.73%

稳定化土壤修复的长期有效性，同样依赖完善的监测方案。随着越来越多的长期失效案例被发现，稳定化土壤修复的原位监测正逐渐受到重视，如何提升土壤修复长期有效性的预测和监测水平已成为当前以及未来稳定化土壤修复研究的核心焦点[77]。综上所述，稳定化技术的发展趋势正从追求材料的高效性转向追求高效、可持续以及长效性相结合的方向。研发更高性能和可持续性的修复材料，减少修复材料的消耗并避免过度修复，提升修复长期有效性的预测和监测水平，是稳定化技术发展的主要趋势。

2.1.2.2 有色金属冶炼场地污染土壤稳定化技术研究现状

中国有色金属冶炼场地污染主要有以下特征：

① 重金属污染面积大，以复合污染为主[35]；

② 重金属污染途径多样，污染程度不同[78]；

③ 土壤环境偏酸性，重金属活性高[79]。

在修复过程中需要投加能够更持久吸附重金属的稳定化材料，以实现对重金属污染土壤有效而长期的修复。

冶炼场地及周边土壤以重金属复合污染为主，但复合重金属污染的不同重金属之间存在协同与拮抗作用，如石灰等pH值控制剂或磷酸盐等沉淀剂对土壤Pb、Zn、Cd等稳定化效果较好，但土壤pH值升高却活化了土壤中的As[80,81]。因此，冶炼场地及周边土壤复合重金属污染稳定化修复材料需针对重金属类型进行有效组合。目前，常用的稳定化材料可分为硅钙材料、含磷材料、黏土矿物、有机物料、工业副产物、含铁化学制剂、新型功能材料、复配材料以及改性材料[36]。硅钙材料在处理Cd、Cu、Pb、Zn等重金属污染场地方面表现出较好的效果，但常常需要长期连续施用或者大量使用，可能会导致土壤板结和过碱化[82]。含磷材料对土壤重金属污染的修复主要体现在对重金属Pb的固定上，对土壤中有效态Pb具有很好的稳定化效果。陈炳睿等[83]研究表明膨润土、海泡石、沸石、硅藻土等矿物材料对湖南衡阳典型矿区重金属污染土壤中Pb、Cd、Cu、Zn的固化均有一定效果，且均随着用量的增加固化效果逐渐提升。王哲等[84]研究表明，玉米秸秆生物炭的添加促进了矿区土壤中Cu、Zn、Pb和Mn由弱酸提取态向残渣态转化，降低了重金属的有效性，实现了对重金属复合污染土壤的修复。一些工业副产物由于含钙、硅、铁、锰、铝等氧化物，可与重金属形成硅酸盐沉淀，对土壤重金属污染具有较好的钝化效果[85-87]，但这些工业副产物本身含有重金属，长期使用可能引起土壤重金属富集的风险。含铁化学制剂被发现对土壤中的As、Cr有较好的固定效果，但其水解容易导致土壤酸化使土壤中被固定的Cd、Zn、Cu等重新释放[88,89]。天然高分子材料、纳米零价铁、纳米羟基磷灰石、人工合成沸石等新型功能材料被研发用来处理As、Cr污染土壤[36]，但是新型功能材料大部分仍处于实验室研究阶段，未真正得到应用，作用机理、调控机制和环境安全性仍未探明，材料施用方式和适用范围亟需探讨。针对重金属复合污染，国内开始研究稳定化材料复配和组分结构优化，如吴宝麟[89]研究表明通过调配Ca(H$_2$PO$_4$)$_2$和Fe$_2$(SO$_4$)$_3$的比例以及调整添加顺序可提高对Cd、Pb污染土壤的修复效果。熊静等[90]研究表明铁改性生物炭、酸改性海泡石和酸改性蛭石复配能有效降低土壤中有效态Cd和AS含量。巯基改性凹凸棒石、铁锰改性海泡石、海藻酸钠改性纳米零价铁等改性材料经研究发现对土壤中的复合重金属具有稳定化作用，且不易被氧化[91~93]。谭笑[94]研究发现锰改性后的生物炭对土壤镉、砷的吸附能力提高，对中南冶炼厂周边镉砷污染土壤具有显著的修复效果。

2.1.2.3 有色金属冶炼场地稳定化技术应用现状

近年来，关于稳定化材料用于修复受污染土壤的研究，已经从实验室的批处理模拟污染土壤阶段，逐步过渡到实地采集冶炼场地土壤进行实验室试验，最终朝着现场规模原位或异位的应用阶段发展。鉴于其经济性及获取的便捷性，石灰材料已被学术界广泛接受，作为一种低成本且高效的改良剂，用于重金属污染土壤修复工程。施用石灰到土壤中，可以提高可溶性pH值，并增强土壤基质的负表面电位，从而促进重金属的吸附和/或沉淀[2]。Basta等[95]证明了石灰稳定的生物固体大大降低了俄克拉何马州冶炼厂镉和锌的植物利用率。目前已有研究报道黏土矿物，如铝硅酸盐、海泡石、坡缕石和膨润土，应用于现场规模的重金属固定化[70,96]。Friesl Hanl等[97]采用石灰、赤泥、砾石污泥与赤泥混合物对奥地利南部历史遗留铅锌冶炼厂污染土壤进行了长达5年的现场试验，结果显示砾石污泥与赤泥的混合物对Cd、Pb和Zn的硝酸铵提取态含量稳定化率均达99%以上。Liang等[63]在湖南省郴州铅锌冶炼厂周边受污染农田进行了田间示范试验，利用海泡石和坡缕石作为改良剂将镉原位固定在土壤中，修复30d后，稻田土壤pH值升高，HCl、TCLP（美国环保署推荐的标准毒性浸出方法）、$CaCl_2$、NH_4OAc可提取的Cd浓度显著降低，减少了糙米中镉的累积。Sun等[96]采用实地污染土壤进行为期3年的盆栽试验研究了海泡石原位固定镉污染土壤的有效性和稳定性，结果显示添加海泡石可使TCLP可提取镉含量减少32.5%，植物吸收量减少61.4%，并改善了土壤微生物种群和酶活性。黏土矿物应用存在难以输送到深层污染区、反应速率受解吸速率限制、需机械搅拌处理、吸附能力有限且可能再释放金属等问题。需提高修复效率、降低成本，并进行长期稳定性监测。

在过去10年中，磷酸盐化合物固定重金属的现场规模应用取得了良好增长势头[2]。Wang等[98]在浙江省绍兴废弃铅锌矿区，使用包括磷矿和磷酸钙镁在内的商业磷肥进行了现场示范。他们发现添加不同剂量的磷矿和磷酸钙镁肥料有效地将Pb的水溶性和可交换组分减少22.0%~81.4%，Cd减少1.5%~30.7%，Zn减少11.7%~75.3%。Cui等[99]比较了磷灰石、石灰和木炭原位固定江西省贵溪冶炼厂周边土壤4年的效果，结果显示磷灰石对固定化Cu、Cd的长期稳定性效果最好，可用于固定化污染土壤中的重金属。生物炭或其改性材料对土壤进行稳定化修复是近年研究热点，但主要集中于室内吸附试验及盆栽试验[100]，偶有现场规模试验也集中于农田土壤重金属修复。孙彤等[101]通过大田示范试验，研究了钙基改性生物炭对弱碱性Cd污染土壤的钝化修复效应，结果表明添加钙基改性生物炭后土壤DTPA（喷替酸）有效态Cd含量的降幅达到12.0%～30.2%。

越来越多的研究致力于多类型稳定剂的复配优化，并取得了比单一稳定化材料更佳的处理效果。在实际应用案例中，稳定化技术与其他修复方法联合使用，展现了显著的优势。陈博等[102]对某工业园区的铜冶炼企业的污染土壤采用有机硫+碳基+铁基材料进行了原地异位固化/稳定化修复，其添加量为2%，修复后土壤中砷和铅的浓度均达到修复目标值。黄旋等[51]针对长江三角洲地区的某铅锌冶炼厂污染土壤采用"异地固化/稳定化+陶粒窑/砖瓦窑"协同处置技术修复，固化/稳定化后的土壤中铜、锌、铅、镉浸出浓度达到《地下水质量标准》（GB/T 14848—2017）Ⅲ类标准。固化/稳定化后的土壤外运进行陶粒窑/砖瓦窑协同处置，处置产品浸出标准满足《水泥窑协同处置固体废物技术规范》（GB/T 30760—2014）（该标准已被GB/T 30760—2024替代），该修复过程实现了对冶炼厂污染场地的彻底修复及土壤的资源化利用。李杨等[103]采用"异位固化/稳定化+阻隔填埋"技术对铅、锰、锌污染的冶炼厂土壤进行了处理，处理后土壤中铅、锰及锌的浸出率显著下降，均能满足《污水综合排放标准》（GB 8978—1996）的要求，达到修复目标。

2.1.3 有色金属冶炼场地稳定化技术发展趋势

中国有色金属冶炼地区土壤环境使污染土壤中的重金属可溶性、可迁移性、生物活性提高，增加稳定化处理的难度。其修复效果受土壤环境、重金属种类、浓度等相关因素影响，长效性受pH值和含水量影响，降雨冲刷、水淹或土壤pH值降低，还可造成原吸附的重金属发生二次释放。因此，高性能、稳定、广谱的稳定化材料及其应用技术成为当前研究的热门方向。此外，有色金属冶炼场地土壤多为重金属复合污染，不同重金属间稳定化机理存在协同、拮抗的现象，但是目前主要采用的材料为各种复配材料，其兼容性和修复效果不佳。因此，还需要在研发兼容性好、稳定化效率高的药剂配伍基础上，根据修复对象的修复目标、周期、经费等，对修复药剂的配方、改性、用法、用量以及环境安全性、长效性等指标进行改进优化，以开发针对有色金属冶炼场地重金属污染土壤的修复剂产品。同时，我国的土壤修复工作虽然起步较晚，但在这短短的几十年间，我们在修复技术研发方面取得了显著进步。但与欧美等发达国家和地区相比，我国在修复技术、装备及规模化应用方面仍有较大差距。特别是浅地下水埋深的土壤修复与高黏土污染土壤修复是当前的难点[39]。目前，国内自主研发的快速修复技术与装备存在不足，缺乏适合国情的实用修复技术与工程建设经验，以及规模化应用和产业化运作的管理技术[39]。

因此，亟须针对中南地区有色金属冶炼场地的污染特点，开展针对不同污染类型污染场地土壤的高效、实用、低成本修复工程技术、稳定化材料及装备的研究。故有色金属冶炼场地稳定化技术发展的趋势在于：

① 绿色高效长效安全的稳定剂材料研发；

② 高效实用技术应用；

③ 智能化设备研制与应用。

2.2
有色金属冶炼场地污染土壤重金属稳定化技术

有色金属储量丰富的中南地区是我国有色金属冶炼场地主要聚集区，由于涉及重金属的冶炼活动给土壤带来 Pb、Zn、Cd、As、Cu、Ni、Cr 等重金属污染，而土壤重金属污染具有隐秘性、富集性、难降解等特点，易积累、难去除[1]。随着城市化进程的加快，土地资源逐渐紧张，中南地区大部分重金属污染地块有快速开发利用的需求，因此研发高效土壤修复技术，解除污染场地的生态环境风险，对于解决土地资源紧张和提升生态环境质量都具有积极的意义。目前，国内自主研发的快速修复技术与装备严重不足，缺少适合我国国情的实用修复技术。面对有快速开发利用需求的污染地块，快速异位稳定化修复技术是目前最具效益性、适应性和有效性的一种技术，但受药剂配伍的兼容性和不同重金属间的拮抗作用的限制，国内研发的复合污染土壤稳定化药剂不适用于修复以砷、镉为主的复合污染冶炼场地土壤。本节主要针对中南地区有色金属冶炼场地的污染特点，探索绿色安全的稳定化材料的研发，构建重金属复合污染土壤异位稳定化技术工艺优化集成体系，探索稳定化技术效果评估方法，并对技术应用的关键要素提供理论支撑，为解决此类重金属复合污染冶炼场地修复及实现快速再开发提供参考，丰富重金属污染场地治理体系。

2.2.1 绿色长效稳定化关键修复材料

稳定化技术的核心是稳定剂材料的选择。绿色高效稳定化材料采用的原材料主要从农作物秸秆、畜禽粪便、磷矿粉、磷矿浮选废弃物、黄磷工艺废弃物等含磷材料、赤泥基、铁基、天然矿物基材料等绿色低成本修复材料中进行筛选。针对不同冶炼场地土壤的污染特征，通过筛选、表面处理和复配材料组分，研制出优质的稳定化材料并持续探索针对复合重金属污染的分段修复材料组合方式。在完成稳定化材料的制备工作后，进一步深入探讨稳定化材料性能的提升策略，结合材料改性技术，特别是活化官能团和功能基团的负载方法，如针对砷污染物去除的高效铁矿物负载技术、针对镉特异性长效吸附的巯基官能团负载技术、针对铅钝化的高效磷酸根有机酸活化技术以及针对复合污染的材料表面基团调控技术。这些技术的开发目标是制备出具有特定基团靶向结合能力的快速高效稳定化材料。随后对稳定化材料进行了全面的性能表征，采用扫描电子显微镜与能谱仪（SEM-EDS）、透射电子显微镜（TEM）、全自动比表面积和孔隙度分析仪等设备对材料表面形貌和孔隙结构进行细致分析。此外，还需分析材料的pH值、元素组成、阳离子交换量等理化特性，结合傅里叶变换红外光谱（FTIR）等技术手段，对材料表面官能团的分布进行精确表征。基于这些理化表征数据，对材料的制备方法进行优化。

2.2.2 异位快速稳定化处理技术工艺

一项完整的冶炼场地土壤重金属异位快速稳定化处理技术在拥有优势稳定化材料的基础上还需依据材料的特点明确材料的作用方式。基于中南地区高黏性土壤包轴、破碎难及饱水的特点，亟待研发缩短晾晒周期、降低工程风险的多级联合破碎技术；针对目前土壤修复过程中存在的药粉与土壤混合不均匀、药粉抱团不与土壤相结合的问题，本研究重点研发了同向啮合强制搅拌混合技术，以保障修复过程中土壤和药剂的高效均匀混合。基于研制的稳定化修复药剂，开发重金属污染土壤异位稳定化成套修复工艺，集成适合多种冶炼场地土壤重金属单一及复合污染的异位稳定化技术。通过对场地预处理、治理技术工艺、技术参数、工程设备、施工组织设计、二次污染防范等要素进行模式化提炼，制定冶炼场地重金属污染土壤预处理—加药搅混—效果评估—安全利用的整套异位快速稳定化处理技术方案。

2.2.2.1 适用对象与场景

① 本研究中稳定化技术所适用的地块特征：中南地区面积较大的再开发利用场地，土壤具有酸性、高含水量、黏性大、中低度污染的特点。

② 土壤中污染物：铅、锌、镉、砷、铜、镍、铬等重金属污染。

③ 应用要求：异位稳定化处理场宜建在污染地块的场区内、水泥窑协同处置厂、固体废物填埋场等相关场所，并尽量远离居民区等敏感点。稳定化处理后土壤满足接受地环境要求或者下一步处置以及资源化利用的相关要求。异位快速稳定化处理技术工程应用过程中二次污染防治应满足相关地方、行业标准要求。

2.2.2.2 修复施工流程

采用原地异位修复方案，如图2.3所示，污染土壤通过开挖、转运至污染土壤处理车间进行稳定化处理，处理后土壤经抽查、测试，合格的土壤转运至暂存库填埋作路基，不合格的土壤继续进行稳定化处理。

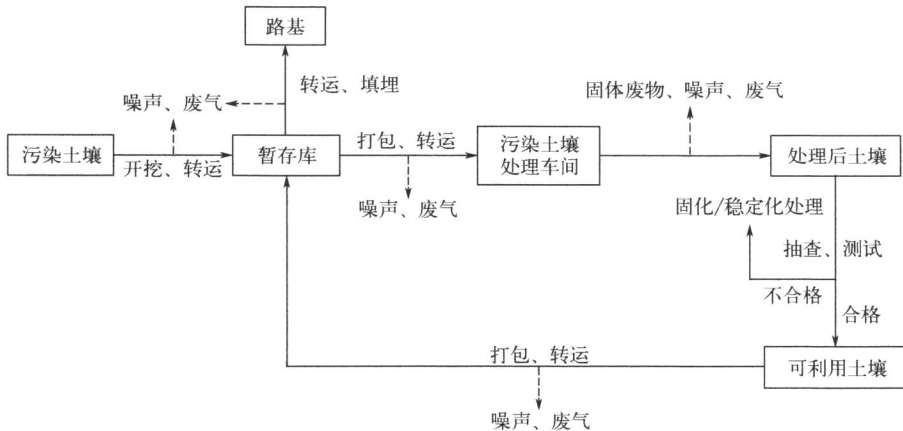

图2.3 异位快速稳定化修复施工工艺流程

2.2.2.3 处理工艺

异位快速稳定化处理工艺的选择应根据污染土壤修复方量、修复周期、污染物类型及污染物含量确定。污染土壤修复方量、污染物类型及污染物含量以地块环境调查报告和地块环境风险评估报告的结果为参考依据。对污染土壤的处理涉及预处理单元、给料单元、加药单元、稳定化处理单元、养护单元等，如图2.4所示。

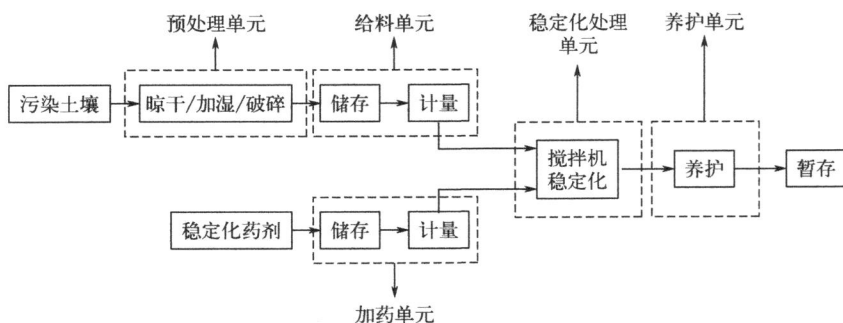

图2.4 异位快速稳定化处理工艺流程

（1）预处理单元

为满足设备进料的要求，应对污染土壤进行预处理。预处理车间应根据预测总库存容量、配套设施要求及现有地块条件进行设计和建设。为了防止土壤中污染物渗漏污染暂存和预处理车间下方的土壤和地下水，预处理车间应做硬化或防渗处理。预处理车间应进行功能区划分，可分为污染土壤卸车区、暂存区、预处理区等。预处理车间卸车区和暂存区宜配置抓斗、铲车等装卸设备，预处理区宜配置分选、破碎、筛分、输送等设备。污染土壤卸车后，在暂存区摊开晾干，并通过输送设备转运至预处理区进行分选，分选阶段需人工或采用分选设备去除大尺寸石块、树根等非土壤类物质。污染土壤粒径 > 30 ~ 50mm 时，需进行破碎、筛分，破碎筛分时做好防尘处理。混合污染土壤，使污染物分布均匀。同时通过喷洒水或翻晒等措施调节土壤含水率至最优。土壤预处理达到稳定化处理单元的进料要求后，通过输送设备转运至给料单元。

（2）给料单元

给料单元主要由输送设备、储仓和称重设备组成。根据污染土壤的特性和处理规模的要求，选择适当的进料方式及进料速度。进料系统应能自动进料，并配置可调节投加速率的投料装置，保证给料均匀。输送过程宜减少物料挤压、破碎，防止污染土壤粘连阻碍输送。储仓有效容积应不小于24h污染土壤处理量的体积。储仓及称重设备料仓外壁宜安置振动电机，减轻污染土壤黏附，辅助卸料。进料设备应尽量密闭，防止污染物及粉尘污染厂区周围环境。

（3）加药单元

加药单元主要由药剂储罐、药剂输送设备和计量设备组成。固体粉料药剂储罐应配备料位计。药剂储罐底部应配备反充气设施，防止物料堵塞。称重设备料仓外壁宜安置振动电机，辅助卸料。药剂种类、投加比例和反应时间根据试验参数确定。液体药剂储罐和存放区设计应符合GB 50016有关规定。

（4）稳定化处理单元

稳定化处理单元主要由混合搅拌设备（如双轴搅拌机、单轴螺旋搅拌机、链锤式搅拌机、切割锤及混合式搅拌机等）、除尘设施组成，必要时还必须配套水汽收集净化设施。混合搅拌设备将稳定化药剂和污染土拌和均匀得到稳定化土壤。混合搅拌设备宜选用变频电机，处理速率在一定范围内宜实现可调，搅拌设备内壁和底部配置刮泥刀，防止物料黏附。

（5）养护单元

将稳定化修复后的土壤运至养护单元进行堆置养护。待检土按批次堆置成长条土垛，堆存高度不超过5m，两侧放坡坡度不大于1∶1。养护单元主要由养护厂房、除尘设施、通风设施和供暖设施组成。养护厂房宜设计为封闭厂房，带通风设施。养护厂房的地面应采取防渗措施。养护时间一般为3~5d，日最低气温低于5℃时，应开启供暖设备。养护期间定期采样检测土壤含水率，并根据情况及时补充水分，维持待检土壤处于最优含水率。养护厂房面积应根据污染土壤稳定化处理的最大处理量和养护时间确定。对养护后的土壤进行检测，检测达标后才可出料，若不达标则需重新返回稳定化处理单元。

（6）出料与存放

处理后的土壤在出料时应采用喷淋等措施防尘并配备除尘设施。土壤经降温抑尘后运输至有防淋防渗措施的指定堆放区。应根据出料批次分开存放出料土壤，并设置出料检测合格土壤的标识。

（7）稳定化土壤再利用

稳定化土壤根据需求可用于多种用途。可作为原地填埋用土、卫生场填埋覆盖用土、公园绿地用土等，也可作为路基材料、建筑骨料等再利用。

2.2.3 修复效果影响因素

重金属在土壤中的化学行为受到土壤质地、阳离子交换量、土壤酸碱性、有机质、土壤表面电荷、温度、水分、氧化还原电位等影响，因此在实施重金属污染土壤修复过程中，修复效果、长久性也会受到以上因素的影响[104]。

2.2.3.1 土壤pH值

土壤溶液的pH值是影响重金属有效性的重要因素，它不仅决定了重金属溶解度，影响重金属的吸附解吸过程，而且影响重金属各个形态之间的转化。土壤pH值直接控制着重金属氢氧化物、碳酸盐、磷酸盐的溶解度，重金属的水解，离子半径的形成，有机物质的溶解及土壤表面电荷性质。因此，pH值在决定重金属有效性过程中起着主导作用。研究[105,106]发现土壤pH值强烈影响土壤中铅、镉、锌的溶解度，在碱性条件下溶解度很低，随着pH值的降低溶解度不断上升。但是，As和Cr等以带负电的基团形式存在的重金属，在酸性条件下去除效果较好，在碱性条件下则几乎不能被吸附[107]。此外，pH值还影响着重金属在土壤中的存在形态，碳酸盐结合形态会受到pH值的强烈影响，在不同pH值条件下重金属活性可能大不相同。

目前许多普通稳定化药剂的主要机理是通过碱性pH值调节，生成重金属的氢氧化物沉淀，此类药剂的稳定化效果受pH值的影响较大，pH随自然界的水循环、生态循环逐渐回落至中性后，其稳定化效果也随之彻底丧失。虽然可以提供暂时、短期的稳定化效果，但此类稳定化药剂的中长期稳定化效果具有极大风险。

2.2.3.2 土壤水分条件

土壤水分条件对土壤的化学和生物性质有比较大的影响，进而可能改变重金属的形态，包括生物对重金属的利用程度。一般而言在含水率较高的土壤中，由于空气无法进入，会使土壤中的部分Fe、S被还原，这可能有利于重金属形成沉淀[108]。但是，含水率上升会导致土壤颗粒凝结成直径2cm以上的团聚体，这并不利于稳定化材料和重金属的接触，可能对稳定效果产生不利影响。

2.2.3.3 土壤有机质

土壤有机质是土壤的重要组成部分，大量研究表明，它能与进入环境中的Pb^{2+}、Cd^{2+}发生物理或化学作用，提高两种重金属离子的固定和富集量，从而影响它们在环境中的形态、迁移、转化以及生物有效性和毒性。有机质常常可与重金属形成配合物，降低重金属的生物有效性和移动性，这也是大部分有机类稳定化药剂的稳定机理。同时有研究表明，土壤有机质对重金属的活性和生物有效性具有双向调节作用。一方面，小分子的有机化合物可以增加重金属的有效性、毒性和移动性；另一方面，大分子的腐殖质则与重金属形成稳定性很高的配合物，从而具有钝化重金属的作用。

2.2.3.4　土壤阳离子交换量

土壤阳离子交换量（CEC）反映了土壤胶体的负电荷量，阳离子交换量越高，负电荷量越高，通过静电吸引吸附的重金属离子也越多，重金属的有效性降低。有研究表明，阳离子交换量是影响土壤重金属吸附的重要因素，在酸性热带土壤中，土壤对镉的吸附与阳离子交换量呈正相关，阳离子交换量控制镉在硅酸盐层面和铁铝氧化物上的吸附[109~111]。

2.2.3.5　土壤质地

土壤矿物组成对重金属离子的吸附固定具有决定性的作用[112]。黏土矿物具有较大的内、外表面和较强的吸附能力，可以与土壤中的重金属发生离子交换作用，固定土壤中的重金属，抑制重金属在土壤中的迁移，降低其有效性。同时，土壤的矿物组成，尤其是黏粒含量也是影响土壤阳离子交换量的主要因素。有研究[113]表明，土壤机械组成即团聚体粒径组成对重金属铅、镉的分布有重要影响，在红壤中，粒径<0.002mm的细颗粒对铅、镉的持有能力最强，重金属在此粒径范围的土壤中含量最高。其次，黏土相比砂土对重金属有更强的结合力，使得被结合的重金属更难于解吸。土壤中黏粒含量增加，可增强土壤对重金属的吸附固定能力，降低土壤中重金属的生物有效性[113]。

2.2.4　稳定化技术工艺参数优化

在进入修复工艺流程之前，各药剂的工艺参数应通过小试获取最优值。异位稳定化处理工艺参数的选择应根据污染土壤修复方量、修复周期、污染物类型及污染物含量确定。污染土壤修复方量、污染物类型及污染物含量以地块环境调查报告和地块环境风险评估报告的结果为参考依据。

2.2.4.1　复合稳定化药剂配比

稳定化材料复配作用时，各药剂所占比例影响其对土壤中重金属的固定效果。

如王一鹏[114]研究发现新型绿色材料S-B-P同步稳定Cu、Cr和Pb的最优材料配比为钢渣∶骨粉∶磷矿粉=3∶1∶5。在实际试验中，通过改变参与复配的稳定化材料的质量比，研究比例的改变对目标重金属稳定化效果的影响，从而筛选出最优的复合稳定化药剂配比。

2.2.4.2 稳定化药剂用量

在筛选出最优的复合稳定化药剂配比后，稳定化药剂总添加量影响其对土壤中重金属的固定效果，主要与土壤中多种重金属浓度相关。研究不同药剂添加量对土壤理化性质以及目标重金属稳定化效果的影响，确定稳定化药剂的最适宜施用量，通常可设置为1%、2%、3%、4%、5%、7.5%、10%等。

2.2.4.3 液固比

液固比是稳定化技术实施中一个重要的工艺参数，它不仅影响污染土壤稳定化效果，也是工艺流程设计、工程施工难易程度、土壤后续处置等问题的重要影响因素。液固比过低，则不利于药剂与土壤的充分混匀，亦会影响药剂与土壤中污染物之间反应的充分进行；液固比过高，则有碍于处理后土壤的堆存及后续处置。一般研究表明，重金属稳定化过程中土壤含水率的不同，影响其氧化还原电位，进而影响土壤中重金属元素的稳定化效果。液固比的优化可在实验室进行探索试验，采用优化后的复合稳定化药剂配比以及最优的药剂添加量，进行试验用水量的梯度试验，一般将液固比设定为20%、25%、30%、35%、40%、50%，研究不同液固比条件下土壤理化性质及重金属元素的稳定化效果，选出最优的实施液固比。一般研究表明，土壤中加入的水量对重金属有效态的固定率有一定影响，基本趋势是随着液固比的增大，重金属有效态的固定率增加。而pH值的变化幅度却随液固比的增加而减小。这可能是由于土壤含水量的增加会促进氧化钙的水解，从而相对于液固比较低的样本pH值稍高。

2.2.4.4 稳定化药剂施用方式

药剂的施用方式不同，会影响药剂与土壤的反应顺序、混合程度，进而影响处理效果。考虑到不同稳定化剂的理化性质，在实验室进行探索试验时，可设定不同的药剂投加方式，如将筛选的药剂按照优化配比先混匀再加水的投加方式，先加水再加筛选的药剂按照优化配比进行混匀的投加方式，将筛选的药剂按照优化配比分步加入待处理土壤的投加方式，等等。药剂不同施用方式试验中，其他试验条件均设置相同。一般研究表明，重金属稳定化药剂的施用方式对修复土壤的pH值以及土壤中重金属有效态的固定率影响较小。通常选用的药剂在两两不相反应且稳定化机理不同的情况下，或通过沉淀作用，或通过吸附作用去除重金属。药剂的投加方式，先加入与后加入对重金属稳定化效果并不产生大的影响。且复杂烦琐的投加方式操作流程和操作时间较长，操作步骤较多，易增加运行成本。在不影响修复效果的情况下，通常选用流程最为简练的方式。

2.2.4.5 污染土壤与稳定化药剂拌和均匀度

稳定化技术中污染土壤和稳定化药剂的拌和均匀度一直是污染场地修复工程师和科研工作者关注的重点。通常，搅拌时间和搅拌次数的增加会提高污染土壤和固化剂的拌和均匀度，但搅拌时间和搅拌次数的增加也必然会使修复成本增加。目前国内外在拌和均匀度控制方面多是基于经验或者修复设备的推荐值。我国工业污染场地中污染物种类多、浓度高、空间变异性大，场地环境风险及修复难度远高于欧美国家[115,116]，修复工程中广泛存在固化剂和污染土拌和均匀度差、修复效率低及修复效果差等问题。夏威夷[117]结合我国东大沟有色金属冶炼污染场地的重金属Pb、Zn和Cd污染土，通过现场固化/稳定化中试试验，建立了原位固化/稳定化技术工艺，并结合最优工时原则确定了适用于该场地的"四搅两喷"最佳搅拌工艺，该施工方法在一定程度上为其他污染场地修复工程提供了参考，但仍然未给出定量化研究结果。查明搅拌时间或搅拌次数与拌和均匀的定量关系，是提高固化/稳定化修复中精细化施工程度的有效途径。

2.2.4.6 养护条件

目前研究主要针对养护时间、养护温度等对稳定化效果的影响展开，相关结果可以用于指导修复工程施工时稳定化药剂设计掺量和验收时间的确定，大量试验研究[118-120]结果表明：随着养护时间的增加及稳定化时间的延长，稳定化药剂在土壤中与重金属离子接触更充分，有利于提高土壤中重金属稳定化效率。任伟伟[121]基于我国白银东大沟污染场地修复工程，通过改变养护温度条件（−10℃、5℃和20℃），对比了新型磷基固化剂和水泥修复重金属Pb、Zn和Cd污染土的强度、重金属浸出特性，发现低温条件明显抑制了固化土中反应产物数量的增加，显著削弱了固化/稳定化效果。

2.3
有色金属冶炼场地重金属污染土壤稳定化技术评估

2.3.1 稳定化技术效果评估及影响因素

重金属污染场地通过稳定化技术修复后，必须通过持续的现场监测和评估方法来确保修复效果。目前，评估重金属稳定化效果主要关注重金属的赋存形态、土壤的理化性质、生态风险以及长期稳定性等方面。这些评估方法大多已在先前的研究中得到了充分的讨论。然而，如何根据具体的修复方案选择最适宜的方法来评估污染土壤中重金属的稳定化效果，依然面临着巨大的挑战。因此，在实际应用中仍需深入理解稳定化技术效果的影响因素，以准确评估稳定化效果。

对重金属污染土壤而言，稳定化并未减少其污染物总量，而是对可能造成危害的污染物进行控制，所以对其修复效果进行准确的评估并制定标准显得尤为重要[122]。根据修复后不同的处置或者再利用途径，对修复后的土壤应用不同的试验方法进行评估，同时需要评估的指标也会发生变化，如针对修复后产物用作原地填埋用土、卫生场填埋覆盖用土、公园绿地用土等，多以重金属浸出浓度为衡量指标；针对修复后产物用作路基材料、建筑骨料等情况，还应补充无侧限抗压强度、抗耐久性等物理性质测试[123]。此外，稳定化修复后的土壤微生物群落组成及土壤酶活性等指标也值得关注。根据稳定化修复场地及土壤修复后应用途径不同，应选取相应标准作为效果评估参照。

稳定化修复后土壤中重金属形态更趋于稳定，但当稳定化修复土壤的环境，如土壤pH值、氧化还原电位、土壤水分、孔隙度等因素发生变化时，会活化土壤中的重金属，影响稳定化效果[123]。

环境因素往往也会导致稳定化修复土壤中重金属的浸出，如冻融、水胁迫以及酸雨淋溶等[124]。冻融往往会引起土体结构的破坏，冻融循环可以显著改变土壤理化性质，破坏稳定的土壤结构，使土壤矿物颗粒内的金属离子浸出。例如有研究发现冻融循环使土壤As迁移性增大，浸出浓度增加[125]。干湿交替和淹水是较为常见的水环境胁迫情形，干湿交替会改变土壤物理强度、结构及重金属离子化学形态，从而影响修复效果；淹水会降低土壤含氧量和氧化还原电位，从而改变土壤重金属的赋存状态[126]，如杨凯等[127]研究发现干湿交替作用下生物炭对Pb的稳定化效果低于恒湿环境。酸雨淋溶是导致土壤重金属活化的一个重要因子，其会导致土壤pH值大幅下降，从而导致土壤对重金属的吸附能力减弱，如张迪等[128]在模拟酸雨淋溶对土壤修复影响的试验中发现，酸雨淋溶会影响Cd的固定效果。Li等[129]研究发现模拟酸雨试验导致土壤中Cd和Pb浸出量大幅度提升。

此外，修复时间过长也会对稳定化修复效果产生影响，随着老化时间的增长，稳定化修复的土壤往往会因风化、碳化等导致稳定化效果减弱[130]。重金属被包裹在土壤矿物晶格中，从而保持稳定状态，其晶格风化作用逐渐被破坏，使重金属重新被释放出来。在水泥基材料稳定化修复调查中发现，由于长期与大气中CO_2接触并发生反应，有大量强膨胀性钙矾石及碳酸钙生成，体系中产生裂隙，使土壤团聚体暴露于环境中，加速稳定化材料老化，从而使结构失稳，重金属可溶出性增加[130]。

2.3.2 稳定化技术效果评估方法

2.3.2.1 短期效果评估方法

稳定化技术是基于稳定化材料将土壤中的有效态重金属稳定化，或转化为化学性质不活泼的形态，从而阻止其在环境中的迁移、扩散，因此稳定化技术修复效果综合评价参数的选取需要结合其技术特点开展。

（1）重金属赋存形态

目前，污染土壤中的重金属稳定化效果一般从浸出毒性、生物有效态和重金属形态3个方面进行评估。土壤浸出毒性是指采用规定的浸出剂模拟在自然环境条件或极端环境条件下，土壤中有害组分被浸出而污染环境的特性。国内外常采用的毒性浸出方法主要包括水平振荡法 [《固体废物 浸出毒性浸出方法 水平振荡法》（HJ 557—2010）]、醋酸缓冲溶液法 [《固体废物 浸出毒性浸出方法 醋酸缓冲溶液法》（HJ/T 300—2007）]、硫酸硝酸法 [《固体废物 浸出毒性浸出方法 硫酸硝酸法》(HJ/T 299—2007)]、TCLP法 (toxicity characteristic leaching procedure, US EPA method 1311)、SPLP法 (US EPA method 1312)、MEP法 (US EPA method 1312)、NEN7371法 (dutch environmental agency) 和 DINS4法 (Germany) 等。土壤重金属有效态是指土壤中生物可吸收的元素形态。常用的重金属有效态测定方法主要包括 $CaCl_2$ 提取法、EDTA提取法、NH_4OAc 提取法、硝酸铵提取法、$NaHCO_3$ 提取法和DTPA提取法等。另外，解析重金属形态分布特征有助于理解土壤污染状况及潜在生态风险，可为污染土壤治理提供参考，通常采用顺序提取法测定。目前重金属形态测定常用的方法主要包括 Tessier 五步提取法、BCR (European Community Bureau of Reference, 欧洲共同体参考局) 顺序提取法等。事实上，基于污染土壤中重金属生物可及性进行的人体健康风险评估更能反映重金属的毒性，因为重金属是通过口服暴露在胃肠道中被部分吸收。由于活体实验的局限性，通常采用体外模拟生物可及性方法，主要包括 PBET法（生理原理提取法）、SBRC法（可溶性生物可给性研究联合会法）、BARGE法（欧洲生物可及性研究小组统一生物可及性法）和 IVG 法 [Rodriguez（罗德里格斯）体外肠胃法] 等。然而，这些方法通常需要较高的实验技能和昂贵的生物试剂。

(2) 土壤理化性质

土壤中重金属的移动性和生物有效性在很大程度上取决于土壤理化性质，包括土壤 pH 值、EC（电导率）、Eh（氧化还原电位）、阳离子交换量和有机质含量等。另外，土壤酶是反映土壤生物活性的重要指标，其对自然环境的变化敏感，可以揭示生态系统的扰动影响程度，并已被用作生物地球化学循环、有机质降解和土壤修复过程的评价指标。因此，土壤酶可以结合其他土壤理化性质一起反映土壤质量。常用于评价重金属污染影响的土壤酶可分为氧化还原酶（如过氧化氢酶、脱氢酶等）和水解酶（如脲酶、酸性磷酸酶、蔗糖酶、纤维素酶、β-葡萄糖苷酶等）。例如，魏样等[131]研究了添加由芦苇、木薯和水稻秸秆制备的生物炭对 Hg 和 As 复合污染工业土壤的理化性质、酶活性和重金属生物可利用性的影响。结果表明，添加生物炭后，土壤 pH 值、有机质含量和阳离子交换量提高，且促进了土壤脱氢酶、过氧化氢酶、转化酶和脲酶的活性。另外，两种重金属的可交换组分均呈下降趋势，而其他组分呈增加趋势。此外，施加生物炭降低了植物体中重金属的生物富集因子以及土壤中重金属的生物可利用度。

（3）生态风险

鉴于生态毒理学试验可以提供对环境状态的全面评估，可将化学评估与生态毒理学测试结合，以完善整治决策。目前，通常采用植物（如种子发芽、幼苗生长、水分吸收和重金属累积等）、动物（出生率、生长/死亡、形态和行为等）和微生物（生物量、多样性、生理过程和生态功能）开展生态毒理学试验以获得利用自然生物进行土壤修复评估的生态指标。例如，Huang等[132]探究了海藻酸钠修饰的纳米级零价铁在治理镉污染河流沉积物中的效能，研究结果显示经过修复大部分可迁移的镉转化为不活跃的残渣态。除了脱氢酶活性未见显著变化外，脲酶和过氧化氢酶的活性均有所提升。此外，修复过程促进了细菌群落多样性和数量的增长。然而，并非所有的修复措施都能有效降低植物的毒性风险。Rede等[133]研究了两种土壤修复处理对莴苣种子的生态毒理学影响，结果表明Fenton（芬顿）氧化和纳米修复菌对生菜种子的发育产生了负面影响，种子萌发率下降达45%，根伸长抑制率达80%。

2.3.2.2　长效稳定性评估方法

固化/稳定化修复场地或稳定化土壤安全再利用时暴露于复杂的自然环境中，必然会受到外界诸多自然作用的侵蚀[134]。目前的研究多侧重于外界的冻融交替作用、干湿交替作用、酸雨淋溶作用对固化/稳定化技术长期效果的评价。冻融循环会对污染土壤的矿物质稳定性产生显著影响，从而导致重金属的浸出浓度升高[130,135]。而且，冻融循环也会对稳定的重金属污染土壤的无侧限抗压强度产生显著影响[136]。王漫莉[125]对砷污染土壤稳定化长效性进行探索发现，土壤中砷的浸出浓度随冻融循环次数的增加逐渐增大，干湿交替使土壤中砷的浸出浓度降低，但影响较小。冻融作用将土壤中砷的形态由铁锰氧化物结合态、有机物结合态和残渣态转化为离子交换态和碳酸盐结合态，增加了风险。干湿交替作用是自然状况下土壤经常遭受的环境条件之一。Han等[137]研究了在干湿交替条件下，土壤中重金属的固相分配情况，结果显示干湿交替导致重金属向更稳定的组分转化。酸雨沉降是我国目前较为严重的环境问题，土壤长期遭受酸雨的淋溶作用，会导致土壤pH值降低，土壤中H^+含量增加。土壤中吸附在带负电荷的土壤胶体上的重金属阳离子受土壤中H^+的影响，与H^+发生置换反应，从而与土壤胶体分离，导致土壤中金属离子从固相转移至液相。张丽华等[138]模拟酸雨淋溶对土壤中重金属离子的释放作用，结果发现重金属的释放量随pH值的降低而增加；释放速度由大到小为Zn>Ni>Cu>Pb>Cr；在相同酸雨pH值下，释放量由大到小为Zn>Cu>Cr>Ni>Pb。刘馥雯等[139]使用多硫化钙（CPS）对Cr污染土壤进行稳定化修复，模拟酸雨条件下土壤中Cr的长期稳定效果，研究结果表明在长期的酸雨淋溶作用下，稳定后土壤中总Cr和Cr（VI）的释放量均低于未稳定土壤，稳定化能够有效降低Cr在酸雨淋溶作用下向环境中释放的风险。

2.3.2.3　稳定化技术方案优越性评估

稳定化技术方案优越性通常从药剂处理效果、药剂性价比、稳定化效果持久性等方面进行比较[54]。

（1）自然条件下稳定化效果的持久性

稳定化后的土壤最理想的情况是可以保留在原位（例如原位回填），即使是异位处置，最好也保留其土壤功能，可供用作公园、绿地、路基、填埋场覆盖土或其他开挖场地的回填土等。稳定化效果应该在填埋于地下（相对大量）及暴露于地表（相对少量）的情形下，在自然界的常见pH值、Eh条件下仍能保持中长期稳定。

（2）工艺及药剂的适应性和有效性

不同污染程度的场地对稳定化药剂的考验明显不同，混合污染的场地尤其具有挑战。一种药剂需要同时能稳定化多种重金属，尤其是不同种类的重金属，例如二价阳离子型（Pb^{2+}）及含氧阴离子（AsO_3^-）。磷酸盐对铅具有不错的稳定化效果，但对砷却有活跃、释放作用。

（3）工艺及药剂的环境友好性

任何可能引起场地及土壤盐碱化、贫瘠化的工艺或技术方案均应予以排除。一个完善的处置系统应具备收集、临时储存、稳定化处理、过程监控以及应急处理的能力。

（4）避免药剂的高投加比和土体体积膨胀

药物滥用及高剂量投加必然对土壤基质产生负面效应，导致体积膨胀，进而提升治理成本。

（5）稳定化药剂的性价比

药剂效果千差万别，对比不同药剂的性价比［即稳定化每立方米（或吨）污染土壤达标的药剂成本］当然比单纯对比药剂的单价合理得多。

（6）二次污染

宜考虑处理过程中可能产生的废水、废气、固体废物的处理，防止二次污染；处置系统的设计应选用能耗低、噪声低、二次污染产生少的设备设施。

2.3.3　土壤稳定化效果评估工作

稳定化处理技术无法实现土壤中重金属总量的降低，而是通过转化作用改变了其生物可利用性和迁移特性。社会公众及生态环境部门持续关注处理后土壤可能存在的健康风险和环境影响，尤其是其长期稳定性问题。因此，科学地评估稳定化处理技术的效能及其潜在的环境风险已成为一项至关重要的研究课题。

尽管全球范围内尚未形成专门针对污染土壤的固化/稳定化处理的统一的评估方法，目前主要参考的是固体废物浸出毒性评价方法。但是，固体废物浸出毒性评价在不同国家有着不同的方法标准，国际上也缺乏统一的规定。美国、荷兰、日本、英国等国家的浸出测试方法采用了不同的浸提剂、pH值、振荡方式。TCLP方法是美国《资源保护和回收法》指定的危险废物鉴别方法，是美国环保署指定的重金属释放效应评价方法，应用最为广泛。

目前我国固化/稳定化技术的实施大多采用欧美国家的技术规范，主要参考国外相关技术和工程经验。在效果评估方面，我国主要借助国家现有的固体废物毒性鉴别与管理办法。2023年中国环境科学研究院、生态环境部土壤与农业农村生态环境监管技术中心等多家单位联合出台团标《建设用地污染土壤固化/稳定化效果　评估指南》，为建设用地污染土壤固化/稳定化修复工程效果评估提供依据和技术指导。

固化/稳定化效果的评估指标与方法应当依据最终的处置方式以及用途（如回填、路基建设、绿化等）或目标地区的具体要求来制定。此外，固化/稳定化效果的评估还应考虑我国不同地区的实际情况，设定相应的评估参数，并进行长期监测，确保固化/稳定化效果在预定的时间内保持有效。固化/稳定化处理后的土壤中污染物的浸出浓度应符合目标地区地下水、地表水标准或不对环境造成危害。固化/稳定化后的土壤若用于卫生填埋，应满足填埋场的入场标准；若用于资源化利用，则应满足利用场景下的相关标准。

2.3.3.1　评估工作流程

效果评估报告编制参照 HJ 25.5 要求，并补充评估指标和方法、评估标准选择及后期环境监管建议等内容。

固化/稳定化土壤效果评估工作流程如图2.5所示。

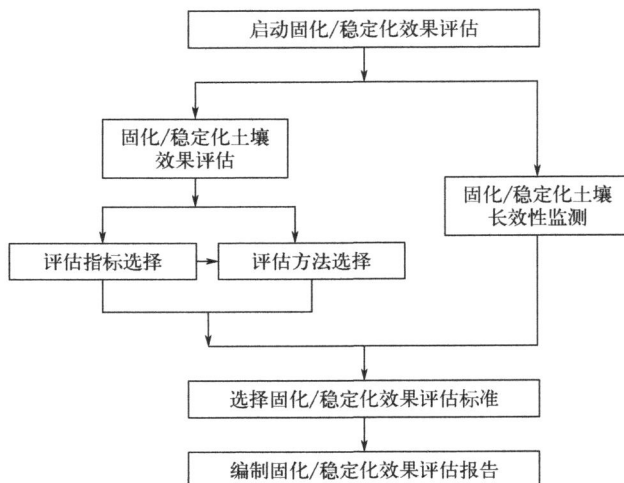

图2.5 固化/稳定化土壤效果评估工作流程

2.3.3.2 评估指标与方法选择

根据《建设用地污染土壤固化/稳定化效果 评估指南》，稳定化后土壤原位回填或用作再开发填土（广场、停车场）时，稳定化土壤需评估无侧限抗压强度、渗透系数，测定方法参考《土工试验方法标准》（GB/T 50123）。稳定化后土壤用作河道堤坝或护坡/护岸时，稳定化土壤位置应处于河道长期稳定的水位线以上。评估指标包括无侧限抗压强度、渗透系数，测定方法参考GB/T 50123。稳定化后土壤用作公路路基时，评估指标包括加筑承载比、压实度，测定方法参考《公路土工试验规程》（JTG 3430）；无侧限抗压强度、渗透系数和回弹模量，测定方法参考《公路工程无机结合料稳定材料试验规程》（JTG E51）；抗剪强度根据现场原位试验确定，测定方法参考《铁路旅客车站建筑设计规范》（GB/T 50266），当无条件进行试验时，测定方法参考《工程岩体分级标准》（GB/T 50218）和《公路路基设计规范》（JTG D30）综合确定。稳定化后土壤用作绿化用土时，评估指标及方法参考《绿化种植土壤》（CJ/T 340）。

稳定化后土壤进入填埋场：

① 进入生活垃圾填埋场时，浸出浓度评估方法参考《固体废物 浸出毒性浸出方法 醋酸缓冲溶液法》（HJ/T 300），无侧限抗压强度、十字板抗剪强度和渗透系数测定方法参考GB/T 50123；

② 进入工业固体废物填埋场时，浸出浓度评估方法参考《固体废物 浸出毒性

浸出法　水平振荡法》（HJ 557），有机质和水溶性盐总量测定方法分别参考《固体废物　有机质的测定　灼烧减量法》（HJ 761）和《土壤检测　第16部分：土壤水溶性盐总量的测定》（NY/T 1121.16）。

2.3.3.3 评估标准选择

根据《建设用地污染土壤固化/稳定化效果　评估指南》，稳定化后土壤原位回填或用作再开发填土（广场、停车场）时，污染物浸出浓度应达到《地下水质量标准》（GB/T 14848）中Ⅳ类及Ⅳ类以上的标准限值要求，并满足地下水用途要求；稳定化后土壤用作河道堤坝或护坡/护岸时，浸出浓度应达到《地面水环境质量标准》（GB 3838）Ⅳ类及Ⅳ类以上的标准限值要求，并满足地表水用途要求；若附近2000m范围内存在饮用水源地，浸出浓度应达到GB 3838集中式生活饮用水地表水源地特定项目标准限值。无侧限抗压强度、渗透系数满足《堤防工程设计规范》（GB 50286）要求；稳定化后土壤用作公路路基时，浸出浓度应达到GB/T 14848 Ⅳ类及Ⅳ类以上的标准限值要求，并满足地下水用途要求。加筑承载比、压实度、无侧限抗压强度、渗透系数、回弹模量和抗剪强度满足JTG D30要求；稳定化后土壤用作绿化用土时，污染物浸出浓度应同时达到GB/T 14848和GB 3838 Ⅳ类及Ⅳ类以上的标准限值要求，并满足其用途要求；其他指标需满足CJ/T 340要求；进入生活垃圾填埋场时，污染物浸出浓度应满足《生活垃圾填埋场污染控制标准》（GB 16889）要求，无侧限抗压强度、十字板抗剪强度和渗透系数满足《生活垃圾卫生填埋处理技术标准》（GB 50869）入场技术要求；进入工业固体废物填埋场时，污染物浸出浓度应按《一般工业固体废物贮存和填埋污染控制标准》（GB 18599）第Ⅰ类一般工业固体废物规定判断，即污染物浸出浓度未超过《污水综合排放标准》（GB 8978）最高允许排放浓度，有机质和水溶性盐总量满足GB 18599要求。

2.3.4 稳定化技术应用关键要素

修复场地及处理技术确定后，首先对场地进行网格化划分再进行土壤质量监测，确定污染单元后进行加密监测。通常采用异位固化/稳定化技术修复的地块要求尽量削减修复时间，以缓解地块再开发面临的施工进度压力，同时对现场遗留土壤质量的要求较高。通过污染土壤清挖、现场处理、异地处置的方式对地块进行修复，最终通过效果评估判断场地清理的完成情况。

稳定化技术在应用中的关键要素有以下几点。

2.3.4.1 工程规模

开展土壤修复项目时确定工程规模是基础工作，对于目标修复场地需明确的关键要素如下：

① 场地面积，可衡量修复工程范围，影响设备、人员和材料等安排；

② 土壤污染深度，决定修复工作纵向范围和相应技术选择；

③ 需修复的总土方量，是结合面积和深度计算的工程量指标，影响运输、存放和材料预估等。

明确这些要素，可为土壤修复工程开展筑牢基础。

2.3.4.2 主要污染物及污染程度

不同产品的冶炼场地及其周边土壤的主要污染因子以及各因子的污染程度各异，导致场地污染状况复杂多样。在污染治理过程中，污染物的种类和污染程度是决定采取何种修复措施的关键因素，特别是在稳定化处理技术的应用上尤为关键。不同种类的重金属展现出各异的化学性质和环境行为，其稳定化药剂的反应机制亦存在差异。污染程度的不同将对稳定化处理技术的操作细节及药剂使用量产生显著影响。在污染程度较轻的情况下，使用较少的药剂和简单的处理步骤即可实现理想的稳定化效果；相反，在污染程度严重的情形下，需采用多种类和较大剂量的药剂，并可能需要实施更为复杂的处理流程，以确保达到预期的修复效果。因此，精确掌握目标修复场地的主要污染物及污染程度，对于科学、合理、有效地应用稳定化处理技术具有决定性作用，它直接关系到修复工程的效果和成本，也关乎着整个场地土壤生态系统的恢复和安全保障。

2.3.4.3 土壤理化性质

土壤理化性质包括质地、结构、pH值、阳离子交换量（CEC）、孔隙度、水分含量、有机质含量、颗粒组成以及养分含量等，在土壤环境系统中起着多方面的关键作用。土壤质地决定了其通气性、透水性和保水性等物理特性，同时也影响着污染物的迁移和吸附过程；土壤结构则决定了孔隙的分布，进而影响污染物的迁移和转化；pH值对化学反应、生物过程以及药剂的有效性具有重要影响；CEC则关系到阳离子污染物的吸附和药剂的固定效果；孔隙度影响着通气性、透水性和药剂的扩散；水分含量则影响化学过程和药剂的效果；有机质含量影响重金属的迁移和药剂的固定；颗粒组成影响污染物的吸附；养分含量则影响微生物和植物的生长，间接影响污染物的迁移。对土壤理化性质的分析是固化/稳定化技术应用的必要步骤，它有助于合理选择药剂、确定剂量和操作方法，确保修复工作的效果、土壤生态的健康以及环境质量的维护。

2.3.4.4 技术选择

综合考量修复目标、修复时间、修复成本、目标污染物等关键要素，明确选择异位稳定化修复技术、原位稳定化修复技术，抑或稳定化技术与其他修复技术联合。从场地特征、资源需求、成本、环境、安全、健康、时间等方面进行详细评估。

2.3.4.5 工艺流程和关键设备

修复工程技术路线和施工流程主要包括污染土壤挖掘、土壤含水量控制、粉状稳定剂布料添加、混匀搅拌处理、养护反应、外运资源化利用、现场验收监测等环节，各环节根据工程量大小，所使用的设备不同。一般采用的关键设备主要有土壤挖掘设备、土壤短驳运输设备、土壤与稳定剂混合搅拌设备等。

2.3.4.6 修复成本

在稳定化修复技术工程应用领域，成本分析至关重要，它决定着修复工程能否顺利推进及最终经济效益。建设施工投资涵盖场地前期平整清理费用（土地整理、障碍物拆除等产生的人力、物力及设备租赁费用），以及搭建临时场地、建设防护设施等费用。稳定剂费用是修复成本的重要构成，稳定剂作为核心材料，其质量与用量影响修复效果。因污染物类型、土壤特性不同需匹配不同稳定剂，市场价格差异大，且用量需根据土壤污染程度等精确计算调整，成本分析时需考虑采购价及用量变化带来的成本波动。设备费用亦为关键因素。修复过程需借助多种专业设备，包括挖掘机、筛分破碎铲斗、搅拌设备等。无论是购置还是租赁均需资金投入，并且必须考量设备的更新换代以及长期的维护成本。应综合考虑性价比、使用寿命及项目需求匹配度，降低成本。运行管理费用不容忽视，涵盖工程运行各方面，包括人员薪酬福利（技术与管理人员工资、奖金、培训费用等）、办公费用（场地租赁、用品购置、通信费等）、安全管理及质量监控费用。运行能耗也需纳入成本考虑。挖掘机及筛分破碎铲斗等大型设备油耗是主要能耗，受使用频率、时长、强度影响，此外普通照明、生活用水用电等能耗虽小，但长期累积也影响成本。

总之，需综合考虑建设施工投资、稳定剂费用、设备费用、运行管理费用及运行能耗等成本因素，科学分析评估，为项目实施提供经济保障，实现土壤修复可持续发展。

2.3.4.7　修复效果评估

稳定化修复技术完成修复后，评估修复效果是关键，核心是全面细致监测目标修复场地污染物含量。监测要求专业严谨，需用专业设备与科学方法，全方位、多层次检测各类目标污染物，涵盖土壤表层及不同深度土层，以掌握实际残留状况。判定修复成功的关键是污染物含量低于预定的修复目标值，该值根据国家环保标准、场地规划及土壤特性，经专业论证计算确定，是衡量修复效果的重要标杆。满足低于目标值条件后，还需通过业主独立委托的某地环境监测中心进行验收监测。验收监测严格按国标与规范流程，从样本采集到实验室分析各步骤高标准执行，确保样本有代表性，精确测定污染物并审核评估数据。只有通过全面验收监测，各项指标达标，才能认定修复达到预期要求，修复工程圆满完成。此系列监测与验收流程，对保障修复效果和场地环境安全、维护生态、保障公众健康及合理利用土地资源意义重大。

参考文献

[1] Song P，Xu D，Yue J，et al. Recent advances in soil remediation technology for heavy metal contaminated sites：A critical review[J]. Sci Total Environ，2022，838（Pt 3）：156417.

[2] Gong Y Y，Zhao D Y，Wang Q L. An overview of field-scale studies on remediation of soil contaminated with heavy metals and metalloids：Technical progress over the last decade[J].Water Research，2018，147：440-460.

[3] Liu L，Li W，Song W，et al. Remediation techniques for heavy metal-contaminated soils：Principles and applicability[J]. Science of the Total Environment，2018，633：206-219.

[4] Navarro A，Cardellach E，Cañadas I，et al. Solar thermal vitrification of mining contaminated soils[J]. International Journal of Mineral Processing，2013，119：65-74.

[5] Zhou M，Xu J，Zhu S，et al. Exchange electrode-electrokinetic remediation of Cr-contaminated soil using solar energy[J]. Separation and Purification Technology，2018，190：297-306.

[6] 赵述华，陈志良，张太平，等. 重金属污染土壤的固化/稳定化处理技术研究进展[J]. 土壤通报，2013，44（06）：1531-1536.

[7] 张欣惠，周青云，许超，等. 几种钝化材料对铅冶炼场地土壤重金属的钝化修复效果[J]. 中国农学通报，2024，40（21）：99-105.

[8] 赵静，李也，史昱翔，等. 铅锌冶炼重金属重污染土壤稳定化研究[J]. 环境科技，2024，37（04）：8-13，20.

[9] 郭伟. 云南某废弃有色金属冶炼厂重金属污染土壤淋洗修复实验研究[D]. 北京：中国地质大学，2019.

[10] Liao X，Li Y，Yan X. Removal of heavy metals and arsenic from a co-contaminated soil by sieving combined with washing process[J]. Journal of Environmental Sciences，2016，41：202-210.

[11] 孙健，铁柏清，钱湛，等. 湖南省有色金属矿区重金属污染土壤的植物修复[J]. 中南林学院学报，2006（01）：125-128.

[12] 骆永明. 金属污染土壤的植物修复[J]. 土壤，1999，31（5）：261-265.

[13] Chen T B，Wei C Y. Arsenic hyperaccumulation in some plant species in South China[C]//Proceedings of the International Conference of Soil Remediation，2000：194-195.

[14] 陈同斌，韦朝阳，黄泽春，等. 砷超富集植物蜈蚣草及其对砷的富集特征[J]. 科学通报，2002，47（3）：207-210.

[15] 谢景千，雷梅，陈同斌，等. 蜈蚣草对污染土壤中As，Pb，Zn，Cu的原位去除效果[J]. 环境科学学报，2010，30（1）：165-171.

[16] Zhang X，Zhouag，Ganyq. Advances in bioremediation technologies of contaminated soils by heavy metal in metallic mines[J]. Environmental Science & Technology，2010，33：106-112.

[17] 钱林波，元妙新，陈宝梁. 固定化微生物技术修复PAHs污染土壤的研究进展[J]. 环境科学，2012，33（5）：1767-1776.

[18] Wu J，Wan T. Innovative practice of heavy metal soil remediation technology under the background of rural revitalization by integrating agriculture，culture and tourism[J]. Polish Journal of Environmental Studies，2024，33（4）：4407-4419.

[19] Wu C，Chen H R，Lu Y P，et al. Soil microbial community in lead smelting area and the role of sulfur-oxidizing bacteria[J]. Journal of Central South University，2024，31（04）：1050-1063.

[20] Gao Y，Wang H，Xu R，et al. Remediation of Cr（Ⅵ）-contaminated soil by combined chemical reduction and microbial stabilization：The role of biogas solid residue（BSR）[J]. Ecotoxicol Environ Saf，2022，231：113198.

[21] Yuan W，Xu W，Zhang Z，et al. Rapid Cr（Ⅵ）reduction and immobilization in contaminated soil by mechanochemical treatment with calcium polysulfide[J]. Chemosphere，2019，227：657-661.

[22] Sarankumar R K，Selvi A，Murugan K，et al. Electrokinetic（EK）and bioelectrokinetic（BEK）remediation of hexavalent chromium in contaminated soil using alkalophilic bio-anolyte[J]. Indian Geotech J，2019，50：330-338.

[23] Dermont G，Bergeron M，Mercier G，et al. Soil washing for metal removal：A review of physical/chemical technologies and field applications[J]. J Hazard Mater，2008，152：1-31.

[24] 刘冬冬，李素霞. 重金属污染土壤修复技术的研究进展及问题剖析[J]. 北部湾大学学报，2020，35（08）：71-79.

[25] 胡学武. 胶渣强化硫酸盐还原菌修复有色冶炼场地土壤Cd、Zn污染研究[D]. 北京：北京科技大学，2022.

[26] 陈玥如，高文艳，陈虹任，等. 场地重金属污染土壤固化及MICP技术研究进展[J]. 环境科学，2024，45（05）：2939-2951.

[27] 何佳颖. 凹凸棒土-电动-铬还原菌联合修复Cr（Ⅵ）污染土壤的效果研究[D]. 上海：上海大学，2018.

[28] Sharma S，Tiwari S，Hasan A，et al. Recent advances in conventional and contemporary methods for remediation of heavy metal-contaminated soils[J]. Biotech，2018，8（4）：216.

[29] 袁立竹. 强化电动修复重金属复合污染土壤研究[D]. 长春：中国科学院大学（中国科学院东北地理与农业生态研究所），2017.

[30] Guo X P，Li Y X，Zuo X S，et al. The field-scale stabilization remediation and assessment of potential toxic elements based on the multi-source information from a Chinese Pb/Zn smelter contaminated site[J]. Journal of Central South University，2024，31（04）：1207-1216.

[31] Suswati D. The role of red mud and cow manure for sustainable post-gold mining land rehabilitation[J]. Sains Tanah，2023，20（2）：240-249.

[32] 黎红娟，刘宇. 铅锌冶炼场地重金属污染土壤修复技术研究进展[J]. 绿色矿冶，2023，39（06）：81-85.

[33] 郑鹏，崔兴兰，李红霞，等. 锑污染土壤修复技术研究进展与发展趋势[J]. 稀有金属，2024，48（03）：411-426.

[34] 周慧娣，李海明，肖瀚，等. 石化场地污染土壤和地下水修复技术组合研究与应用进展[J]. 应用化工，2024，53（08）：1880-

1885.

[35] 曾嘉庆，高文艳，李雪，等.有色冶炼场地重金属污染特征与修复研究进展[J].中国有色金属学报，2023，33（10）：3440-3461.

[36] 桂娟，常海伟，和君强，等.中南有色金属冶炼场地与周边土壤重金属污染概况及稳定化修复技术研究进展[J].中国农学通报，2022，38（27）：86-93.

[37] 朱学朋，林海，董颖博，等.有色金属矿山重金属污染土壤修复技术研究进展[J].有色金属（冶炼部分），2023（01）：7-17.

[38] 宋盈盈.中国环保产业发展阶段及企业竞争力评价方法研究与应用[D].北京：清华大学，2018.

[39] 骆永明，滕应.中国土壤污染与修复科技研究进展和展望[J].土壤学报，2020，57（05）：1137-1142.

[40] 潘根兴，卞荣军，程琨.从废弃物处理到生物质制造业：基于热裂解的生物质科技与工程[J].科技导报，2017，35（23）：82-93.

[41] 沈锋.典型铅锌冶炼区农田土壤重金属污染及植物化学联合修复研究[D].咸阳：西北农林科技大学，2017.

[42] Shen Z，Jin F，O'Connor D，et al. Solidification/stabilization for soil remediation：An old technology with new vitality[J]. Environmental Science & Technology，2019，53（20）：11615-11617.

[43] 郝汉舟，陈同斌，靳孟贵，等.重金属污染土壤稳定/固化修复技术研究进展[J].应用生态学报，2011，22（03）：816-824.

[44] 李道明.某冶炼厂遗留污染场地综合修复对策[J].有色金属（冶炼部分），2021（03）：138-142.

[45] 可欣，李培军，巩宗强，等.重金属污染土壤修复技术中有关淋洗剂的研究进展[J].生态学杂志，2004（05）：145-149.

[46] De Andrade Lima L，Bernardez L A，Dos santos M G，et al. Remediation of clay soils contaminated with potentially toxic elements：The Santo Amaro Lead Smelter，Brazil，case[J]. Soil & Sediment Contamination，2018，27（7）：573-591.

[47] Zhang Y X，Guo Z H，Xie H M，et al. Impact of migration and prediction on heavy metals fron soil to groundwater inan abandoned lead/zinc smelting site[J]. Journal of Central South University，2024，31（04）：1136-1148.

[48] Sheng X L. A study on vegetation restoration and ecological rehabilitation of mine slopes based on bioengineering technology[J]. Mathematical Modeling and Algorithm Application，2024，3（1）：32-37.

[49] Sheng G. Sustainability analysis of mine rehabilitation using native plants：A case study of the Qinling Mountains[J]. Frontiers in Sustainable Development，2024，4（8）：68-73.

[50] 田平，郑静芬，杜耀，等.基于环境足迹分析方法的石油烃污染场地土壤绿色修复技术评价应用研究[J].环境污染与防治，2024，46（08）：1149-1155.

[51] 黄旋，郭宝蔓，顾爱良.某冶炼厂污染土壤修复工程实施[J].环境科技，2024，37（02）：34-39.

[52] 冯亚松.镍锌复合重金属污染黏土固化稳定化研究[D].南京：东南大学，2021.

[53] 梁竞，王世杰，张文毓.美国污染场地修复技术对我国修复行业发展的启示[J].环境工程，2021，39（6）：173-178.

[54] 张雅贤，方战强.重金属污染场地修复技术的专利计量分析[J].环境工程学报，2019，13（12）：3019-3026.

[55] Cui WW，Li X Q，Duan W，et al. Heavy metal stabilization remediation in polluted soils with stabilizing materials：A review[J]. Environ Geochem Health，2023，45（7）：4127-4163.

[56] Nanthi B，Anitha K，Ramya T，et al. Remediation of heavy metal（loid）s contaminated soils—To mobilize or to immobilize?[J]. Journal of Hazardous Materials，2014，266：141-166.

[57] 闫淑兰，赵秀红，罗启仕.基于文献计量的重金属固化稳定化修复技术发展动态研究[J].农业环境科学学报，2020，39（02）：229-238.

[58] 宋云，李培中，郝润琴.我国土壤固化/稳定化技术应用现状及建议[J]环境保护，2015，43（15）：28-33.

[59] 刘玲，刘海卿，李喜林，等.熟石灰-矿石灰联合修复重金属污染土强度及淋滤特性研究[J].硅酸盐通报，2016，35（07）：2065-2070.

[60] 胡红青，黄益宗，黄巧云，等.农田土壤重金属污染化学钝化修复研究进展[J].植物营养与肥料学报，2017，23（06）：1676-1685.

[61] 李江遐，吴林春，张军，等.生物炭修复土壤重金属污染的研究进展[J].生态环境学报，2015，24（12）：2075-2081.

[62] Odom F，Gikunoo E，Arthur E K，et al. Stabilization of heavy metals in soil and leachate at Dompoase landfill site in Ghana[J]. Environmental Challenges，2021，5：100308.

[63] Hong C O，Gutierrez J，Yun S W，et al. Heavy metal contamination of arable soil and corn plant in the vicinity of a zinc smelting factory and stabilization by liming[J]. Arch Environ Contam Toxicol，2009，56：190-200.

[64] Li W，Ni P，YI Y. Comparison of reactive magnesia，quick lime，and ordinary Portland cement for stabilization/solidification of heavy metal-contaminated soils[J]. Sci Total Environ，2019，671：741-753.

[65] Vrînceanu N O，Motelică D M，Dumitru M，et al. Assessment of using bentonite，dolomite，natural zeolite and manure for the immobilization of heavy metals in a contaminated soil：The Copşa Mică case study（Romania）[J]. Catena，2019，176：336-342.

[66] Jing H P，Wang X，Xia P，et al. Sustainable utilization of a recovered struvite/diatomite compound for lead immobilization in contaminated soil：Potential，mechanim，efficiency，and risk assessmen:[J]. Environ Sci Pollut Res，2019，26：4890-4900.

[67] Wang L，Cho D W，Tsang，et al. Green remediation of as and pb contaminated soil using cement-free claybased stabilization/solidification[J]. Environ Int，2019，126：336-345.

[68] Liang X，Han J，Xu Y，et al. In situ field-scale remediation of Cd polluted paddy soil using sepiolite and palygorskite[J]. Geoderma，2014，235：9-18.

[69] 宋玉婧.锰氧化物修复含砷土壤效果、影响因素和机制研究[D].青岛：青岛理工大学，2018.

[70] Michalkova Z，Komarek M，Sillerova H，et al. Evaluating the potential of three Fe-and Mn-（nano）oxides for the stabilization of Cd，Cu and Pb in contaminated soils[J]. J Environ Manage，2014，146：226-234.

[71] Xia W Y，Du Y J，Li F S，et al. *In situ* solidification/stabilization of heavy metals contaminated site soil using a dry jet mixing method and new hydroxyapatite based binder[J]. J Hazard Mater，2019，369：353-361.

[72] Yuan Y N，Chai L Y，Yang Z H，et al. Simultaneous immobilization of lead，cadmium，and arsenic in combined contaminated soil with iron hydroxyl phosphate[J]. J Soils Sediments，2017，17（2）：432-439.

[73] Zhang Z，Guo G L，Wang M，et al. Enhanced stabilization of Pb，Zn，and Cd in contaminated soils using oxalic acid-activated phosphate rocks[J]. Environ Sci Pollut Res，2018，25（3）：2861-2868.

[74] Hua Y，Heal K V，Friesl-Hanl W. The use of red mud as an immobiliser for metal/metalloid-contaminated soil：A review[J]. J Hazard Mater，2017，325：17-30.

[75] Almas A R，Pironin E，Okkenhaug G. The partitionin of Sb in contaminated soils after being immobilization by Fe-based amendments is more dynamic compared to Pb[J]. Appl Geochem，2019，108：104378.

[76] Ahmad M，Ok Y S，Rajapaksha A U，et al. Lead and copper immobilization in a shooting range soil using soybean stover-and pine needle-derived biochars：Chemical，microbial and spectroscopic assessments[J]. J Hazard Mater，2016，301：179-186.

[77] 魏明俐. 新型磷酸盐固化剂固化高浓度锌铅污染土的机理及长期稳定性试验研究[D]. 南京：东南大学，2017.

[78] 付欢欢，马友华，吴文革，等. 铜陵矿区与农田土壤重金属污染现状研究[J]. 农学学报，2014，4（06）：36-40.

[79] 冯康宏，范缙，等. 基于生物可给性的某冶炼厂土壤重金属健康风险评价[J]. 中国环境科学，2021，41（1）：442-450.

[80] Kumpiene J，Lagerkvist A，Maurice C. Stabilization of As，Cr，Cu，Pb and Zn in soil using amendments—A review[J]. Waste management，2008，28（1）：215-225.

[81] Miretzky P，Fernandez Cirelli A. Remediation of arsenic-contaminated soils byiron amendments：A review[J]. Critical Reviews in Environmental Science and Technology，2010，40（2）：93-115.

[82] 周春海，张振强，黄志红，等. 不同钝化剂对酸性土壤中重金属的钝化修复研究进展[J]. 中国农学通报，2020，36（33）：71-79.

[83] 陈炳睿，徐超，吕高明，等. 6种固化剂对土壤 Pb Cd Cu Zn 的固化效果[J]. 农业环境科学学报，2012，31（7）：1330-1336.

[84] 王哲，宓展盛，郑春丽，等. 生物炭对矿区土壤重金属有效性及形态的影响[J]. 化工进展，2019，38（6）：2977-2985.

[85] 谷海红，李忠伟，俞强. 钢渣对酸性重金属污染土壤的修复研究进展[J]. 中国农学通报，2012，28（20）：243-249.

[86] 邓腾灏博，谷海红，仇荣亮. 钢渣施用对多金属复合污染土壤的改良效果及水稻吸收重金属的影响[J]. 农业环境科学学报，2011，30（3）：455-460.

[87] Xenidis A，Stouraiti C，Papassiopi N. Stabilization of Pb and As in soils by applying combined treatment with phosphates and ferrous iron[J]. Journal of Hazardous Materials，2010，177：929-937.

[88] Hartley W，Lepp N W. Remediation of arsenic contaminated soils by iron-oxide application，evaluated in terms of plant productivity，arsenic and phytotoxic metal uptake[J]. Science of the Total Environment，2008，390（1）：35-44.

[89] 吴宝麟. 铅镉砷复合污染土壤钝化修复研究[D]. 长沙：中南大学，2014.

[90] 熊静，郭丽莉，李书鹏，等. 砷污染土壤钝化剂配方优化及效果研究[J]. 农业环境科学学报，2019，38（8）：1909-1918.

[91] 付成. 巯基凹凸棒石的制备工艺及对镉、铅的吸附应用研究[D]. 成都：成都理工大学，2020.

[92] 周嗣江，刘针延，陈双莲，等. 同步钝化土壤 Cd 和 As 材料的筛选[J]. 环境科学，2021，42（7）：3527-3534.

[93] 陈凌嘉，薛文静，黄丹莲，等. 海藻酸钠改性纳米零价铁对底泥中 Cd 的稳定化研究[J]. 环境污染与防治，2018，40（12）：1364-1368.

[94] 谭笑. 锰改性生物炭材料的制备及其对镉砷污染土壤的修复效果研究[D]. 北京：北京化工大学，2020.

[95] Basta N，Gradwohl R，Snethen K，et al. Chemical immobilization of lead，zinc，and cadmium in smelter-contaminated soils using biosolids and rock phosphate[J]. J Environ Qual，2001，30：1222-1230.

[96] Sun Y，Li Y，Xu Y，et al. *In situ* stabilization remediation of cadmium（Cd）and lead（Pb）co-contaminated paddy soil using bentonite[J]. Appl Clay Sci，2015：105-106.

[97] Friesl Hanl W，Platzer K，Horak O，et al. Immobilising of Cd，Pb，and Zn contaminated arable soils close to a former Pb/Zn smelter：A field study in Austria over 5 years[J]. Environ Geochem Health，2009，31：581-594.

[98] Wang B，Xie Z，Chen J，et al. Effects of field application of phosphate fertilizers on the availability and uptake of lead，zinc and cadmium by cabbage（*Brassica chinensis* L.）in a mining tailing contaminated soil[J]. J Environ Sci，2008，20（9）：1109-1117.

[99] Cui H，Zhou J，Si Y，et al. Immobilization of Cu and Cd in a contaminated soil：One- and four-year field effects[J]. J Soils Sediments，2014，14：1397-1406.

[100] 张庆泉，尹颖，杜文超，等. 碱性 Cd 污染农田原位稳定化修复研究[J]. 南京大学学报（自然科学），2016，52（4）：601-608.

[101] 孙彤，李可，付宇童，等. 改性生物炭对弱碱性 Cd 污染土壤钝化修复效应和土壤环境质量的影响[J]. 环境科学学报，2020，40（07）：2571-2580.

[102] 陈博，王凌燕. 某有色金属冶炼厂场地土壤铅、砷污染修复技术及修复效果评估[J]. 绿色科技，2021，23（20）：153-154，185.

[103] 李杨，吴晓烽，梁吉哲. 某冶炼厂重金属污染土壤修复案例研究[J]. 科技创新与应用，2023，13（05）：131-134.

[104] 吴曼. 土壤性质对重金属铅镉稳定化过程的影响研究[D]. 青岛：青岛大学，2011.

[105] 朱丹妹，刘岩，张丽，等. 不同类型土壤淹水对 pH、Eh、Fe 及有效态 Cd 含量的影响[J]. 农业环境科学学报，2017，36（8）：

1508-1517.

[106] 杜彩艳，祖艳群，李元. pH和有机质对土壤中镉和锌生物有效性影响研究[J]. 云南农业大学学报，2005（04）：539-543.

[107] 杨秀敏，任广萌，李立新，等. 土壤pH值对重金属形态的影响及其相关性研究[J]. 中国矿业，2017，26（06）：79-83.

[108] 王亚丹，乔冬梅，陆红飞. 水分管理对重金属污染土壤植物修复效果的影响研究综述[J]. 土壤通报，2022，53（06）：1499-1505.

[109] 郝金才. 铅镉高污染农田稳定化修复及安全利用研究[D]. 南昌：江西师范大学，2018.

[110] 童长勋. 水稻土（黄泥土）微团聚体表面性质及对铜离子吸附与解吸特性研究[D]. 南京：南京农业大学，2007.

[111] 蔡海林，许丽娟，谢扬军，等. 烟田土壤调理剂的研究与应用现状[J]. 安徽农业科学，2014，42（19）：6212-6213，6271.

[112] 张磊，宋凤斌. 土壤吸附重金属的影响因素研究现状及展望[J]. 土壤通报，2005（04）：628-631.

[113] 任宇，曹文庚，肖舜禹，等. 重金属在土壤中的分布、危害与治理技术研究进展[J]. 中国地质，2024，51（01）：118-142.

[114] 王一鹏. 寒区重金属污染土壤修复稳定化材料优选及影响因素分析[D]. 哈尔滨：哈尔滨工业大学，2022.

[115] 刘松玉. 污染场地测试评价与处理技术[J]. 岩土工程学报，2018，40（1）：1-37.

[116] 杜延军，金飞，刘松玉，等. 重金属工业污染场地固化/稳定处理研究进展[J]. 岩土力学，2011，32（1）：116-124.

[117] 夏威夷. 新型羟基磷灰石基固化剂修复铅锌镉复合污染土的机理与应用研究[D]. 南京：东南大学，2018.

[118] Malviya R，Chaudhary R. Factors affecting hazardous waste solidification/stabilization：A review[J]. Journal of Hazardous Materials，2006，137（1）：267-276.

[119] Srivastava S，Chaudhary R，Khale D. Influence of pH，curing time and environmental stress on the immobilization of hazardous waste using activated fly ash[J]. Journal of Hazardous Materials，2008，153（3）：1103-1109.

[120] 冯亚松，夏威夷，杜延军，等. SPB和SPC固化稳定化镍锌污染土的强度及环境特性研究[J]. 岩石力学与工程学报，2017，36（12）：3062-3074.

[121] 任伟伟. KMP固化稳定化铅锌镉污染土的影响因素及重金属迁移特性试验研究[D]. 南京：东南大学，2017.

[122] 史丹宇，王兴润，范琴，等. 不同还原药剂修复Cr（Ⅵ）污染土壤的稳定性评估[J]. 环境工程学报，2020.14（02）：473-479.

[123] 常春英，曹浩轩，陶亮，等. 固化/稳定化修复后土壤重金属稳定性及再活化研究进展[J]. 土壤，2021，53（04）：682-691.

[124] 陆良梓. 铝酸盐材料对镉污染土壤稳定化效果及机制研究[D]. 郑州：河南农业大学，2022.

[125] 王漫莉. 砷污染土壤稳定化修复后生物有效性和长期稳定性评估[D]. 上海：华东理工大学，2019.

[126] Frohne T，Rinklebe I，Diaz-bone RA，et al. Controlled variation of redoxon contions in a floodplain soil：Impact on metal mobilization and biomethylation of arsenic andantimony[J]. Geoderma，2011，160（3/4）：414-424.

[127] 杨凯，王营营，丁爱中. 生物炭对铅矿区污染土壤修复效果的稳定性研究[J]. 农业环境科学学报，2021，40（12）：2715-2722.

[128] 张迪，吴晓霞，丁爱芳，等. 模拟酸雨对钝化剂修复镉污染土壤效果研究[J]. 中国环境科学，2021，41（01）：288-296.

[129] Li J H，Jia C J，Lu Y，et al. Multivariate analysis of heavy metal leaching from urban soils following simulated acid rain[J]. Microchemical Journal，2015，122：89-95.

[130] Antemir A，Hils C D，Carey P J，et al. Long-term performance of aged waste forms treated by stabilization/solidification[J]. Journal of Hazardous Materials，2010，181（1/2/3）：65-73.

[131] 魏样，李日升，卢楠，等. 三种秸秆生物炭对污染土壤中汞、砷钝化的研究[J]. 地球环境学报，2023：1-12.

[132] Huang D L，Xue W J，Zeng G M，et al. Immobilization of Cd in river sediments by sodium alginate modified nanoscale zero-valent iron：Impact on enzyme activities and microbial community diversity[J]. Water Research，2016，106：15-25.

[133] Rede D，Santos Lhmlm，Ramos S，et al. Ecotoxicological impact of two soil remediation treatments in *Lactuca sativa* seeds[J]. Chemosphere，2016，159：193-198.

[134] 齐一谨，彭熙，徐中慧，等. 机械力活化固硫灰固化处理生活垃圾焚烧飞灰[J]. 环境工程学报，2017，11（04）：2469-2474.

[135] Sanchez F，White M K L，Hoang A. Leaching from granular cement-based materials during infiltration wetting coupled with freezing and thawing[J]. Journal of Environmental Management，2009，90（2）：983-993.

[136] Qiang X，Li J S，Lei L. Effect of compaction degree on solidification characteristics of Pb-contaminated soil treated by cement[J]. CLEAN-Soil，Air，Water，2014，42（8）：1126-1132.

[137] Han F X，Banin A，Triplett G B. Redistribution of heavy metals in arid-zone soils undera wetting-drying cycle soil moisture regime[J]. Soil Science，2001，166（1）：18-28.

[138] 张丽华，朱志良，郑承松，等. 模拟酸雨对污染土壤中重金属元素的释放影响研究[C]//2007年全国铅污染监测与控制治理技术交流研讨会论文集，2007：39-48.

[139] 刘馥雯，罗启仕，卢鑫，等. 多硫化钙对铬污染土壤处理效果的长期稳定性研究[J]. 环境科学学报，2018，38（5）：1999-2007.

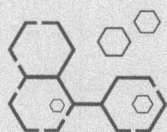

第 **3** 章
有色金属冶炼
场地重金属复
合污染土壤稳
定剂研发

稳定化修复技术通过投加稳定化材料降低土壤中重金属的迁移性和有效性，操作便捷、成本相对较低，被广泛应用。稳定化材料是稳定化修复技术的核心要素之一，高性能、广谱的稳定化材料及其应用技术成为当前热门研究方向。相比于发达国家和地区，我国土壤稳定化技术应用起步较晚，尽管近年来国内研究机构和修复公司开展了大量稳定化修复材料研发工作，但一些针对性的方向或问题仍需要解决[1]。

① 复合材料的研发，针对复合污染土壤，实现多金属同步固化/稳定化。

② 绿色长效修复材料，开发以生物炭、黏土矿物、羟基磷灰石等为主的绿色无污染材料，可以降低二次损害，保证修复效果的稳定性，实现"以土治土"的绿色目标。

③ "以废治废"修复材料，以提高资源利用效率，解决大宗固体废物，例如有机固体废物、粉煤灰、磷石膏等。

④ 新型材料的研发，如纳米零价铁、功能膜材料、自修复材料等，这些新材料的研发将极大提高固化/稳定化效力。

有色金属冶炼场地主要存在重金属复合污染，不同重金属间的拮抗作用给有色冶炼场地重金属污染土壤稳定化修复带来巨大的难题[2]。因此，研发能同时对土壤中不同重金属进行稳定化处理的长效、绿色稳定化药剂是亟待解决的关键难点。

3.1
生物炭基镉－砷－铅稳定化材料研发

生物质炭化技术是生物废物资源化利用的新兴趋势，生物质衍生的富碳材料已被视为可替代的且在经济上可行的将可生物利用的有毒金属固定在土壤中的修复材料，主要分为生物炭和水热炭两种。

① 生物炭是以生物质为原料，在无氧或缺氧的环境下热解或气化生产[3,4]。

② 水热炭[5]是在较低温度（150～375℃）和自身压力条件下，以水为溶剂和反应介质，将生物质炭化获得的富碳产物。

含铁材料和含碳材料分别具有很强的固定砷和镉的能力，但含铁材料易团聚和氧化，因此将生物炭基与含铁材料的环境作用结合，可制备出能同时降低土壤中砷镉有效性的铁基生物炭复合材料。广东省生态环境技术研究所李芳柏团队研发了多种含铁材料，如铁基生物质炭材料、铁基-腐殖酸复合材料等，可以很好地同时稳定土壤中的镉和砷[6]。于焕云等[7]通过3年大田试验研究，发现施用铁基生物炭可使土壤有效镉和砷含量分别下降25%和24%。如纳米零价铁具有巨大的比表面积[8]，在土壤砷污染稳定化方面有重要应用潜力；陈凌嘉等[9]研究海藻酸钠改性纳米零价铁，发现0.1%海藻酸钠溶液覆盖后的改性纳米零价铁材料修复稳定性更好，不易被氧化。同时，研究发现磷改性生物炭对土壤中铅、砷的稳定有较好效果。如张学庆等[10]在铅、镉污染的土壤中施加磷改性的牛粪生物炭后，发现磷改性后的生物炭表面具有更丰富的孔道结构，有助于通过物理吸附或者表面官能团化学吸附来吸附土壤中溶解态的铅、镉，可强化重金属与活性炭的配位反应，并且磷促进重金属发生沉淀，从而增强生物炭对重金属的固化。王玉婷等[11]研究发现羟基磷灰石＋活性炭对镉和铅污染土壤有较好的修复效果，一方面可以通过降低土壤中H^+浓度，增加土壤颗粒表面负电荷，促进对重金属离子的吸附；另一方面也可以改变重金属形态，促进重金属碳酸盐形成，降低活性重金属比例。

本研究针对镉、铅、砷复合污染土壤，对生物炭、水热炭进行铁基改性、磷基改性、巯基改性，探索研发出高效绿色镉、铅、砷稳定化材料。

3.1.1 生物炭基镉－砷－铅稳定化材料制备

3.1.1.1 生物炭基镉－砷－铅稳定化材料制备方法

取破碎的水稻秸秆、棕榈叶、松树原木、竹子作为原材料，于真空管式炉中，充氮气0.5h，650℃保持2.5h，炭化后冷却至室温研磨过60目筛，得到高温裂解生物炭；于高压反应釜中，180℃保持6h，烘干后研磨过60目筛，得到水热炭。并分别对生物炭和水热炭进行靶向改性，具体方法见相关专利[12-15]。

3.1.1.2 不同原材料对镉、铅、砷的稳定化效果

取破碎的水稻秸秆、棕榈叶、松树原木、竹子作为原材料，制备生物炭与水热炭。采用土壤水溶态固定率为主要评价指标，选取最佳原材料。结果如图3.1所示，棕榈叶生物炭和棕榈叶水热炭对土壤中镉、铅、砷的去除效果相对较好。

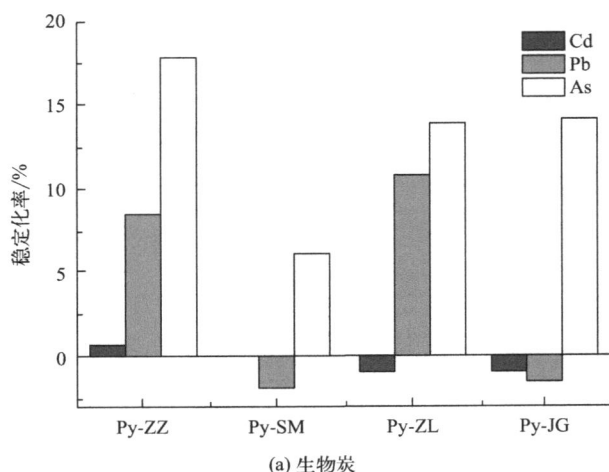

(a) 生物炭

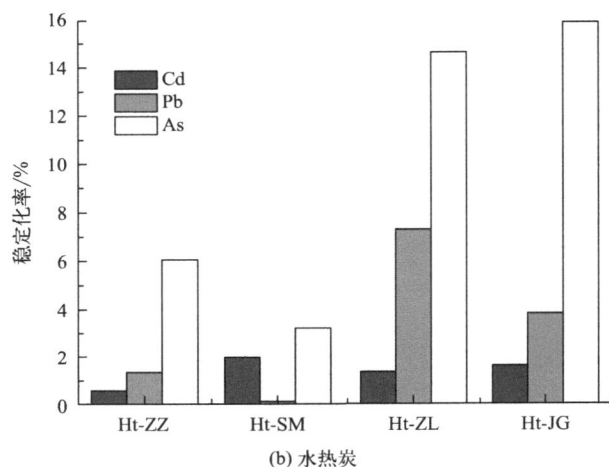

(b) 水热炭

图3.1 不同原材料制备炭基材料对镉、铅、砷的稳定化效果

Py-ZZ—竹子生物炭；Py-SM—松木生物炭；Py-ZL—棕榈叶生物炭；Py-JG—秸秆生物炭；
Ht-ZZ—竹子水热炭；Ht-SM—松木水热炭；Ht-ZL—棕榈叶水热炭；Ht-JG—秸秆水热炭

3.1.1.3　不同改性方法对镉、铅、砷的稳定化效果

（1）酸碱活化

对棕榈叶生物炭进行酸碱活化，从图3.2可知，碱活化生物炭对重金属的稳定化效果较好，对镉、铅、砷的稳定化效果分别为38.20%、90.75%、90.45%，相对于未活化生物炭，稳定化效果分别提高了3.23倍、2.60倍、0.22倍。

（2）不同改性方法

对碱活化生物炭分别进行铁改性、磷改性、巯基改性试验，改性后生物炭对镉、铅、砷的稳定化效果如图3.3所示。结果表明铁改性生物炭对铅与砷的稳定化效果较

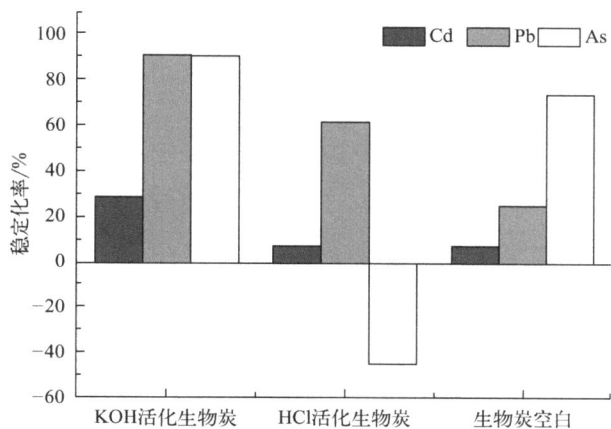

图3.2 不同活化方法对镉、铅、砷的稳定化效果影响

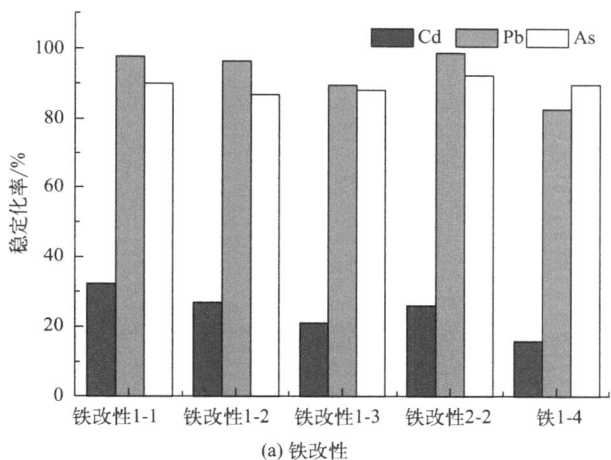

(a) 铁改性

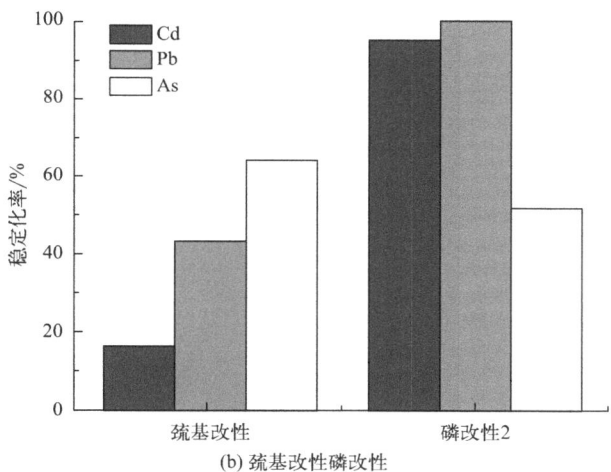

(b) 巯基改性磷改性

图3.3 不同改性方法生物炭对镉、铅、砷的稳定化效果

好，铁改性生物炭对镉稳定化效果欠佳。磷改性生物炭对镉、铅的稳定化率分别达到94.83%、99.95%，对砷的稳定化率达到51.59%。巯基改性生物炭对镉、铅、砷的稳定化率分别为16.41%、43.34%、63.91%。

对碱活化水热炭分别进行铁改性、磷改性、巯基改性试验。改性后生物炭对镉、铅、砷的稳定化效果如图3.4所示。结果表明，铁2-2改性处理对铅、砷的稳定化率分别达到99.19%、96.79%，对镉只能达到45.10%；铁1-2对镉、铅、砷的稳定化率分别能达到51.82%、89.78%、96.95%；磷改性2对镉、铅、砷的稳定化率分别能达到97.21%、99.94%、71.32%；巯基改性对镉、铅有较好的稳定化效果。

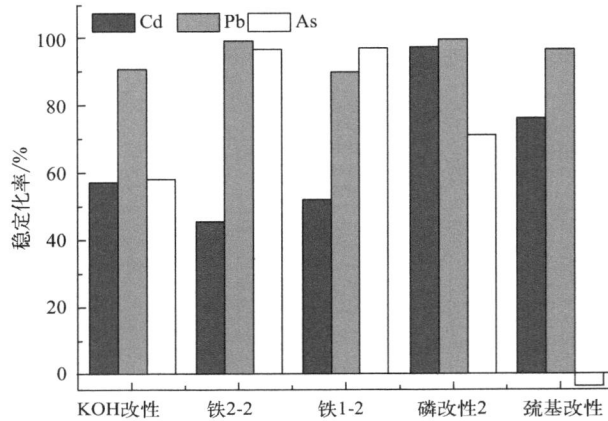

图3.4 不同改性方法水热炭对镉、铅、砷的稳定化效果

（3）不同顺序复合改性

将铁、磷及巯基以不同顺序对生物炭和水热炭分别进行复合改性，结果表明（图3.5），铁-磷-巯基复合改性生物炭、磷-铁-巯基复合改性生物炭、铁-磷复合改

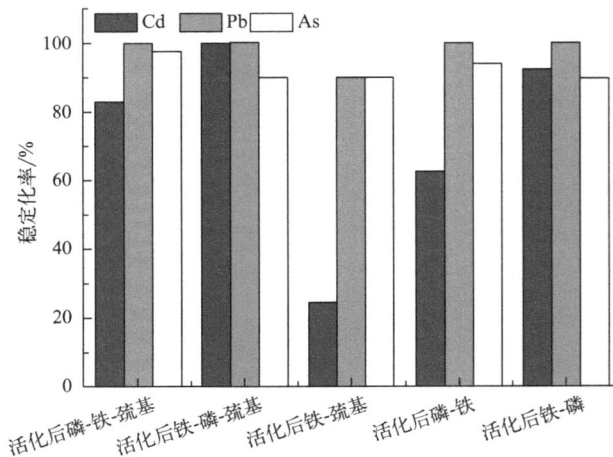

(a) 生物炭稳定化效果

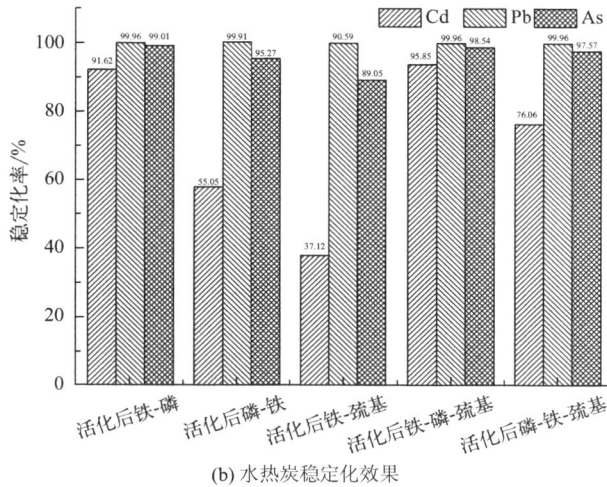

(b) 水热炭稳定化效果

图3.5 复合改性炭基材料稳定化效果

性生物炭这3种材料的综合稳定化效果较好，铁-磷-巯基改性生物炭对镉、铅、砷的稳定化率分别可达到99.68%、99.93%、90.05%；铁-磷改性水热炭和铁-磷-巯基改性水热炭对重金属的综合效果较好，铁-磷改性水热炭对重金属镉、铅、砷的稳定化率分别为91.62%、99.96%、99.01%，铁-磷-巯基改性水热炭对重金属镉、铅、砷的稳定化率分别为93.85%、99.96%、98.34%。

3.1.2 复合改性生物炭基材料对镉铅砷的稳定化效果

3.1.2.1 稳定化效果

选用铁-磷-巯基复合改性、磷-铁-巯基复合改性、铁-磷复合改性这3种复合改性生物炭材料进行土壤培养试验，结果表明（图3.6），铁-磷-巯基改性生物炭对土壤中的重金属稳定化效果最佳，镉、铅、砷稳定化率分别为90.24%、98.93%、57.32%。

选用铁-磷改性水热炭和铁-磷-巯基改性水热炭加进土壤中培养，水浸后检测镉、铅、砷含量，其稳定化效果如图3.7所示。可知铁-磷-巯基改性水热炭对重金属的综合稳定化效果更佳，镉、铅、砷稳定化率分别为67.68%、98.97%、49.38%。

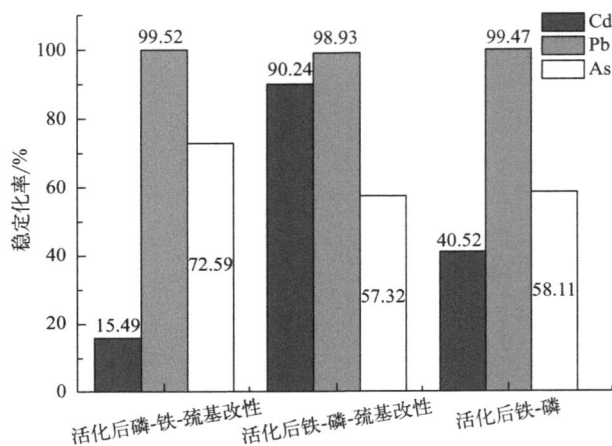

图3.6 复合改性生物炭对土壤水溶态镉、铅、砷的稳定化效果

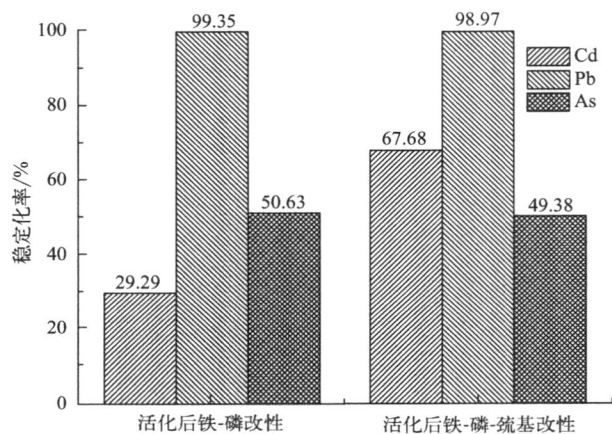

图3.7 复合改性水热炭对土壤水溶态镉、铅、砷的稳定化效果

3.1.2.2 稳定化效果长效性

（1）复合改性炭基材料对土壤重金属形态的影响

对修复前后的土壤进行BCR连续浸提，检测土壤中镉、铅、砷不同形态的浓度占比变化，如图3.8所示。

复合改性生物炭的添加，使得土壤中镉的弱酸提取态向更稳定的可氧化态、可还原态及残渣态转化，铅的弱酸提取态、可氧化态及可还原态向残渣态转化，对砷略有活化作用，使得残渣态向可氧化态、可还原态及残渣态转化。说明材料与土壤充分接触后，促进了土壤中重金属镉、铅形态向化学性质更稳定的形态转化，对砷形态影响不明显。

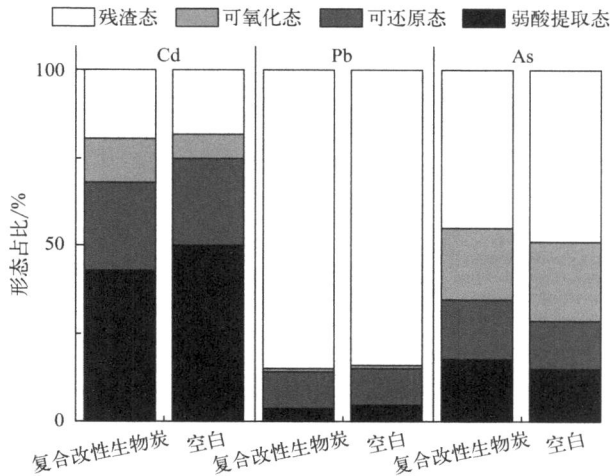

图3.8 复合改性生物炭对土壤镉、铅、砷形态的影响

由图3.9可知，复合改性水热炭的添加，使得土壤中镉的弱酸提取态向可还原态及残渣态转化，铅的弱酸提取态、可氧化态及可还原态向残渣态转化，砷的残渣态向可氧化态、可还原态及弱酸提取态转化，复合改性水热炭可能对砷有活化作用。说明材料与土壤充分接触后，促进了土壤中重金属镉、铅形态向化学性质更稳定的形态转化，但对砷不具备此类稳定化作用。

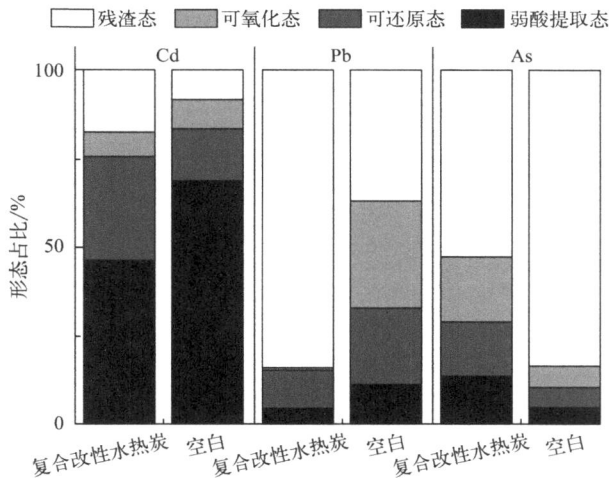

图3.9 复合改性水热炭对土壤镉、铅、砷形态的影响

（2）复合改性炭基材料对土壤镉、铅、砷的长期稳定化效果

模拟冻融侵蚀过程中土壤重金属稳定化率变化如图3.10所示。结果表明，添加复合改性生物炭土壤经3次模拟冻融侵蚀后，镉、砷、铅的稳定化率较冻融初始分别

下降4.49%、2.94%、3.81%。添加复合改性水热炭土壤经过3次模拟冻融试验后，镉、铅、砷的稳定化率较冻融初始分别上升3.01%、上升0.74%、下降2.96%。稳定化处理后的土壤经过模拟冻融侵蚀后，镉、砷、铅的稳定化率波动 < 5%。说明复合改性炭基材料作为稳定化药剂，能有效降低土壤中重金属的有效态含量，降低其生物毒性，并能够有效保持重金属稳定化的长效性。

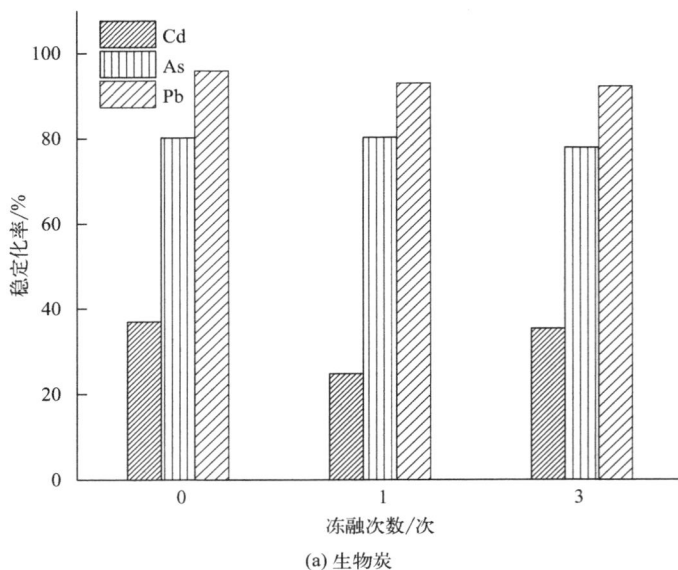

(a) 生物炭

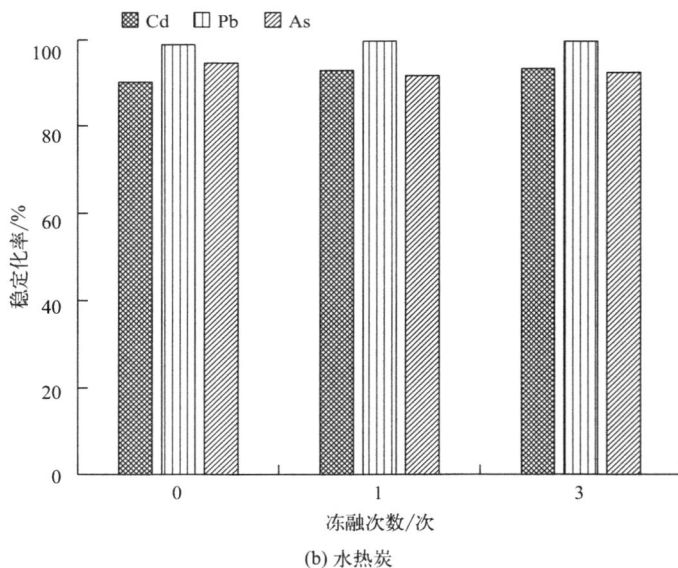

(b) 水热炭

图3.10 冻融侵蚀前后中稳定化率的变化

有色金属冶炼场地重金属污染土壤异位稳定化技术

3.1.3 稳定化效果及稳定机理研究

3.1.3.1 电镜扫描及能谱分析

电镜扫描结果显示复合改性生物炭（图3.11）表面较粗糙，蜂窝孔隙结构被破坏，呈块状、片状形态。主要含有的元素为C、O、Fe、Ca、P、S，质量占比分别

(a) 扫描电镜

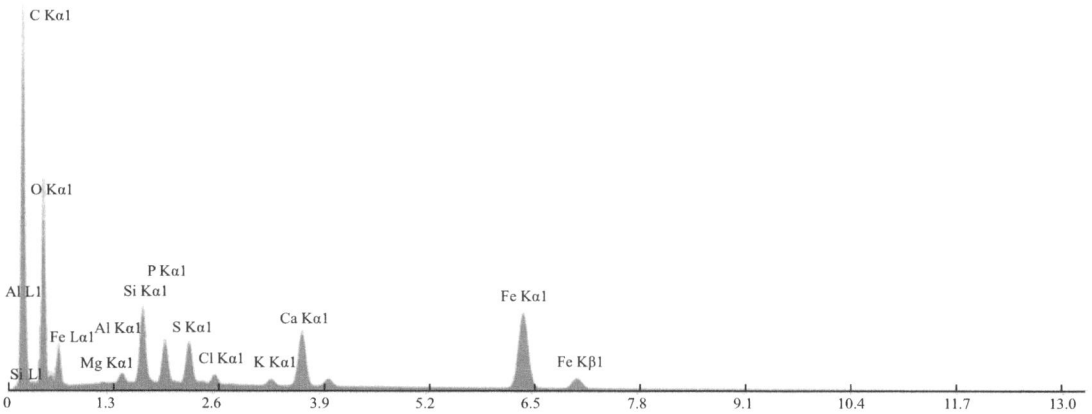

(b) 能谱分析

图3.11 复合改性生物炭材料扫描电镜及能谱分析

为52%、28.83%、10.60%、3.06%、1.35%、1.32%。粗糙的表面和孔隙结构有利于材料与待处理污染物充分接触，且材料中Fe、Ca、P等元素有结合重金属离子的能力。

电镜扫描结果显示复合改性水热炭（图3.12）表面较粗糙，呈块状、片状结构。元素分布主要有O、C、Fe、Ca、P、Si，质量占比分别为41.36%、32.77%、14.52%、5.17%、1.74%、1.68%。粗糙表面和特殊结构有利于材料与待处理污染物充分接触，且材料中Fe、Ca、P等元素有结合重金属离子的能力。

(a) 扫描电镜

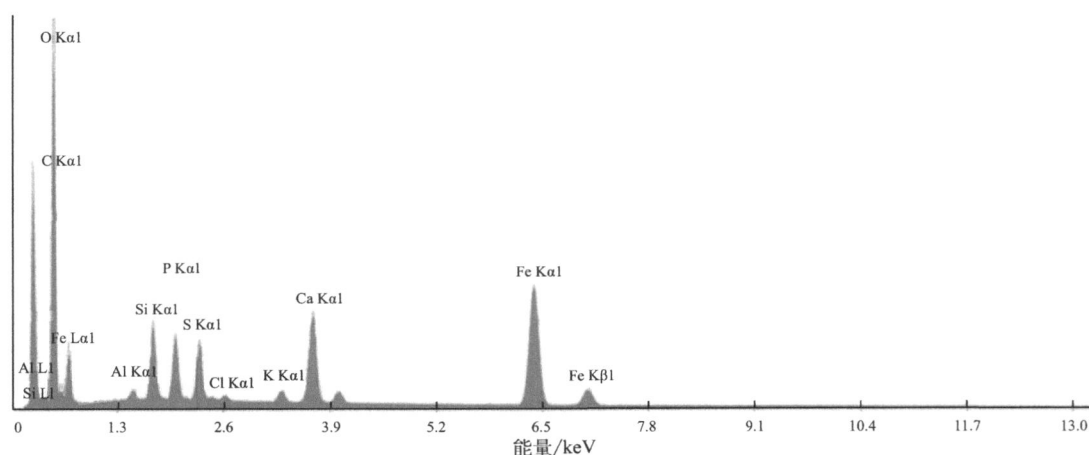

(b) 能谱分析

图3.12 复合改性水热炭材料扫描电镜及能谱分析

3.1.3.2 矿物分析

XRD（X射线衍射）检测结果如图3.13所示，复合改性炭基材料中含有石英、磁铁矿及磷酸八钙-硝酸钠 $[Ca_8H_2(PO_4)_6 \cdot 5H_2O\text{-}NaNO_3 \cdot H_2O]$ 混合物，说明铁改性成功生成磁铁矿附着在炭基材料上，而磷改性中，羟基磷灰石生成了磷酸八钙，其为羟基磷灰石前驱物，会在水解过程中又生成羟基磷灰石，进而固定土壤中重

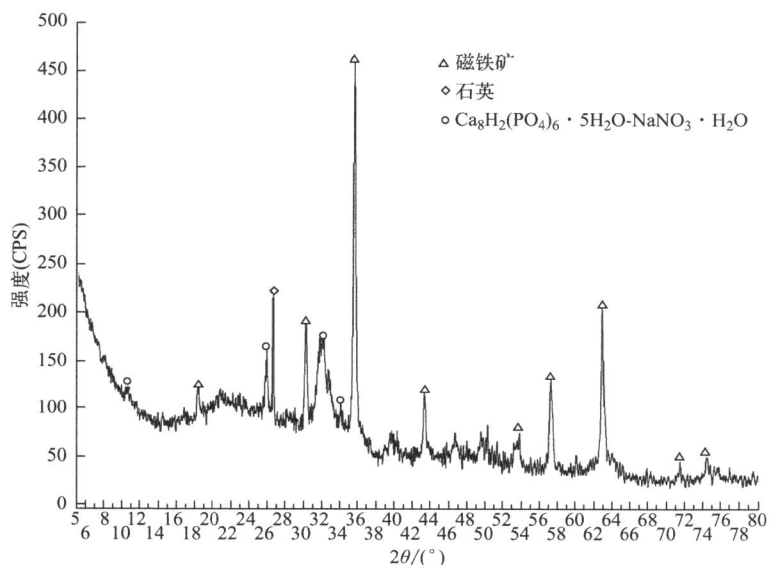

(a) 复合改性生物炭材料矿物分析

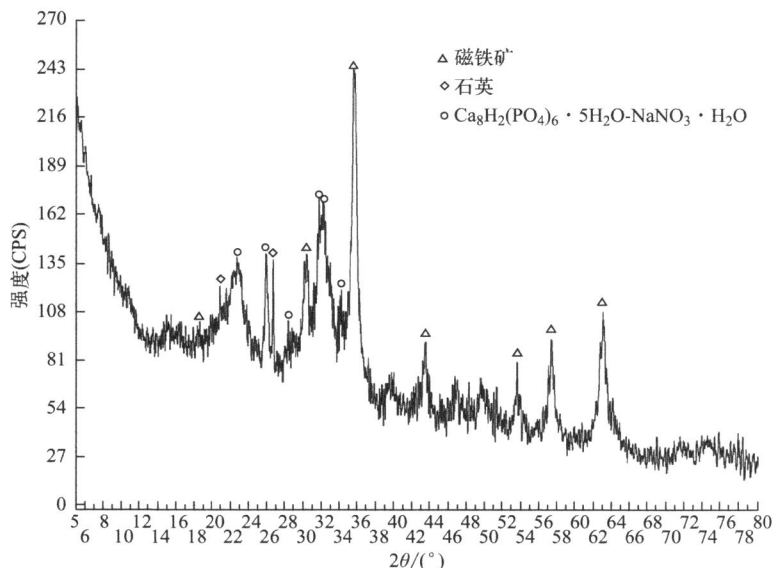

(b) 复合改性水热炭材料矿物分析

图3.13 复合改性材料矿物分析

金属。

3.1.3.3 表面官能团FTIR图谱分析

使用傅里叶变换红外光谱仪对复合改性生物炭的性质进行红外表征，如图3.14所示，3381.27cm^{-1}处为缔合的羟基（—OH）伸缩振动峰，这些羟基主要来源于生物质中的碳水化合物，1574.48cm^{-1}、1409.87cm^{-1}处为羧酸盐中—COO的反对称伸缩振动峰与对称伸缩振动峰，1239.06cm^{-1}处为醇类（—OH）面内变形弯曲振动峰，1031.81cm^{-1}处为伯醇C—O的振动峰，690.40cm^{-1}、564.06cm^{-1}处分别为脂肪酮C—CO—C面内弯曲振动，α位无取代基和有取代基，602.68cm^{-1}处为芳香甲酮。

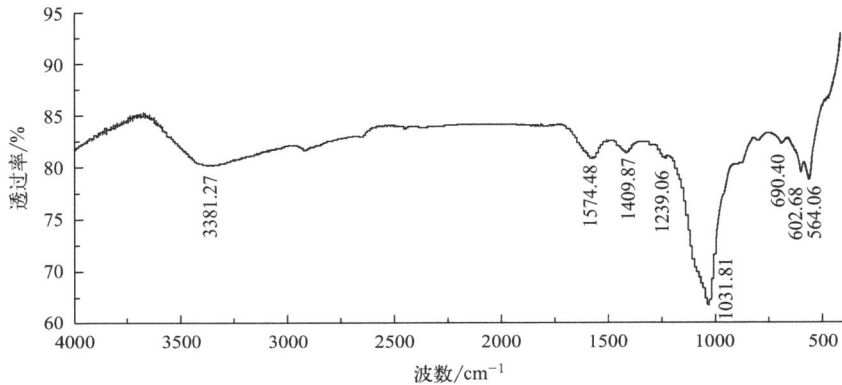

图3.14 复合改性生物炭表面官能团FTIR图谱分析

使用傅里叶变换红外光谱仪对复合改性水热炭的性质进行红外表征，如图3.15所示，3354.97cm^{-1}处为缔合的羟基（—OH）伸缩振动峰，这些羟基主要来源于生物质中的碳水化合物，2923.89cm^{-1}处为羧酸盐中—OH的伸缩振动峰，1606.27cm^{-1}、1416.80cm^{-1}处分别为羧酸盐中反对称伸缩振动峰与对称伸缩振动峰，1246.77cm^{-1}、1032.85cm^{-1}处为醚类C—O—C的伸缩振动峰，602.66cm^{-1}、561.34cm^{-1}处分别为脂肪酮在α位无取代基和有取代基。

3.1.3.4 比表面积

未改性生物炭比表面积为290.054m^2/g，复合改性生物炭比表面积为40.724m^2/g，改性后生物炭比表面积减小。未改性水热炭比表面积为10.839m^2/g，复合改性水热炭比表面积为38.452m^2/g，改性后水热炭比表面积增大。比表面积增大增加了材料和重金属污染物的接触面积，有利于增强材料对重金属污染物的表面吸附。

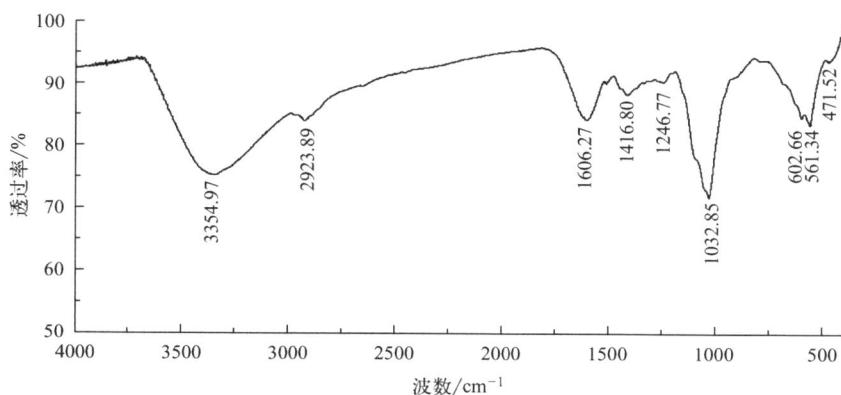

图3.15 复合改性水热炭表面官能团FTIR图谱分析

3.1.3.5 阳离子交换量

复合改性生物炭的阳离子交换量为2.13cmol/kg，复合改性水热炭的阳离子交换量为3.22cmol/kg，均大于试验土壤的阳离子交换量0.65cmol/kg，说明复合改性炭基材料对重金属离子有较好的吸附作用。

3.1.3.6 吸附动力学

通过吸附动力学试验，探讨了复合改性炭基材料对重金属离子的吸附性能及其作用机理，以期为探讨材料对土壤中重金属污染修复机理提供参考。

复合改性生物炭对单污染因子的吸附动力学曲线（图3.16）显示，复合改性生物炭有较大孔隙度和比表面积，对Cd^{2+}、Pb^{2+}、As^{3+}的吸附分别于3h、40h、40h达到平衡，吸附速率慢的反应阶段由于Cd^{2+}、Pb^{2+}、As^{3+}扩散进入微孔中，吸附于内部表面上，这种受多因素影响的扩散减缓了吸附动力学过程。用准一级动力学模型和准二级动力学模型进行拟合，发现对于单因子的吸附，镉、砷二级动力学方程拟合度比一级动力学方程好，表明对镉、砷两种重金属的吸附主要是化学吸附。铅一级动力学方程拟合度比二级动力学方程拟合度好，表明对铅的吸附主要是物理吸附。由复合溶液中镉、铅、砷的吸附动力学曲线（图3.17）可知，砷二级动力学方程拟合度比一级动力学方程好，表明3种重金属同时存在时对砷的吸附主要是化学吸附。镉、铅一级动力学方程拟合度比二级动力学方程拟合度好，表明3种重金属同时存在时对镉、铅的吸附主要是物理吸附，吸附速率和吸附亲和力由大到小依次为$Pb^{2+}>Cd^{2+}>As^{3+}$。

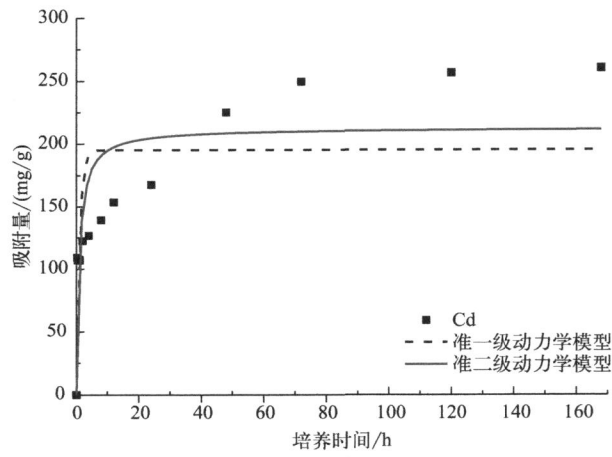

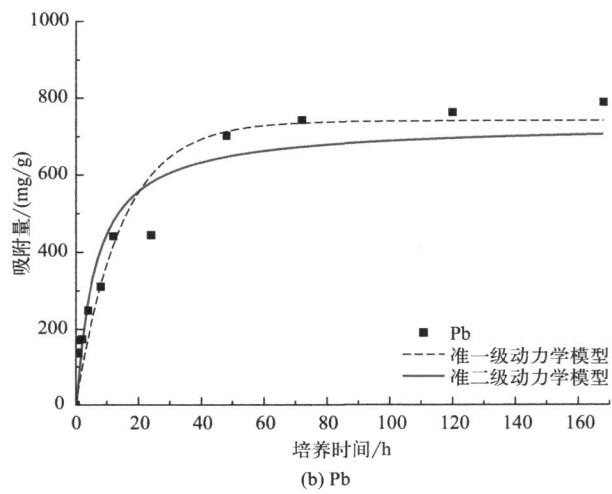

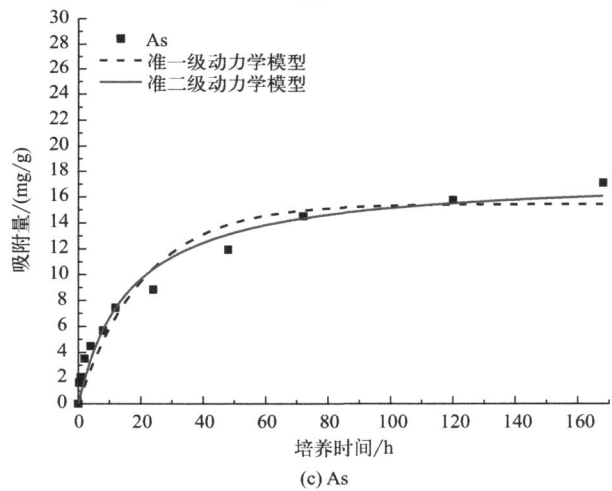

图3.16 复合改性生物炭对单因子镉、铅、砷吸附动力学曲线

(a) Cd

(b) Pb

(c) As

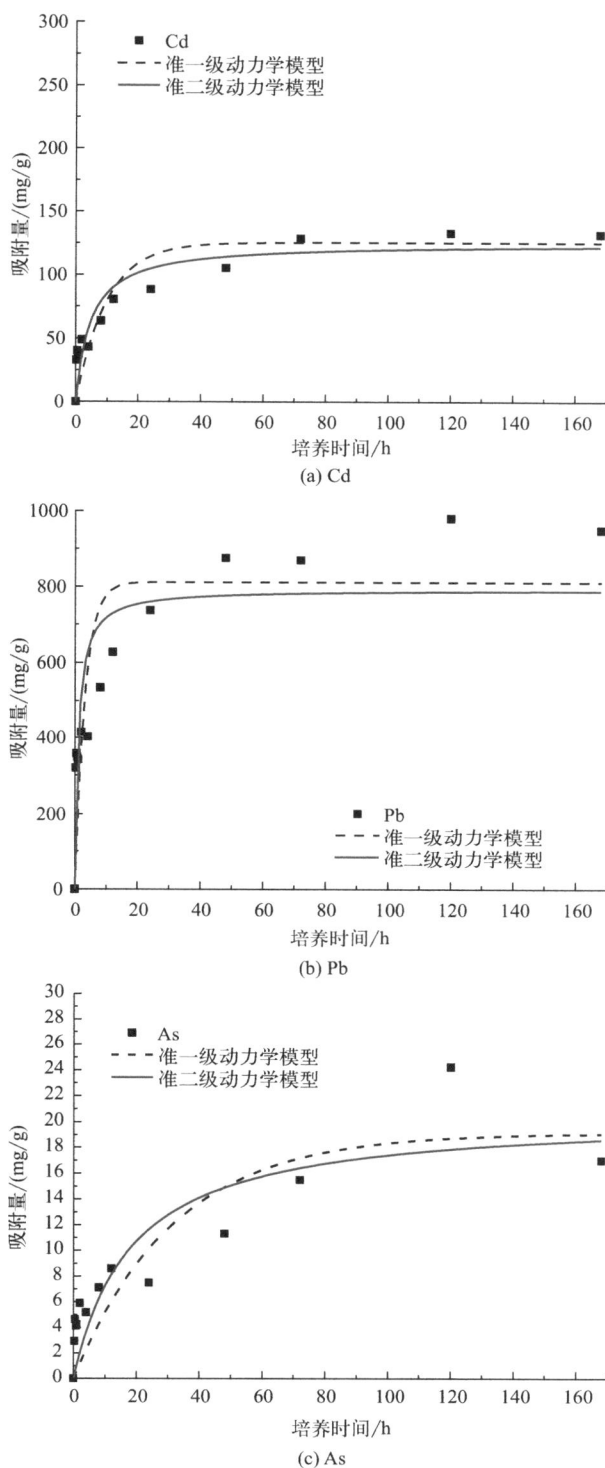

图3.17 复合改性生物炭对复合溶液中镉、铅、砷吸附动力学曲线

复合改性水热炭对单污染因子的吸附动力学曲线（图3.18）显示，复合改性水热炭有较大孔隙度和比表面积，对Cd^{2+}、Pb^{2+}、As^{3+}的吸附分别于3h、3h、40h达到平衡，吸附速率慢的反应阶段由于Cd^{2+}、Pb^{2+}、As^{3+}扩散进入微孔中，吸附于内部表面上，这种受多因素影响的扩散减缓了吸附动力学过程。用准一级动力学模型和准二级动力学模型进行拟合，发现对于单因子的吸附，镉、铅、砷二级动力学方程拟合度比一级动力学方程好，表明对镉、铅、砷3种重金属的吸附主要是化学吸附。由复合溶液中镉、铅、砷的吸附动力学曲线（图3.19）可知，砷二级动力学方程拟合度比一级动力学方程好，表明3种重金属同时存在时对砷的吸附主要是化学吸附。镉、铅一级动力学方程拟合度比二级动力学方程拟合度好，表明3种重金属同时存在时对镉、铅的吸附主要是物理吸附，吸附速率和吸附亲和力由大到小依次为$Pb^{2+}>As^{3+}>Cd^{2+}$。

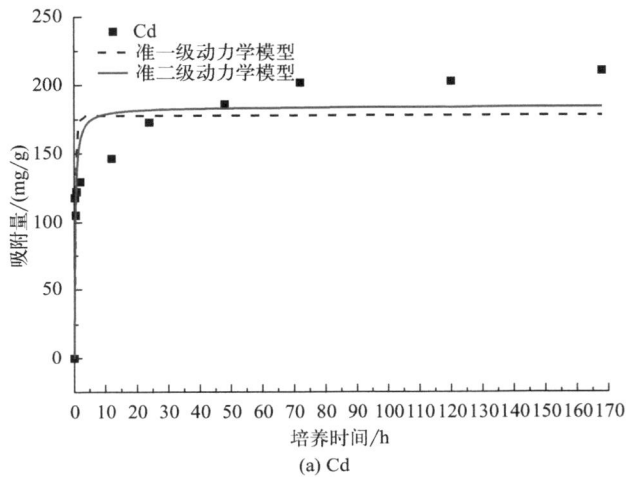

(a) Cd

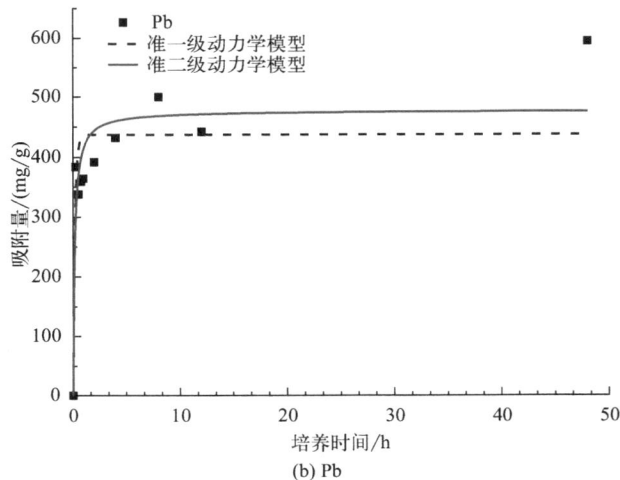

(b) Pb

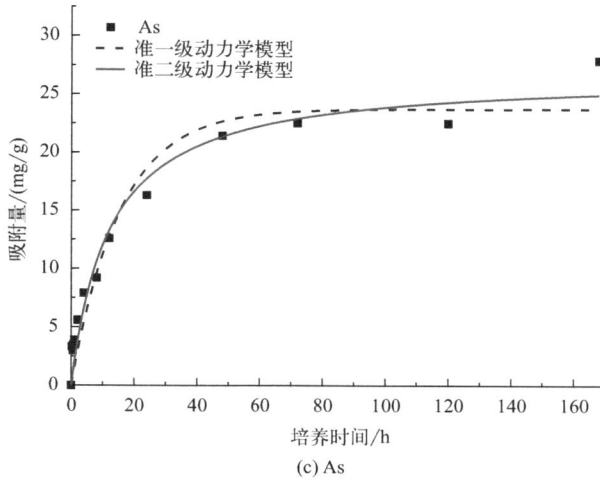

(c) As

图3.18　复合改性水热炭对单因子镉、铅、砷吸附动力学曲线

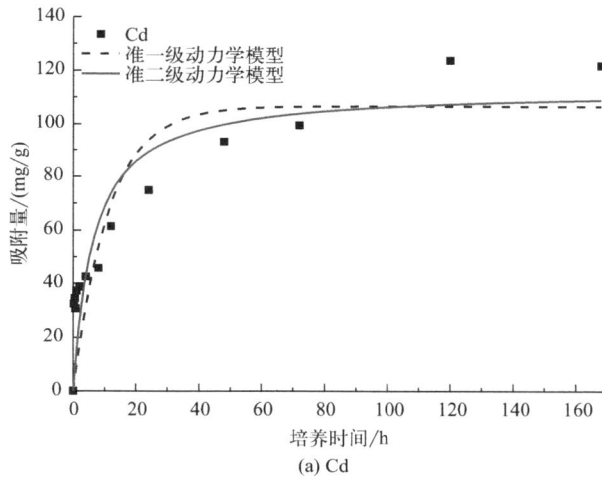

(a) Cd

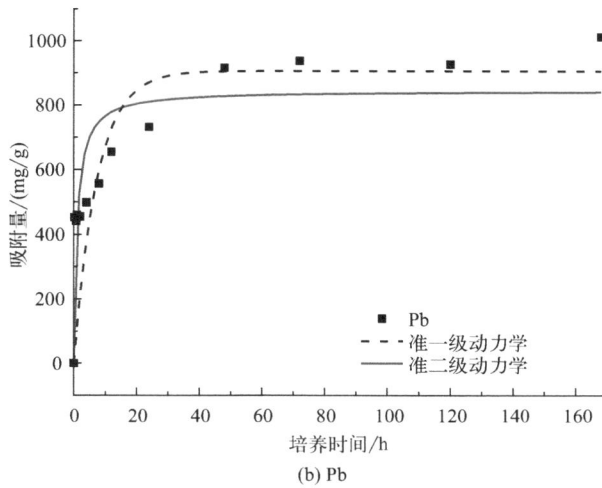

(b) Pb

图3.19

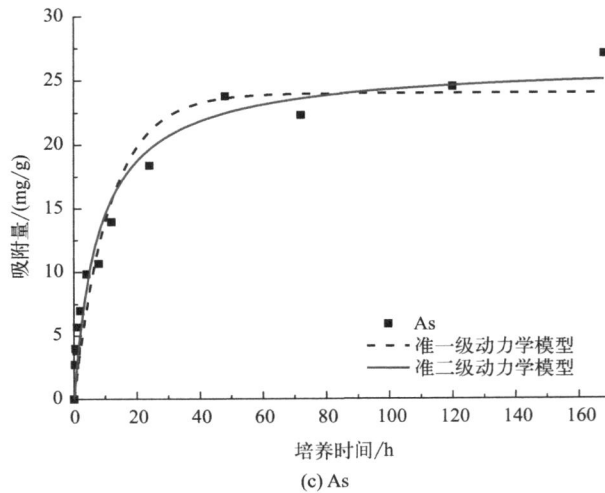

图3.19 复合改性水热炭对复合溶液中镉、铅、砷吸附动力学曲线

3.1.4 镉铅砷稳定化复合材料研发与优化

3.1.4.1 镉-砷-铅稳定化复合材料配方研究

（1）复配药剂筛选

优选几种对重金属镉、铅、砷效果较好的环境友好型药剂添加到土壤中，培养7d后检测土壤水溶态镉、铅、砷与有效态镉、铅、砷的含量。结果［图3.20（a）］表明对镉稳定化效果较好的有磷酸钠、TMT102、腐殖酸钠、TMT15、赤泥，稳定化率由大到小依次为磷酸钠＞TMT102＞腐殖酸钠＞TMT15＞赤泥；对铅稳定化效果较好的为赤泥，对砷稳定化效果较好的有$FeCl_3$、磷酸钠、聚合硫酸铁、沸石粉、熟石膏，稳定化率由大到小依次为$FeCl_3$＞磷酸钠＞聚合硫酸铁＞沸石粉＞熟石膏。

筛选出的各稳定化药剂对土壤有效态镉、铅、砷稳定化效果如图3.20（b）所示，结果表明对镉稳定化效果较好的有TMT102、TMT15、腐殖酸钠、熟石膏，稳定化率由大到小依次为TMT102＞TMT15＞腐殖酸钠＞熟石膏；对铅稳定化效果较好的有磷酸二氢钠、磷酸钠、TMT102、腐殖酸钠、TMT15，稳定化率由大到小依次为磷酸二氢钠＞磷酸钠＞TMT102＞腐殖酸钠＞TMT15；对砷稳定化效果较好的有聚合硫酸铁、$FeCl_3$，稳定化率由大到小依次为聚合硫酸铁＞$FeCl_3$。

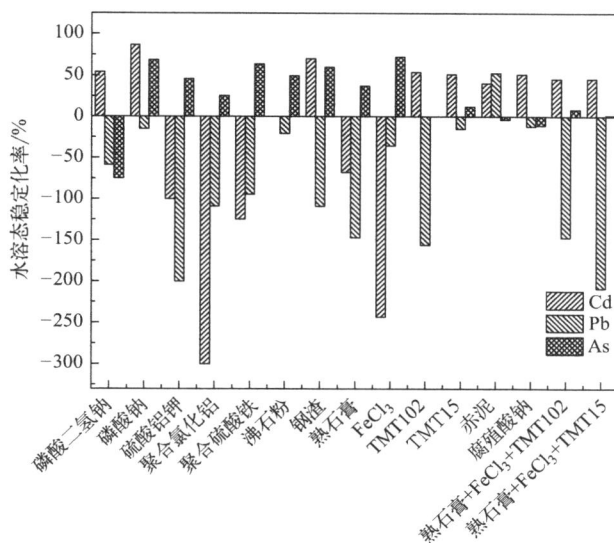

(a) 重金属水溶态稳定化率效果

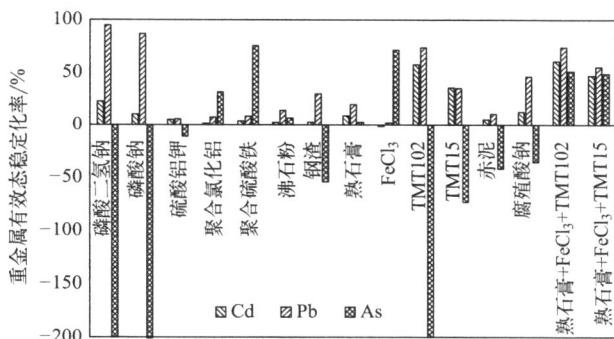

(b) 重金属有效态稳定化效果

图3.20 复配材料筛选

（2）复配药剂与稳定化药剂配方研究

将50g试验用土加入100mL聚乙烯瓶中，按照表3.1的组配方式加入药剂，混匀后加入50mL蒸馏水，振荡（第一天振荡24h，之后每天振荡2h），静置养护7d后取样风干，磨碎。检测土壤中DTPA浸提液中镉、铅、砷的含量，并计算出各复合稳定化药剂对镉、铅、砷的稳定化率。

表3.1 复合稳定化药剂组配方式及命名

配方命名	配方
+ST-1	1g 聚合硫酸铁 +2.5g 复合改性水热炭 +3mL TMT102
+ST-2	2g 聚合硫酸铁 +2.5g 复合改性水热炭 +3mL TMT102
+ST-3	2g 聚合硫酸铁 +3g 复合改性水热炭 +3mLTMT102
+ST-4	2g 聚合硫酸铁 +3g 复合改性水热炭 +4mLTMT102
+ST-5	2g 聚合硫酸铁 +5g 复合改性水热炭 +6mLTMT102

复合稳定化药剂各组别对土壤中镉、铅、砷的稳定化效果如图3.21所示，结果表明各组别对镉、铅、砷的稳定化效果均较好，+ST-5组对土壤中的镉、铅、砷的稳定化率同时达到了90%以上，对镉的稳定化率达到93.33%，对铅的稳定化率达到99.68%，对砷的稳定化率达到99.58%。

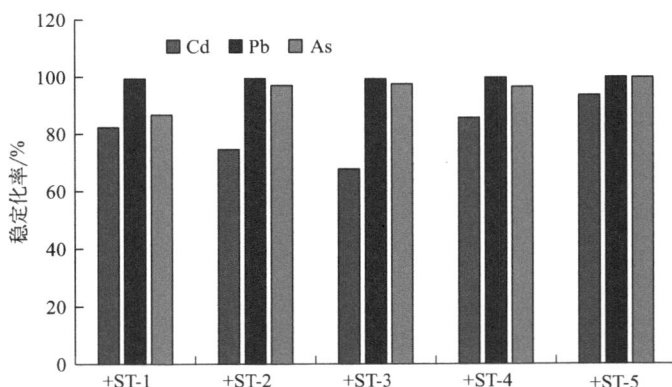

图3.21 复合稳定化药剂各组别对镉、铅、砷的稳定化效果

同时，按表3.2所列改变材料1和材料2在复合稳定化药剂中的配比，进行土壤培养修复试验，检测稳定化前后土壤中镉、铅、砷的DTPA浸提态、TCLP浸提态以及水溶态含量。

表3.2 复合稳定化药剂组配方式及命名

药剂命名	配方
材料1复合药剂	2g 聚合硫酸铁 +4g 复合改性生物炭 +3mLTMT102
材料2复合药剂	2g 聚合硫酸铁 +4g 复合改性水热炭 +3mLTMT102

图3.22表明，在调整配比和用量后，材料1复合药剂与材料2复合药剂可使土壤中水溶态镉、砷、铅稳定化率提高至90%以上。且复合型优化药剂可使土壤中TCLP浸提态铅与DTPA浸提态铅稳定化率保持在95%以上，对DTPA浸提态砷的稳定化率为88%以上，对TCLP浸提态镉的稳定化率为79%以上。同时可以看出，在同样的配比下材料2的效果优于材料1。

3.1.4.2 复合药剂对镉、铅、砷的长期稳定化效果

模拟酸雨淋溶过程中土壤重金属稳定化率变化如图3.23所示。结果表明，经过3年模拟酸雨淋溶试验，材料1复合药剂处理的土壤中镉、砷、铅的稳定化率分别降

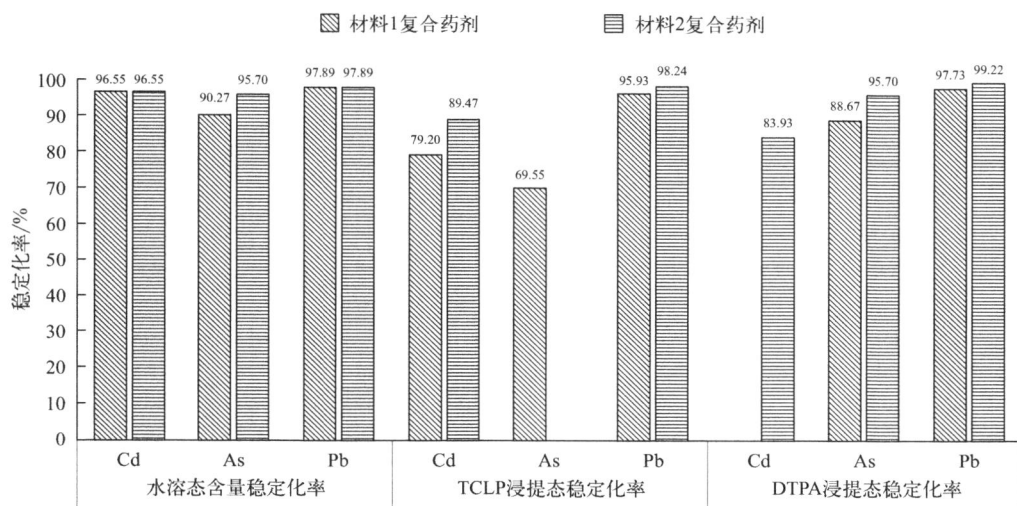

图 3.22 材料优化复合药剂实施效果

低2.74%、18.43%、3.08%;材料2复合药剂处理的土壤中镉、砷、铅的稳定化率分别降低12.01%、3.46%、9.02%。说明材料1与材料2复合型优化药剂用于镉、砷、铅稳定化具有较好的长效性,镉、砷、铅的稳定化率波动控制在20%以内。

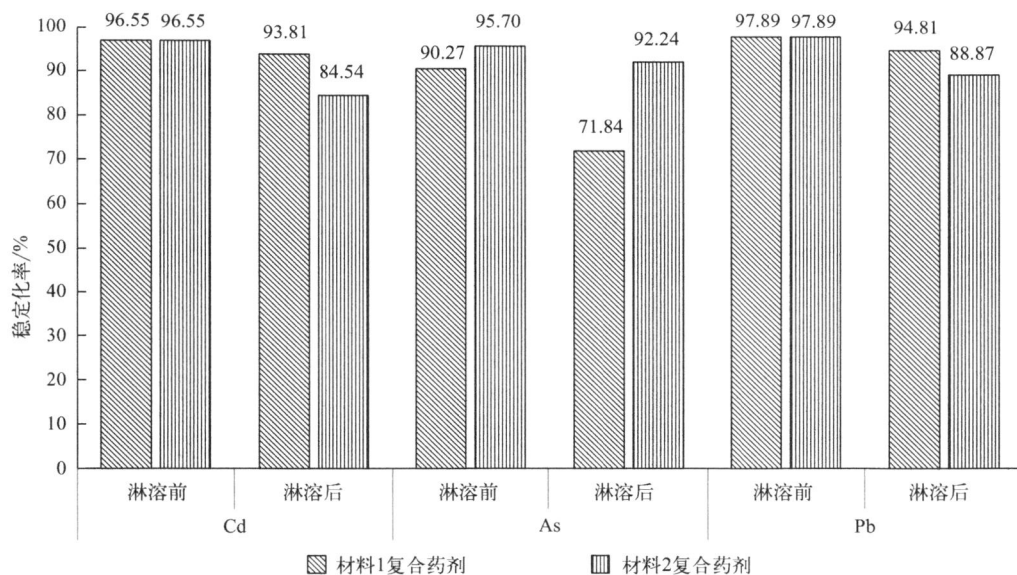

图 3.23 复合型药剂长效性效果

3.1.4.3 镉-砷-铅稳定化复合材料对其他土壤中重金属的稳定化效果

镉-砷-铅稳定化复合材料对衡阳某铅锌冶炼厂土壤中重金属的稳定化效果如图

3.24所示。复合材料对该地区土壤中重金属稳定化效果为铅＞砷＞镉，铅的稳定化率达95.1%，砷的稳定化率达84.17%，镉的稳定化率为45.8%。说明复合稳定化药剂的稳定化效果对土壤类型比较敏感。

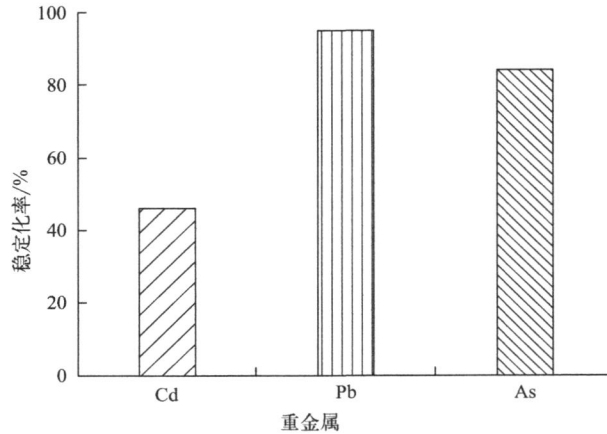

图3.24 镉‐砷‐铅稳定化复合材料对土壤中重金属的稳定化效果

综上，复合改性生物炭、复合改性水热炭在组配复合稳定化药剂过程中体现出较为优异的效果，+ST-5对土壤中DTPA提取态镉、铅、砷的稳定化率同时达到了90%以上，材料1复合药剂与材料2复合药剂可使土壤中水溶态镉、铅、砷稳定化率提高至90%以上。且经过3年的模拟酸雨淋溶试验，其稳定化率波动均＜20%。通过对衡阳某铅锌冶炼厂土壤的稳定化效果研究，发现镉‐砷‐铅稳定化复合材料对其他重金属污染土壤的稳定化效果与供试土壤有一定差距，对铅的稳定化率达95.1%，对砷的稳定化率达84.17%，镉的稳定化率为45.8%。说明土壤类型对材料的应用影响较大。

3.2
磷基镉‐铅稳定化材料研发

含磷物质可作为吸附/沉淀重金属离子的修复材料，含磷物质修复土壤重金属污染的应用案例已有报道。磷基材料主要通过以下机理影响土壤中重金属活性，包括磷化合物对金属的直接吸附、磷酸根诱导金属吸附、利用沉淀或共沉淀作用将重金属转化为金属磷酸盐沉淀物等[16]。

我国磷矿储量位居世界前列，每年磷矿开采活动产生的磷矿废料数量庞大，其资源化利用问题是研究人员重点关注的环境问题之一[17]。磷矿废料仍然含有不少磷，可作为重金属稳定化材料制备原料。但是磷矿废料种类较多，性质不一，需要进一步挖掘和提升磷矿废料对重金属的稳定化性能，开发适用于重金属污染修复的新型磷基稳定化材料，促进废弃物在土壤污染修复中的资源化利用。因此以磷矿固体废物为研究对象，设计材料制备与修饰方法，通过原料前处理、颗粒尺寸调控、矿物组成结构调控、表面官能团活化等工艺步骤，研制具有高效稳定化镉-铅污染物能力的磷基材料，为场地重金属污染稳定化修复提供新型功能材料，为实现土壤污染绿色低碳修复提供科技支撑。

3.2.1 磷基镉-铅稳定化材料制备

3.2.1.1 F型磷基镉-铅稳定化材料制备

采集磷矿采选工艺产生的固体废物，水洗除杂，粉碎，过100目筛。通过理化性质表征和吸附机理分析，筛选制备F型磷基稳定化材料。为了进一步提升材料中磷酸盐活性，对F型磷基稳定化材料进行草酸铵改性，通过草酸铵溶液浸渍（1g:5mmol浸渍比）—活化反应（28℃，6d）—洗涤除杂—干燥—粉碎的工艺流程，制备F型材料的活化产物CF。

3.2.1.2 F700型磷基镉-铅稳定化材料制备

针对磷矿采选工艺固体废物的矿物组分特征，设计热活化方法靶向调控矿物组成结构，增强材料中钙镁碳酸盐矿物与重金属污染物的反应活性，具体操作如下：采集磷矿采选工艺产生的固体废物，水洗除杂，粉碎，过100目筛，通过热活化处理（700℃），制备F700型磷基稳定化材料。

3.2.1.3 H型磷基镉-铅稳定化材料制备

采集磷矿加工生产黄磷工艺产生的固体废物，水洗除杂，粉碎，过100目筛。通过理化性质表征和吸附机理分析，筛选制备H型磷基稳定化材料。

3.2.2 磷基镉-铅稳定化材料稳定机理研究

3.2.2.1 F型磷基镉-铅稳定化材料稳定机理研究

（1）性能表征

F型材料表面含有大量块状晶体，结晶度好，结构致密，表面粗糙；EDS（能量色散×射线谱）能谱分析结果［图3.25（a）］表明块状结晶体主要含有Ca、P、O、F、C和Mg等元素。活化后的CF材料表面光滑且分布着松散的片状晶体结构；EDS能谱分析结果［图3.25（b）］显示材料表面元素以C、O、Ca和P为主。

F型材料的主要成分是白云石、氟磷灰石及石英。图3.26显示，草酸铵改性后材料中白云石峰强明显减弱、峰形变宽，氟磷灰石峰强减弱，而石英（二氧化硅）特征峰无明显变化，同时出现了草酸钙、草酸镁的衍射峰。根据FTIR分析的材料表面官能团分布结果（图3.27），F型材料谱图中2627cm^{-1}处为白云石中碳酸根的吸收峰，2359cm^{-1}为HPO_4^{2-}吸收峰，1438cm^{-1}为CO_3^{2-}的非对称伸缩振动吸收峰，880cm^{-1}

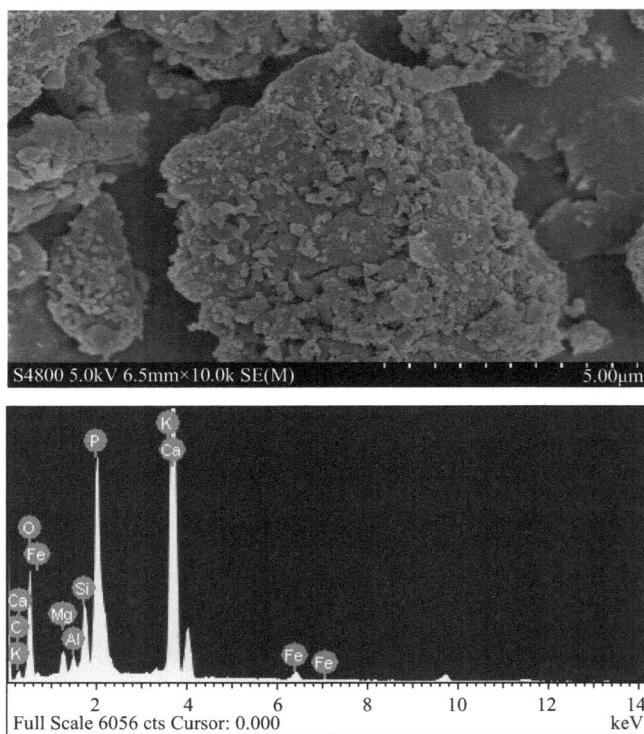

(a) F型材料

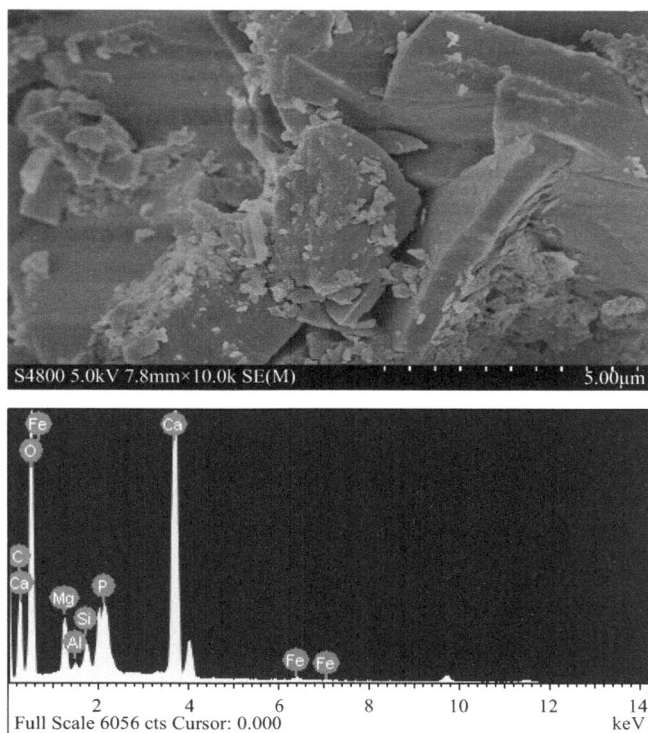

(b) CF

图3.25 F型材料及其活化产物CF的SEM-EDS图

为CO_3^{2-}振动吸收峰，1093cm^{-1}和1046cm^{-1}为PO_4^{3-}的非对称伸缩振动吸收峰、597cm^{-1}为PO_4^{3-}变形振动吸收峰，729cm^{-1}为$H_2PO_4^-$相关吸收峰。改性后，CF材料谱图中2627cm^{-1}处的白云石中碳酸根吸收峰消失，1438cm^{-1}及880cm^{-1}处的CO_3^{2-}吸收峰减弱。而在1602cm^{-1}处出现了较强的$C_2O_4^{2-}$吸收峰，同时在1313cm^{-1}处出现较强的$C_2O_4^{2-}$与金属结合的吸收峰，729cm^{-1}和597cm^{-1}处含磷吸收峰分别偏移到779cm^{-1}及502cm^{-1}处，而2359cm^{-1}、1093cm^{-1}和1046cm^{-1}处含磷基团吸收峰未发生变化，同时在3415cm^{-1}处出现了羟基吸收峰，在1372cm^{-1}处出现—COOH振动吸收峰。这些矿物相变化和表面含氧活性基团的出现增加了F型材料对重金属的吸附位点，有望增强材料对重金属的固持能力。

F型材料的pH值为7.7，活化后CF材料的pH值没有发生显著变化。传统的有机酸活化磷矿物方法会降低材料的pH值，削弱材料对重金属的固持作用，而草酸铵改性方法未对磷矿浮选尾矿材料的pH值产生明显影响，有利于材料在高pH值环境与重金属污染物发生反应。F型材料的P_2O_5含量为11.97%，其中有效磷占0.1%；活化后材料的有效磷含量增加。F型材料的阳离子交换量为2.20cmol/kg，活化后材料的

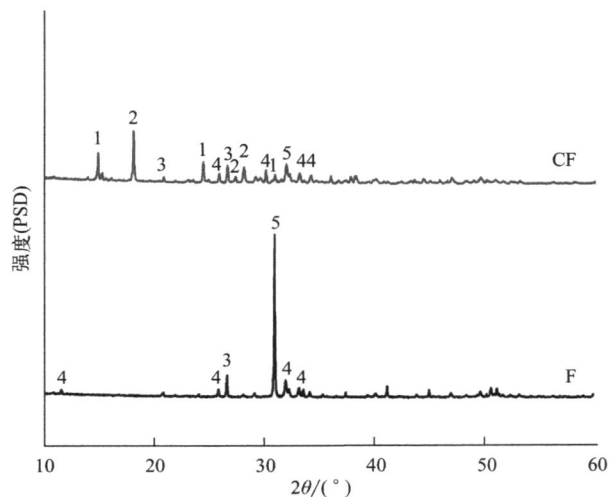

图3.26 F型材料与CF材料的XRD图谱分析

1—草酸钙；2—草酸镁；3—二氧化硅；4—氟磷灰石；5—白云石

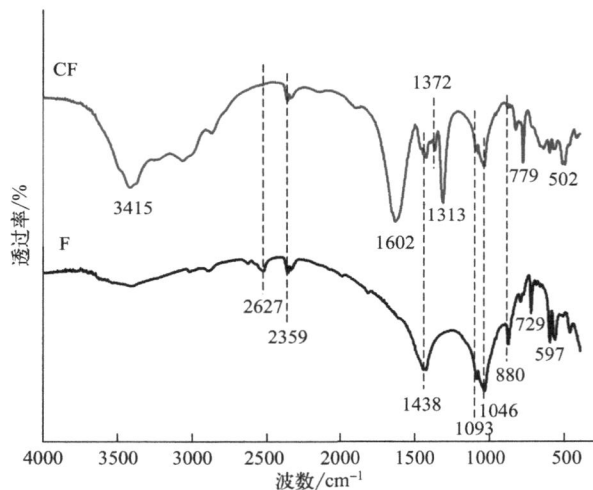

图3.27 F型材料与CF材料的FTIR图谱分析

阳离子交换量增加为4.61cmol/kg。对材料安全性进行分析（表3.3）可知，材料的TCLP浸出液中Cr、Pb等元素浓度均低于检出限，Cu和Cd浓度低于0.005mg/L；同时在种子发芽试验中，种子发芽率＞95%，种子发芽指数（GI）＞80%，表明材料具有良好的安全性。

表3.3 F型材料水浸提液萝卜种子发芽数据

种子发芽率/%	根长/cm
96±5.48	1.57±0.62

（2）对重金属的稳定化机理

通过等温吸附试验，探讨了F型材料及其活化产物CF对重金属离子的吸附性能及作用机理，为探讨材料对土壤中重金属污染修复机理提供参考。

吸附动力学（图3.28）结果表明，随着吸附时间的延长，两种材料对Cd^{2+}、Pb^{2+}的吸附量均为先迅速增加后趋于平衡。F型材料对Pb^{2+}的吸附在48h后基本达到平衡，对Cd^{2+}的吸附在6h后达到平衡。改性后，材料对Cd^{2+}的吸附在12h后基本达到平衡，对Pb^{2+}的吸附在吸附进行4h后基本达到平衡。唯一级动力学模型和唯二级动力学模型对两种材料吸附Cd^{2+}、Pb^{2+}的动力学数据拟合度均较高（表3.4），表明改性前后材料对重金属的吸附主要是化学吸附。

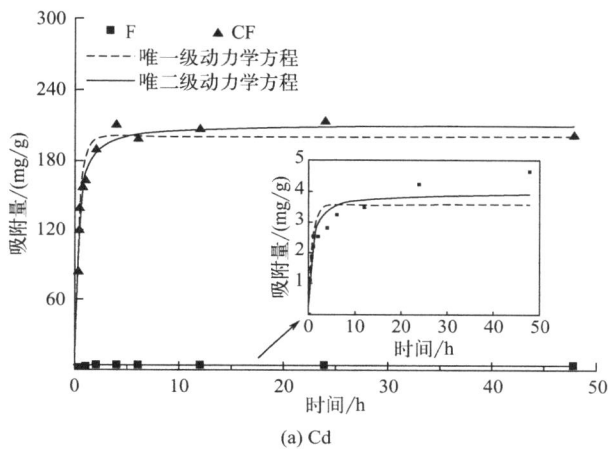

(a) Cd

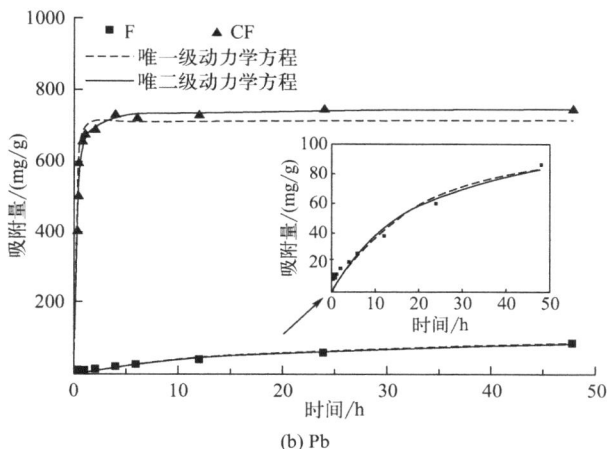

(b) Pb

图3.28 F型材料及CF材料对Cd^{2+}、Pb^{2+}的吸附动力学曲线

表3.4 吸附动力学模型拟合结果

离子	材料	唯一级动力学方程			唯二级动力学方程		
		Q_{e1}/(mg/g)	K_1/h^{-1}	R^2	Q_{e2}/ (mg/g)	K_2 /[g/ (mg · min)]	R^2
Cd^{2+}	F	3.56	1.2750	0.690	3.94	0.3850	0.835
	CF	200.72	2.3980	0.918	211.20	0.0180	0.982
Pb^{2+}	F	90.94	0.0520	0.923	120.17	0.0003	0.933
	CF	714.64	3.8860	0.928	746.24	0.0090	0.982

吸附等温线（图3.29）结果表明，在吸附的初始阶段，两种材料对Cd^{2+}、Pb^{2+}的吸附量均随初始浓度的增加而增大，直至吸附达到平衡。表3.5结果表明，Freundlich（弗罗因德利希）模型拟合两种材料吸附重金属的等温曲线计算得到的n值均大于1，表明Cd^{2+}、Pb^{2+}均容易被改性前后材料吸附；Langmuir（朗缪尔）模型拟合结果表

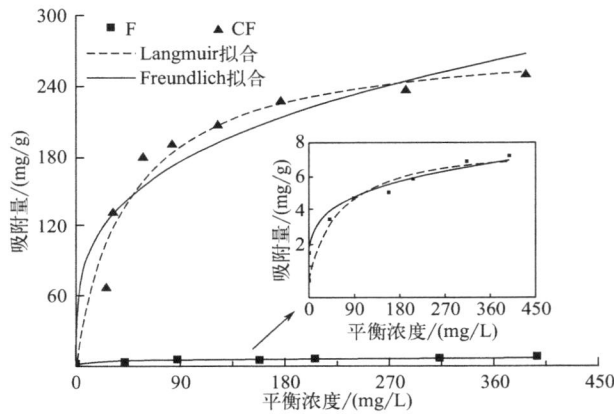

(a) Cd

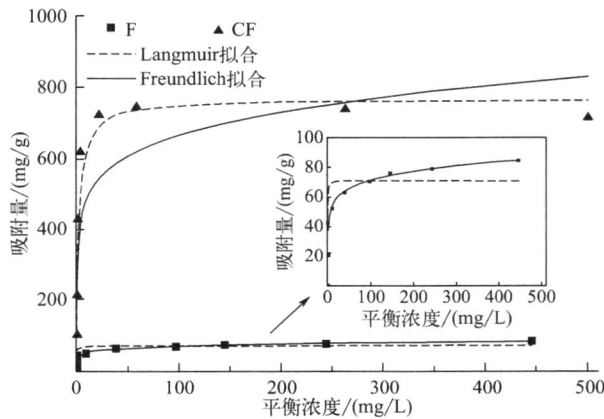

(b) Pb

图3.29 F及CF对Cd^{2+}、Pb^{2+}的等温吸附曲线

明F型材料对Cd^{2+}、Pb^{2+}的最大吸附量分别为7.96mg/g和70.61mg/g,活化后材料对Cd^{2+}、Pb^{2+}的最大吸附量分别为279.88mg/g和764.34mg/g。

表3.5 吸附等温线模型拟合结果

离子	材料	Langmuir模型			Freundlich模型		
		Q_m /(mg/g)	K_L /(L/mg)	R^2	K_F /(mg/g)	n /(g/L)	R^2
Cd^{2+}	F	7.96	0.017	0.883	1.65	4.167	0.968
	CF	279.88	0.023	0.905	47.84	3.472	0.776
Pb^{2+}	F	70.61	7.284	0.721	40.71	8.333	0.966
	CF	764.34	0.412	0.792	355.01	7.353	0.487

通过X射线光电子能谱(XPS)测试分析吸附前后材料表面官能团变化(图3.30,书后另见彩图),结果表明:吸附重金属离子后,XPS总谱上出现了对应金属离子的特征峰。吸附Cd^{2+}后F型材料表面出现405.81eV(Cd $3d_{5/2}$)和412.55eV(Cd $3d_{3/2}$)特征峰,吸附Pb^{2+}后材料表面出现139.04eV(Pb $4f_{7/2}$)和143.90eV(Pb $4f_{5/2}$)特征峰,表明Cd^{2+}和Pb^{2+}均在材料表面发生配位反应。活化材料CF与重金属离子反应后,O=C—O特征峰的面积从51.37%分别降低到20.51%和23.06%,表明材料中的草酸根在吸附重金属过程中发生反应。吸附Cd^{2+}后,材料的Cd 3d谱图中出现一对结合能为406.27eV(Cd 3d5/2)和413.01eV(Cd 3d3/2)的特征峰,表明Cd^{2+}可能与草酸根基团反应生成配合物。吸附Pb^{2+}后,材料的Pb 4f谱图中出现两组特征峰,分别对应草酸铅沉淀特征峰和多元素结合的Pb(II)沉淀。

通过对F型材料的性状表征与应用效果进行分析,该材料含有氟磷灰石等矿物,表面含有磷酸根、碳酸根和羟基等官能团,可通过表面吸附、配位、沉淀和共沉淀等机制与土壤中重金属离子反应;活化后材料的磷酸根活性显著增加,增强了材料对重金属的吸附作用,同时在材料表面引入草酸根,增加了重金属草酸盐沉淀/共沉淀作用,提高了材料对土壤中镉、铅污染物的固定作用。材料为弱碱性,将材料施入酸性污染土壤后还可以提升土壤pH值,降低土壤中重金属的迁移能力。

综上所述,F型材料具有应用于镉铅污染土壤稳定化修复的潜力,活化后CF对镉铅污染的修复性能提升。

(a) 反应前

(b) 反应后

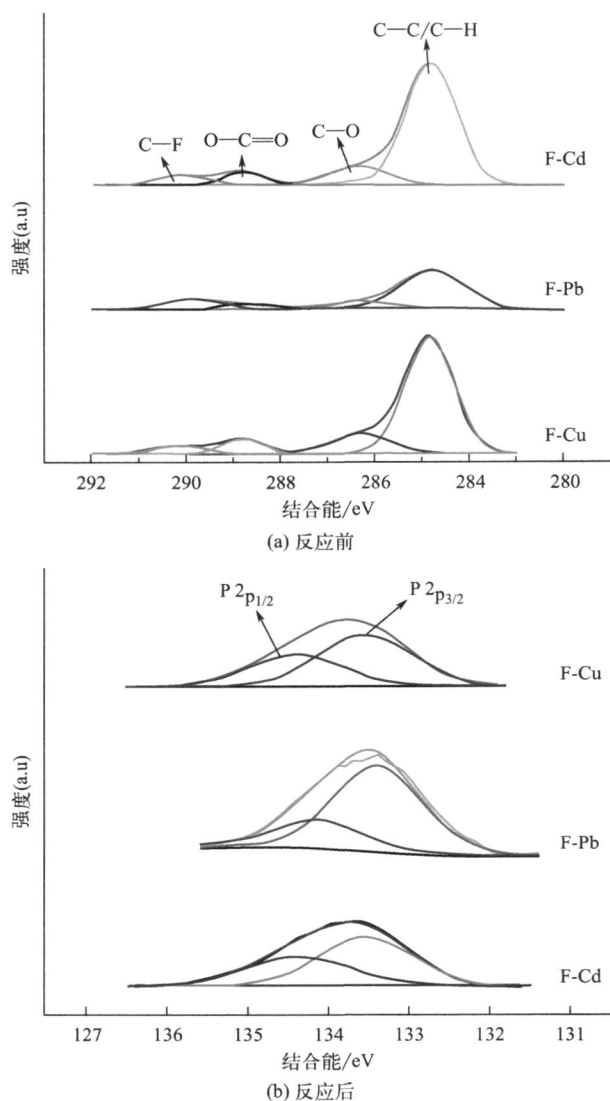

图3.30 F型材料与重金属反应前后XPS图谱

3.2.2.2　F700型磷基镉－铅稳定化材料稳定机理研究

（1）性能表征

　　扫描电镜分析（图3.31）结果表明F700材料中分布着较为密集的不规则颗粒，且颗粒间具有一定孔隙。XRD谱图（图3.32）表明：与未改性材料相比，F700谱图中白云石的衍射峰消失，同时出现方解石（$CaCO_3$）与氧化镁（MgO）的衍射峰，F700的化学组成见表3.6。FTIR图谱（图3.33）分析结果表明：谱图中白云石881cm^{-1}、729cm^{-1}处的特征谱峰消失，同时在875cm^{-1}、713cm^{-1}处出现新的CO_3^{2-}

基团吸收峰，被视为方解石的特征谱峰，2523cm^{-1}处合频吸收峰偏移至2517cm^{-1}，同时2627cm^{-1}处吸收峰消失，表明在700℃下白云石分解为方解石。在F700的图谱中出现了PO$_4^{3-}$的对称伸缩振动峰（964cm^{-1}）、反对称伸缩振动峰（1040cm^{-1}、1093cm^{-1}）、面外弯曲振动峰（470cm^{-1}）及面内弯曲振动峰（567cm^{-1}、577cm^{-1}、603cm^{-1}），同时还出现了Si—O的对称伸缩振动峰（799cm^{-1}、779cm^{-1}）、CO$_3^{2-}$的反对称伸缩振动峰（1433cm^{-1}、1451cm^{-1}）与面外弯曲振动峰（864cm^{-1}）。相比于未改性材料，在875cm^{-1}、713cm^{-1}处还出现新的CO$_3^{2-}$基团吸收峰，2523cm^{-1}处合频吸收峰偏移至2517cm^{-1}，且2627cm^{-1}处吸收峰消失。

上述表征结果表明热改性方法改变了材料的矿物组成结构，影响材料的表面官能团分布，大量碳酸根和磷酸根官能团的出现有利于材料固定重金属污染物。对材料安全性进行分析（表3.7）可知，材料的TCLP浸出毒性试验结果表明：浸提液中Cd、Pb、As、Cu等元素浓度均低于检出限；同时在种子发芽试验中，种子发芽率为94%，种子发芽指数（GI）为77.5%，材料具有良好的安全性。

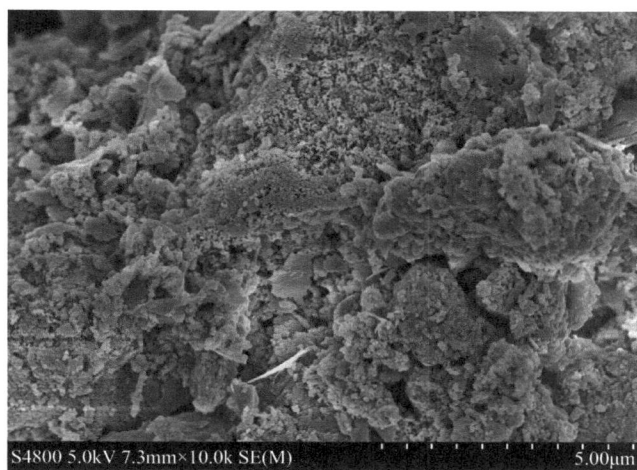

图3.31 F700材料的SEM（扫描电子显微镜）图

表3.6 F700的化学组成　　　　　　　　　　　　　　　　　　　　　　　单位：%

材料	Al$_2$O$_3$	CaO	Fe$_2$O$_3$	K$_2$O	MgO	Na$_2$O	P$_2$O$_5$	SiO$_2$
F700	1.80	45.46	1.14	0.32	12.34	0.20	18.49	11.52

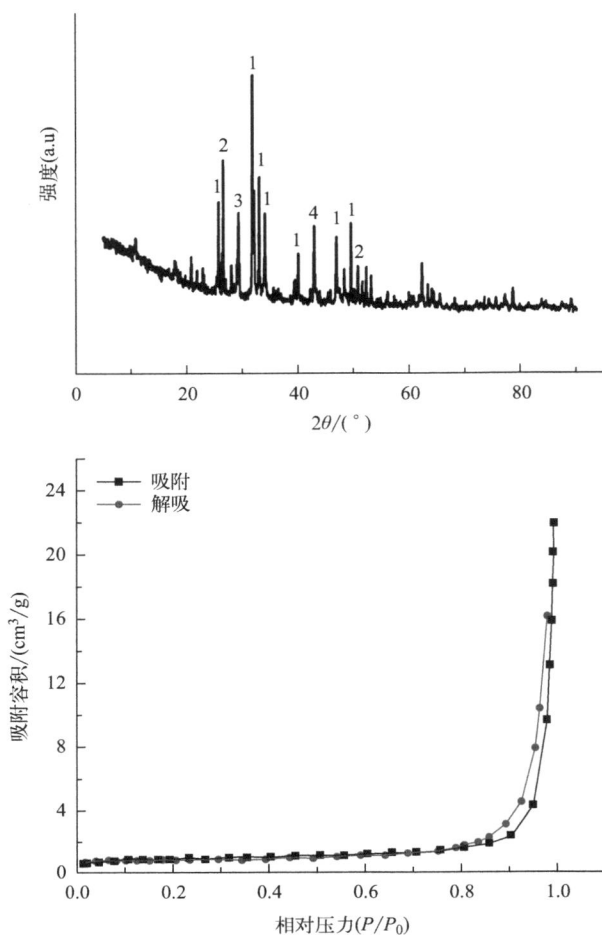

图3.32 F700的XRD谱图和氮气吸附–解吸曲线

1—氟磷灰石；2—石英；3—方解石；4—氧化镁

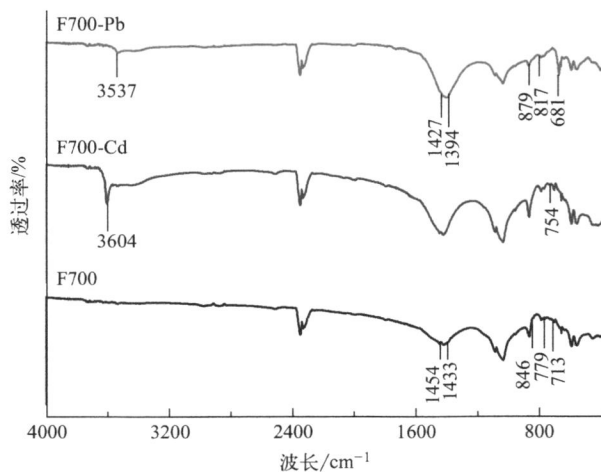

图3.33 F700的FTIR图谱分析

表3.7　F700型材料水浸提液萝卜种子发芽数据

种子发芽率/%	根长/cm
94±8.94	1.54±0.67

（2）对重金属的稳定化机理

通过等温吸附试验探讨了F700型材料对重金属离子的吸附性能及作用机理，为探讨材料对土壤中重金属污染修复机理提供参考。

材料F700对Cd^{2+}和Pb^{2+}的吸附随吸附时间的变化如图3.34所示。结果表明随着吸附时间的延长，材料对Cd^{2+}和Pb^{2+}的吸附量均呈现先增加后趋于平衡的态势，且材料对Cd^{2+}和Pb^{2+}的吸附均在48h后基本达到平衡。

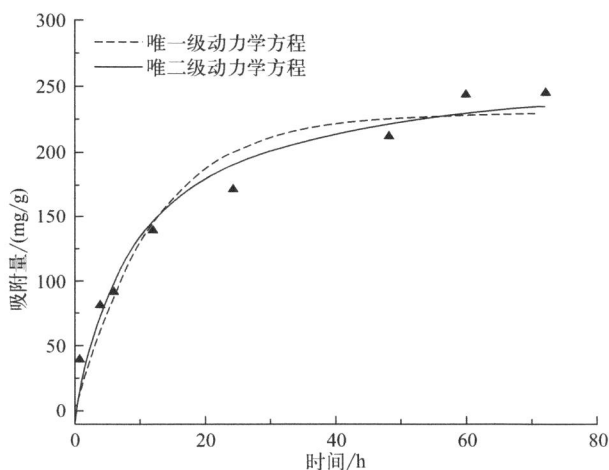

(a) Cd

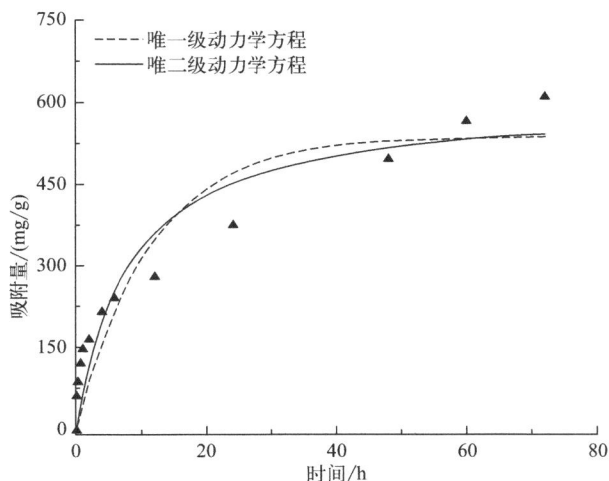

(b) Pb

图3.34　F700对Cd^{2+}和Pb^{2+}的吸附动力学曲线

唯一级动力学模型和唯二级动力学模型对材料吸附Cd^{2+}和Pb^{2+}的动力学数据拟合结果见表3.8。通过比较两种动力学模型的拟合系数可知，准二级动力学模型可更好地描述材料对Cd^{2+}和Pb^{2+}的吸附过程，说明两种重金属在改性材料上的吸附以化学吸附为主。

表3.8　吸附动力学模型拟合结果

离子	唯一级动力学方程			唯二级动力学方程		
	Q_{e1}/(mg/g)	K_1/h^{-1}	R^2	Q_{e2}/(mg/g)	K_2/[g/(mg·h)]	R^2
Cd^{2+}	230.51	0.0831	0.918	267.87	0.0004	0.945
Pb^{2+}	538.51	0.0859	0.852	605.27	0.0002	0.900

材料F700对Cd^{2+}和Pb^{2+}的吸附随重金属初始浓度的变化如图3.35所示。结果表明，改性材料对Cd^{2+}和Pb^{2+}的吸附量随重金属离子初始浓度的增加而增大直至吸附达到平衡。

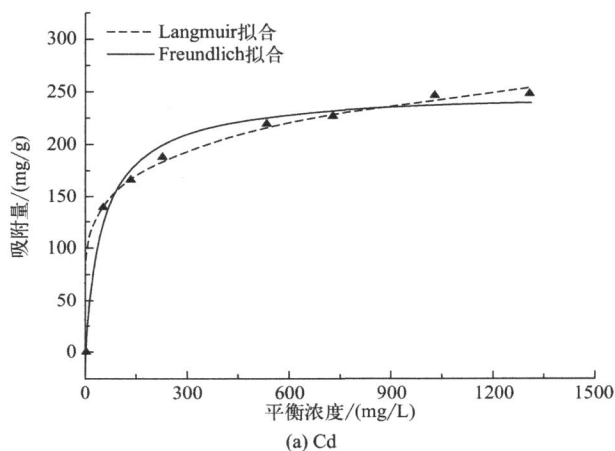

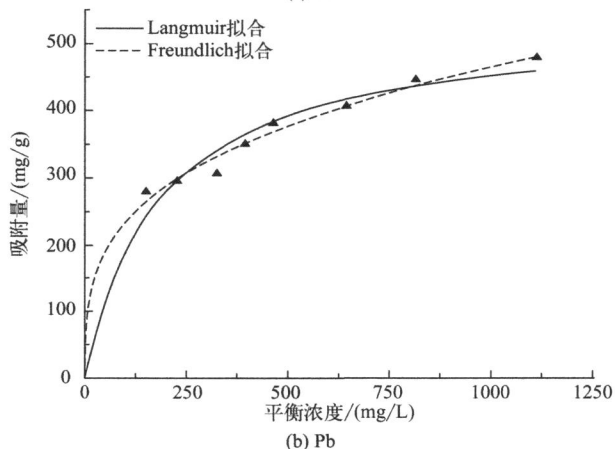

(a) Cd

(b) Pb

图3.35　F700对Cd^{2+}和Pb^{2+}的吸附等温线

对比两种等温吸附模型的拟合系数（表3.9），Freundlich等温吸附模型可更好地描述改性材料对Cd^{2+}和Pb^{2+}的吸附过程，说明两种重金属在改性材料上的吸附为发生在非均质多分子层的吸附。通过Langmuir等温吸附模型计算得到的F700对Cd^{2+}和Pb^{2+}的最大吸附容量（Q_{max}）分别为248.27mg/g和531.45mg/g。

表3.9　吸附等温线模型拟合结果

离子	Langmuir等温吸附模型			Freundlich等温吸附模型		
	Q_{max}/(mg/g)	K_L/(L/mg)	R^2	K_F/(mg/g)	$1/n$	R^2
Cd^{2+}	248.27	0.018	0.904	69.58	0.180	0.990
Pb^{2+}	531.45	0.006	0.882	60.01	0.296	0.965

通过XPS测试分析吸附前后F700型材料表面官能团变化。由C 1s高分辨谱图（图3.36）可知，F700表面碳元素主要存在形式为C—C、C—O、氟磷灰石中的碳酸根和碳酸钙中碳酸根，吸附Cd^{2+}后，C 1s谱峰发生了一定偏移，同时位于289.64eV的碳峰面积比由15.67%下降至14.72%，说明碳酸根参与了Cd^{2+}的吸附；F700吸附Pb^{2+}后，C 1s谱峰发生偏移，F700中碳酸根（289.64eV）的碳峰面积比由15.67%增至22.10%，说明吸附过程中可能生成了新的碳酸盐化合物。由O 1s高分辨谱图可知，OH^-的O 1s谱峰在吸附Cd^{2+}和Pb^{2+}后峰面积比由10.73%分别增至22.30%和18.35%，说明F700吸附重金属离子过程中生成了新的氢氧化物沉淀。Cd^{2+}和Pb^{2+}主要以两种形态吸附于F700上，分别对应为$Cd(OH)_2$和Cd—O、$Pb_3(CO_3)_2(OH)_2$和Pb—O，说明F700会通过表面沉淀作用和表面配位作用对Cd^{2+}和Pb^{2+}进行吸附。

对添加F700培养后的土壤样品进行镉与铅赋存形态分析，进一步探究该材料对土壤中重金属的稳定化机理（图3.37）。结果表明：施用F700后，土壤中弱酸提取态Cd和Pb比例分别降低10.67%～14.96%和48.00%～61.83%，降低幅度随施加量增加而增大，同时土壤中残渣态Cd增加30.17%～49.48%，而土壤中残渣态Pb增加9.10%～22.65%。施入F700后，土壤中镉和铅由易迁移的弱酸提取态向更稳定的残渣态转化，同时土壤中可还原态铅也会向残渣态转化，表明材料对土壤中重金属具有较好的稳定化作用。

对F700型磷基镉-铅稳定化材料的性状表征与应用效果进行分析发现，该材料含有氟磷灰石、白云石等矿物，经过热活化后，白云石矿物分解产生氧化镁、碳酸

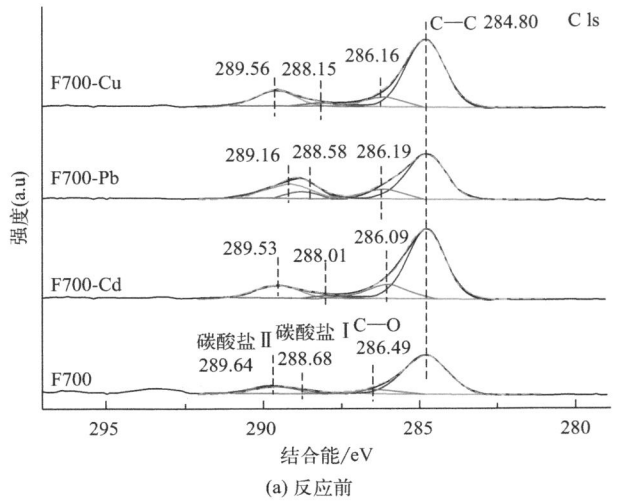

(a) 反应前

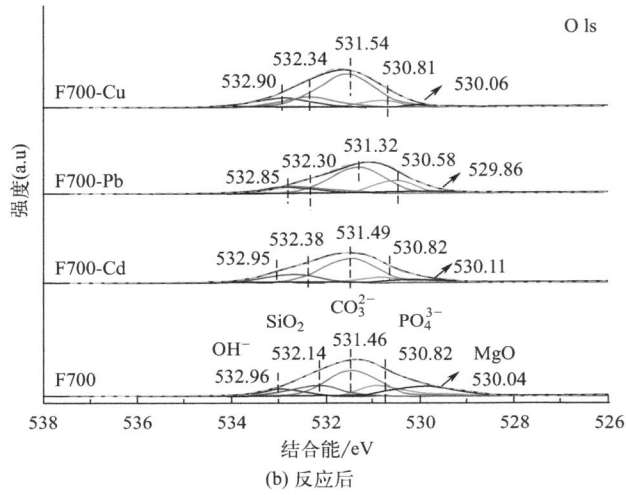

(b) 反应后

图3.36 F700与重金属反应前后XPS谱图

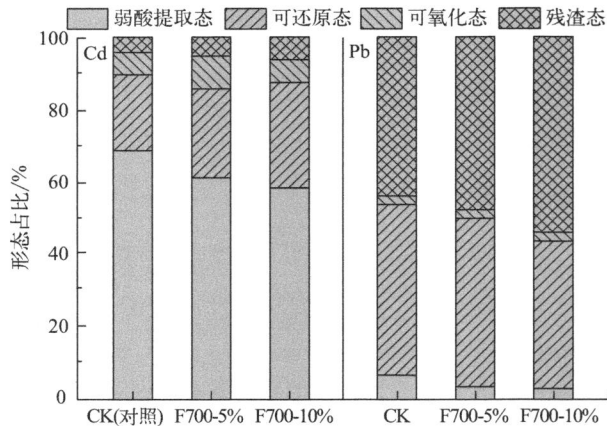

图3.37 土壤重金属分布形态变化

钙和氧化钙，并提高材料的碱度。将材料施入土壤后，土壤pH值增加，促进土壤中重金属离子生成碳酸盐和氢氧化物沉淀。同时材料表面的磷酸根和羟基等官能团还会通过表面吸附、配位、沉淀和共沉淀等机制与土壤中重金属离子反应，降低土壤中重金属的活性和迁移能力。综上所述，材料具有应用于镉铅污染土壤稳定化修复的潜力。

3.2.2.3　H型磷基镉-铅稳定化材料稳定机理研究

（1）性能表征

材料为强碱性材料，pH值为10.6。扫描电镜和透射电镜分析（图3.38）结果表明材料主要为片状、颗粒状矿物，表面较为粗糙。孔隙分析仪测试结果 ［图3.39 (a)］ 表明材料的BET比表面积为3.36m²/g，平均孔径为10.72nm。XRD分析结果表明材料主要含有无定形矿物组分。XRF对材料的元素组成分析结果表明：材料的 P_2O_5 磷含量为2.12%、Ca含量为35.1%、Si含量为18.1%。FTIR分析结果 ［图3.39 (b)］ 表明：材料表面主要含有磷酸根、磷酸氢根和碳酸根官能团，具有固定重金属的潜力。对材料安全性进行分析（表3.10）可知，材料的TCLP浸出液中Cd、Pb、Cu、Cr等元素浓度均低于检出限，As浓度低于0.0005mg/L；同时在种子发芽试验中，种子发芽率 > 95%，种子发芽指数（GI）为78.0%，表明H型材料具有良好的安全性。

（2）对重金属的稳定化机理

以典型污染物 Cd^{2+} 为对象，探究H型材料对重金属的吸附特性，为探究材料稳

S4800 5.0kV 7.6mm×120k SE(M)　　　400nm

(a) 扫描电镜

图3.38

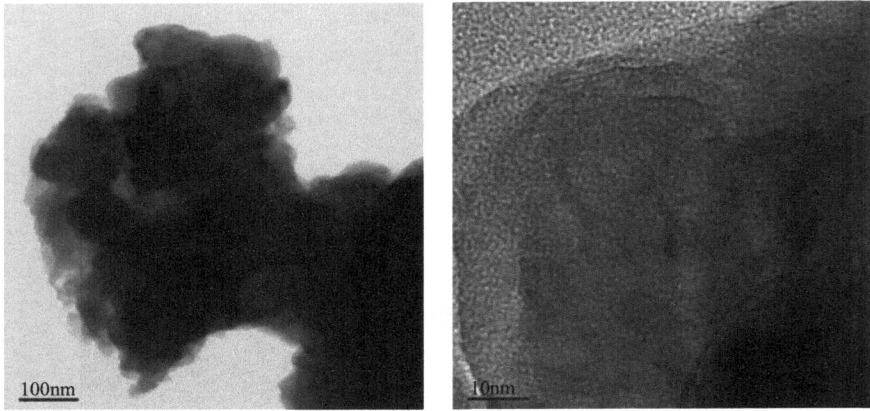

(b) 透视电镜分析

图3.38 H型磷基镉-铅稳定化材料扫描电镜和透射电镜分析结果

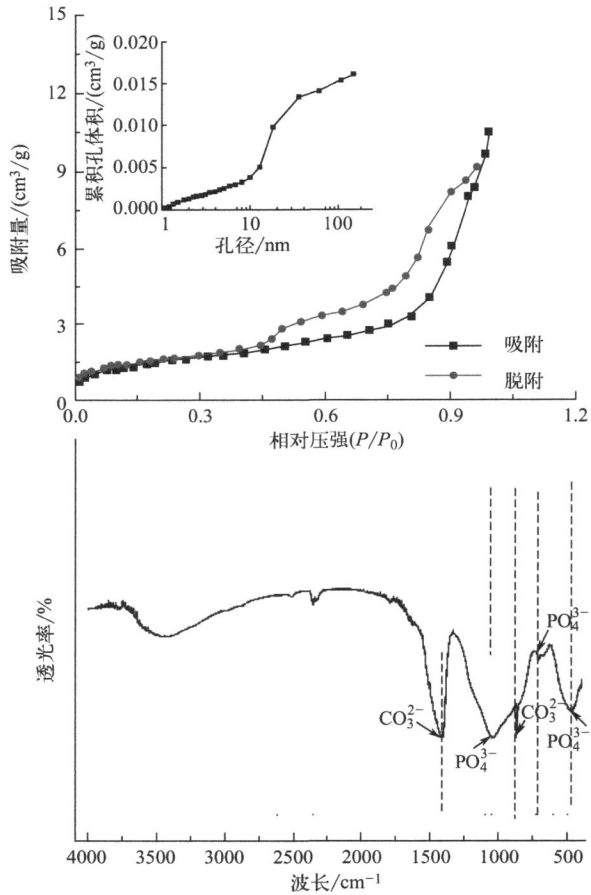

图3.39 H型磷基镉-铅稳定化材料氮气吸附-解吸附曲线和傅里叶变换红外光谱

定化土壤中重金属污染物的作用机理提供支持。等温吸附试验（图3.40）结果表明：在吸附的初始阶段，材料对Cd^{2+}的吸附量均随初始浓度的增加而增大，直至吸附达到平衡。Langmuir模型拟合结果表明H型材料对Cd^{2+}的最大吸附量为44.70mg/g。吸附等温线拟合结果（表3.11）表明Langmuir等温线模型对数据拟合度高于Freundlich模型，H型材料对重金属的固持作用主要来自单层化学吸附/沉淀作用。

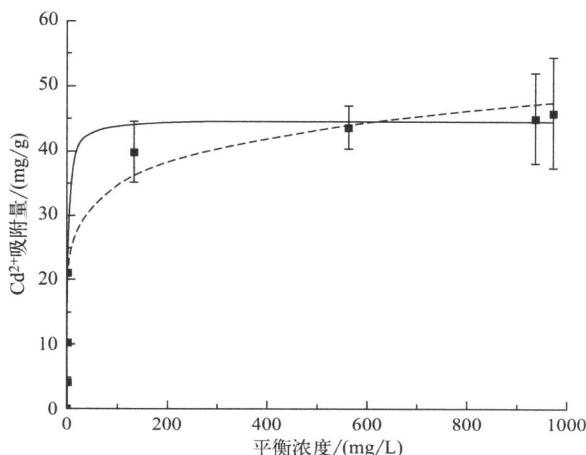

图3.40 H型磷基镉-铅稳定化材料对Cd^{2+}吸附等温线

表3.10 H型材料水浸提液萝卜种子发芽数据

种子发芽率/%	根长/cm
96±5.47	1.49±0.69

通过$NaNO_3$和$CaCl_2$两种解吸液对吸附后样品进行Cd^{2+}解吸试验，结果表明：$NaNO_3$和$CaCl_2$两种体系下Cd^{2+}的解吸率分别为0.23%±0.004%和0.223%±0.06%。解吸率低于1%，H型材料对于重金属具有较强的固持作用。

表3.11 H型磷基镉-铅稳定化材料对Cd^{2+}吸附等温模型拟合结果

Langmuir模型			Freundlich模型		
Q_m/(mg/g)	K_L/(L/mg)	R^2	K_F/(mg/g)	n/(g/L)	R^2
44.70	0.526	0.913	18.26	0.139	0.679

通过XPS测试分析吸附前后H型材料表面官能团变化。O 1s高分辨谱图［图3.41（a）、（b）］分析结果发现吸附重金属离子后，H型材料表面与碳酸根和磷酸根相关的O 1s峰面积减小，同时出现了新的Cd—O特征峰。XPS总谱出现Cd 3d特征峰，表

明材料表面吸附了Cd²⁺离子。进一步分析Cd 3d高分辨谱图 [图3.40 (c)]，发现可以按结合能将谱图拟合为两对成对的Cd 3d峰，分别代表表面吸附态Cd²⁺和CdCO₃/Cd(OH)₂沉淀，表明材料表面发生了吸附作用和沉淀/共沉淀作用。

在材料的性状表征与应用效果分析的基础上，对H型磷基稳定化材料对土壤重金属的稳定化机理进行阐述：该材料含有硅酸盐、磷酸盐等组分，并具有较强的碱性。将材料施入土壤后，土壤pH值增加，促进土壤中重金属离子生成沉淀；同时材料表面的磷酸根、碳酸根和羟基等官能团还会通过表面吸附、配位、沉淀和共沉淀等机制与土壤中重金属离子反应，降低土壤中重金属的活性和迁移能力。综上所述，该材料具有应用于镉铅污染土壤稳定化修复的潜力。

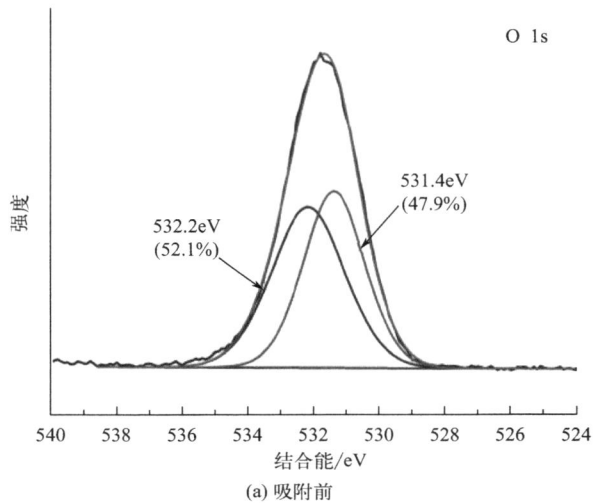

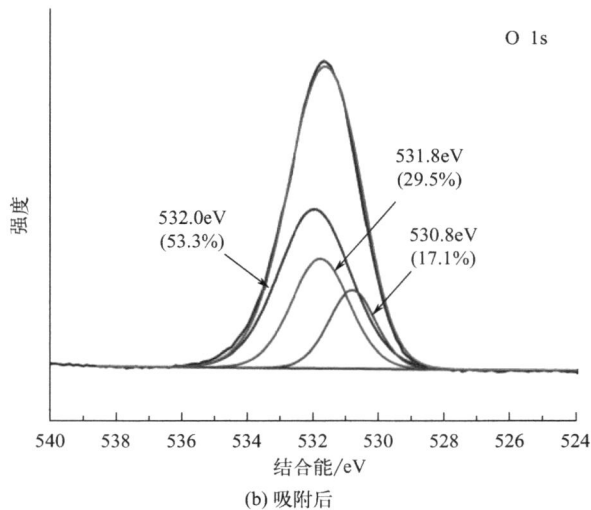

(a) 吸附前

(b) 吸附后

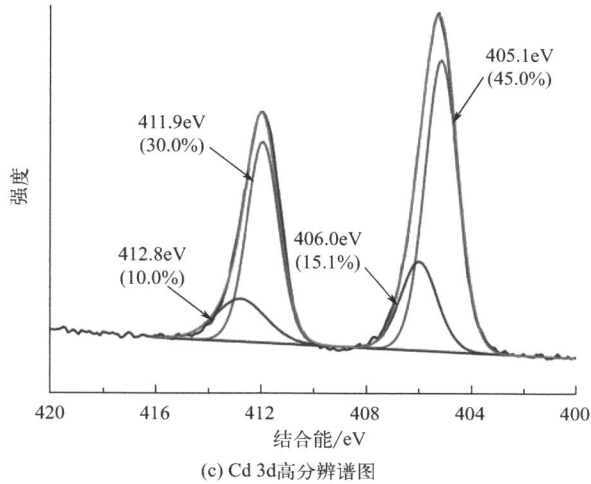

(c) Cd 3d高分辨谱图

图 3.41 H型材料与重金属反应前后XPS谱图

3.2.3 磷基镉-铅稳定化材料稳定化效果

3.2.3.1 F型磷基镉-铅稳定化材料稳定化效果

　　构建室内土壤模拟反应试验体系，将材料按1%和5%比例施入土壤中，养护后取出分析Cd和Pb的稳定化率。图3.42结果表明：施加F型材料后，供试土壤中Cd和Pb的浸提态含量呈现降低趋势，且随着施加量的增大降幅增大。施加F后，TL土壤中Cd和Pb的浸提态含量分别下降84.21%～95.08%和99.14%～99.72%，LY土壤中Cd和Pb的浸提态含量分别下降69.37%～85.62%和95.81%～98.96%。当F型材料

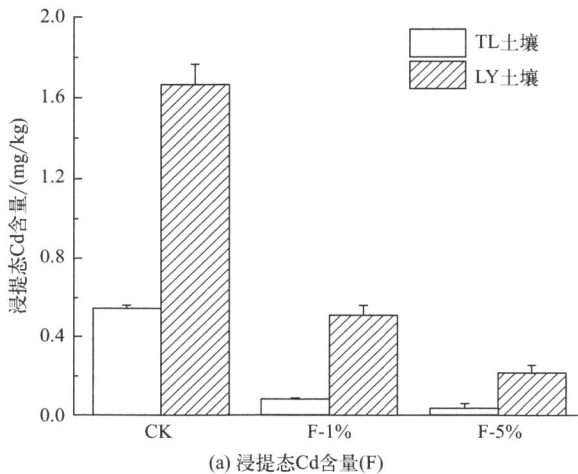

(a) 浸提态Cd含量(F)

图 3.42

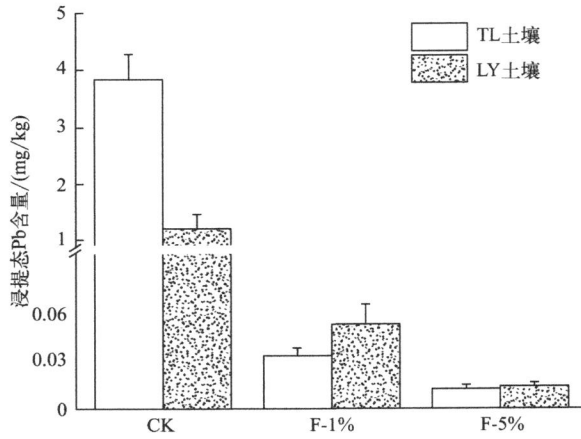

(b) 浸提态Pb含量(F)

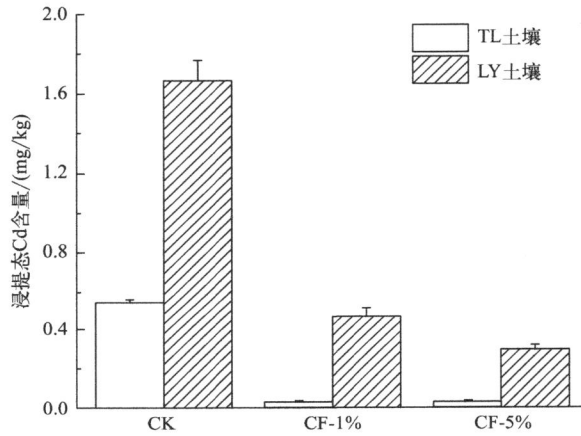

(c) 浸提态Cd含量(CF)

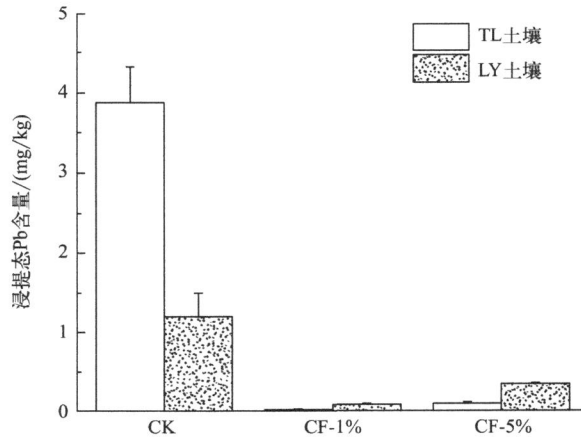

(d) 浸提态Pb含量(CF)

图3.42 F型磷基镉-铅稳定化材料对土壤中镉与铅的稳定化效果

按5%比例施入HJ或ZY污染土壤中，Pb的浸提态含量降幅度达到90.08%~90.83%，Cd的浸提态含量降低幅度低于40%。

对F型材料的活化产物CF进行了应用效果评估（图3.42）。结果表明：当施加活化材料CF后，TL土壤中Cd和Pb的浸提态含量下降率分别为94.26%~95.34%和97.89%~99.60%，LY土壤中Cd和Pb的浸提态含量下降率分别为74.27%~84.27%和74.23%~93.22%。但是当CF材料按5%比例施入ZZ土壤中，Cd和Pb的浸提态含量下降率分别约为62%和43%，该土壤中Cd和Pb的总量高但初始浸提态含量较低，材料对重金属有效性的降低幅度不如酸性污染土壤体系显著。

综上所述，F型材料及其活化产物CF可用于稳定化修复土壤中镉和铅污染，CF的作用效果更好；材料对污染土壤的修复效果受土壤类型影响，在实际应用过程中应当根据目标土壤特性进行材料类型选择与施用工艺参数优化。

采用模拟酸雨老化试验探究材料固定土壤中镉和铅效果的稳定性。结果如图3.43所示，该试验条件下模拟老化3年和12年后两种土壤中镉与铅稳定化率波动<20%，表明F型材料及其活化产物CF均能有效固定土壤中的镉与铅。在LY土壤体系中，在模拟正常雨水淋溶条件下，老化3年后对照组土壤中Cd的浸提态含量与初始土壤无显著差异，老化12年后浸提态含量显著降低；老化3年后Pb的浸提态含量有所增加，老化12年后显著降低。施加F或CF后，在不同模拟老化条件下，土壤Cd和Pb的浸提态含量均有所降低，但与老化前相比无显著变化。在TL土壤体系中（图3.44），在不同模拟降雨老化条件下，对照组老化3年后Cd的浸提态含量无显著变化，老化12年后Cd的浸提态含量也无显著变化；老化3年后Pb的浸提态含量与

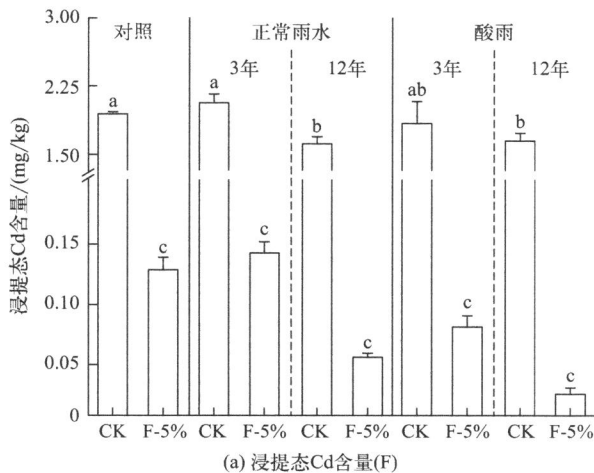

图3.43

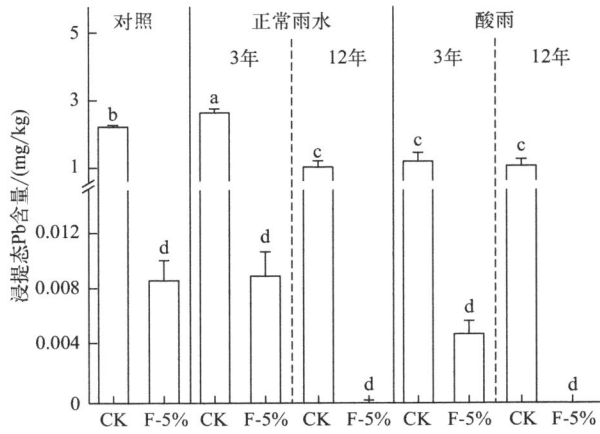

(b) 浸提态Pb含量(F)

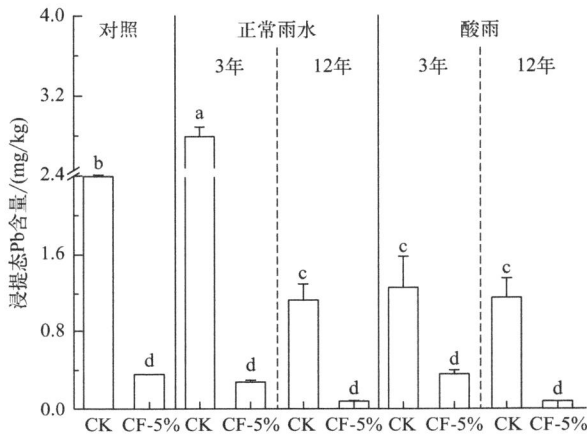

(c) 浸提态Pb含量(CF)

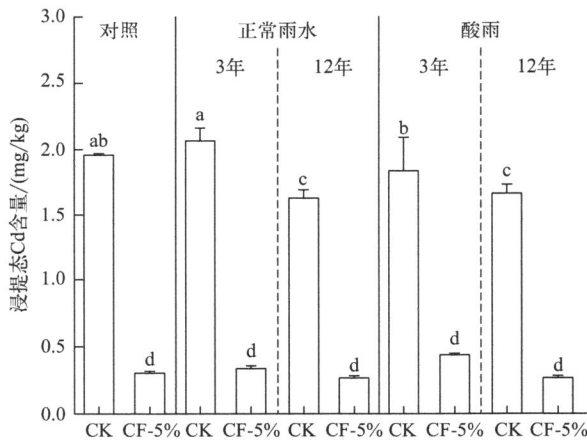

(d) 浸提态Cd含量(CF)

图3.43 施加F和CF对LY土壤中重金属浸提态含量的影响

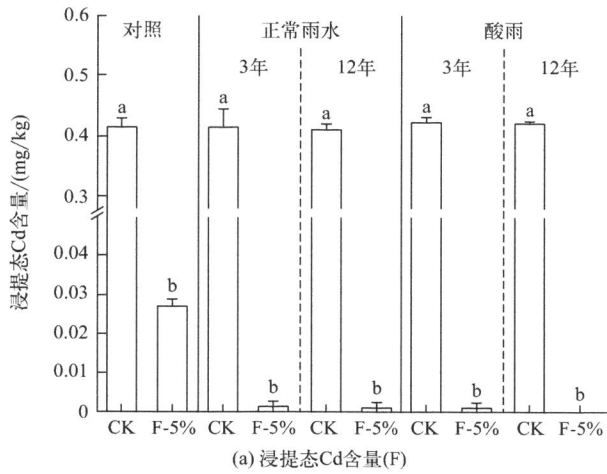

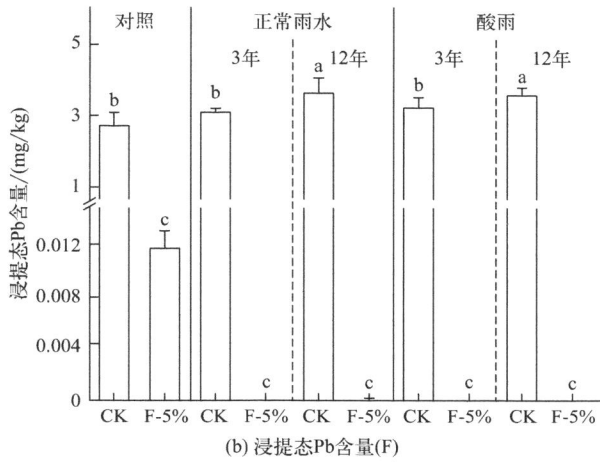

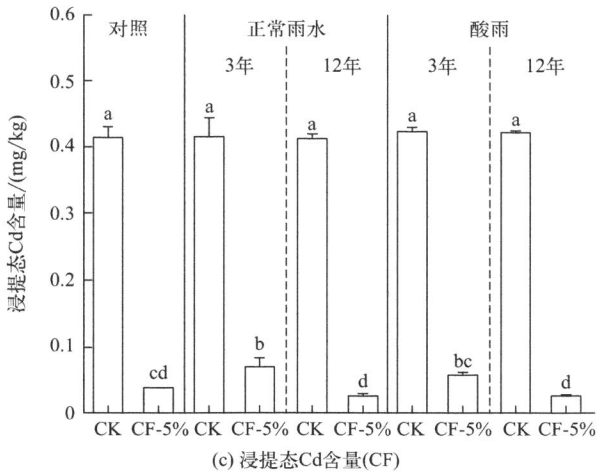

(a) 浸提态Cd含量(F)

(b) 浸提态Pb含量(F)

(c) 浸提态Cd含量(CF)

图3.44

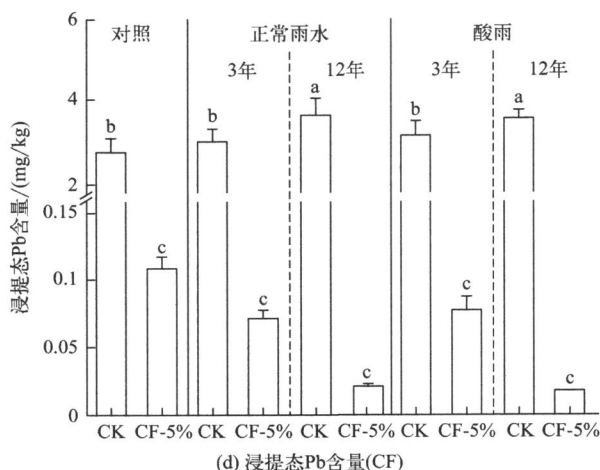

(d) 浸提态Pb含量(CF)

图3.44 老化作用对施加F和CF的TL土壤中重金属浸提态含量的影响

初始土壤无显著差异，老化12年后浸提态含量有所增加。施加F或CF后，在不同模拟老化条件下，土壤Cd和Pb的浸提态含量略有下降，稳定化率波动 < 20%。

3.2.3.2　F700型磷基镉－铅稳定化材料稳定化效果

构建室内土壤模拟反应试验体系，将F700型材料按5%和10%比例施入土壤中，养护30d和60d后，分别取出分析Cd和Pb的稳定化率。测试结果（图3.45）表明：在LY土壤体系中，施加F700后，土壤中Cd和Pb的浸提态含量降低，F700对土壤中Cd和Pb的稳定化率可达到90%以上。养护30d后，施加5% F700的土壤中Cd和Pb稳定化率分别为98.97%和99.86%；施加10% F700的土壤Cd和Pb稳定化率分别为99.61%和99.84%。养护60d后，施加5% F700的土壤中Cd和Pb稳定化率分别为98.94%和99.88%；施加10% F700的土壤Cd和Pb稳定化率分别为99.51%和99.66%。相似地，在TL土壤中，养护60d后，Cd和Pb稳定化率分别为98.75% ~ 99.05%和91.96% ~ 98.20%，F700型材料发挥了较好的稳定化效果。

将F700型材料按5%比例施入不同土壤中，养护后分析Cd和Pb的稳定化率。测试结果（图3.46）表明：ZY土壤中Cd和Pb稳定化率为92.64%和46.71%，HJ土壤中Cd和Pb稳定化率为86.58%和98.80%，ZZ土壤中Cd和Pb稳定化率为90.92%和41.84%。对于ZY和HJ土壤，当F700比例加大为10%时，土壤中Cd和Pb稳定化率分别达到97.69%和91.96%（ZY）与92.84%和98.55%（HJ）。但是对于ZZ土壤，由于土壤中Pb的初始浸提浓度较低（低于《地下水环境质量标准》V类水质限值），提高F700施用比例对稳定化率提升效果不高。因此在实际应用过程中应当针对不同

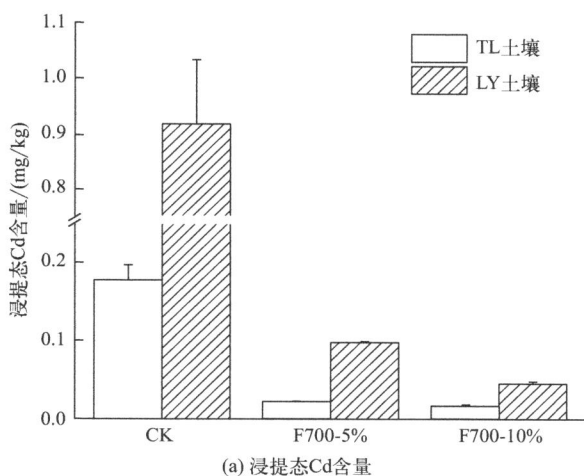

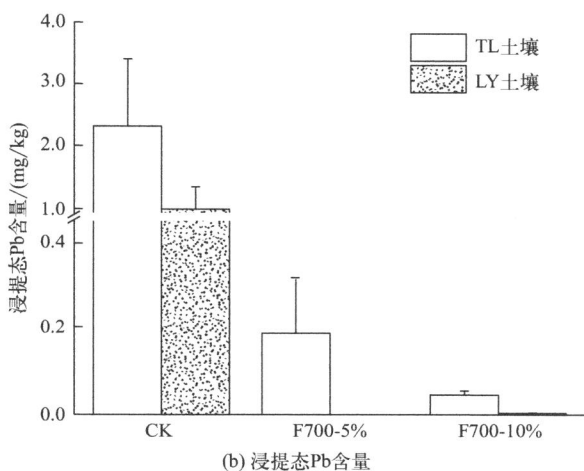

图3.45 F700型磷基镉－铅稳定化材料对土壤中镉与铅的稳定化效果

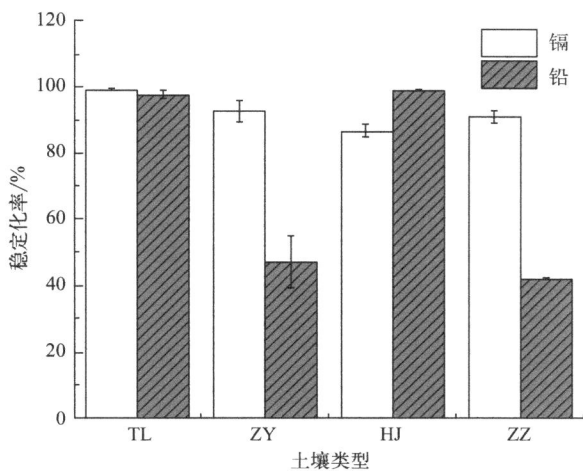

图3.46 5%比例下F700对不同土壤中镉和铅的稳定化效果

土壤优化材料的施用比例和养护条件。

设置模拟酸雨老化试验探究F700对LY和TL土壤中镉和铅稳定化效果的稳定性。研究结果（图3.47与图3.48）表明：该试验条件下模拟老化3年和12年后两种土壤中镉与铅稳定化率波动＜20%，表明F700型材料能有效固定土壤中的镉与铅。在LY土壤体系中（图3.47），在模拟正常雨水淋溶条件下，对照土壤中Cd和Pb的浸提态含量显著降低；在模拟酸雨淋溶条件下，老化3年后Cd和Pb的浸提态含量均与初始土壤无显著差异，老化12年后显著降低。施加F700后，在不同模拟老化条件下，土壤Cd和Pb的浸提态含量与老化前相比无显著变化。在TL土壤体系中（图3.48），在不同模拟降雨老化条件下，对照土壤老化3年后Cd的浸提态含量显著降低，老化12

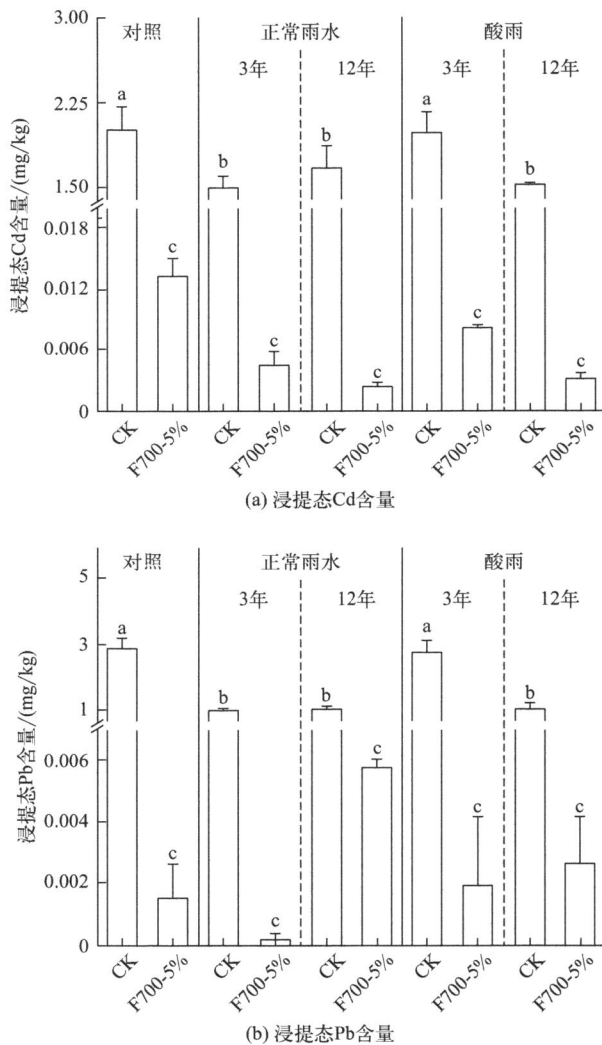

(a) 浸提态Cd含量

(b) 浸提态Pb含量

图3.47　LY土壤的模拟老化试验结果

年后Cd的浸提态含量没有继续显著变化；Pb的浸提态含量与初始土壤均无显著差异。施加F700后，在不同模拟老化条件下，土壤Cd和Pb的浸提态含量与老化前相比无显著变化。

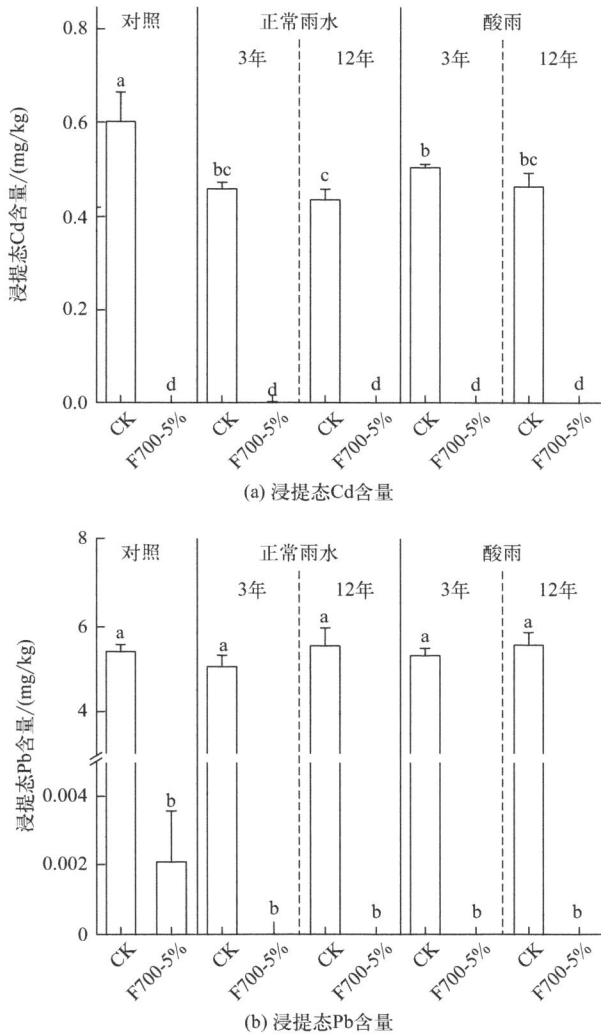

(a) 浸提态Cd含量

(b) 浸提态Pb含量

图3.48 TL土壤的模拟老化试验结果

3.2.3.3　H型磷基镉–铅稳定化效果

采集多种冶炼场地及其周边污染土壤构建室内模拟反应试验体系（图3.49），在5%添加比例下，TL、LY和ZY土壤的浸提液中Cd和Pb浓度降低至未检出。H型稳定化材料的强碱性可以提升土壤pH值，降低重金属迁移性，同时材料含有大量磷酸根和碳酸根，能够通过表面配位、沉淀和共沉淀机制固定重金属，H型稳定化材料的无定形矿物组分中还含有丰富的钙元素，可以通过离子交换作用吸附固持镉离子等污染物，因此H型稳定化材料具有应用于镉铅污染土壤治理的潜力。

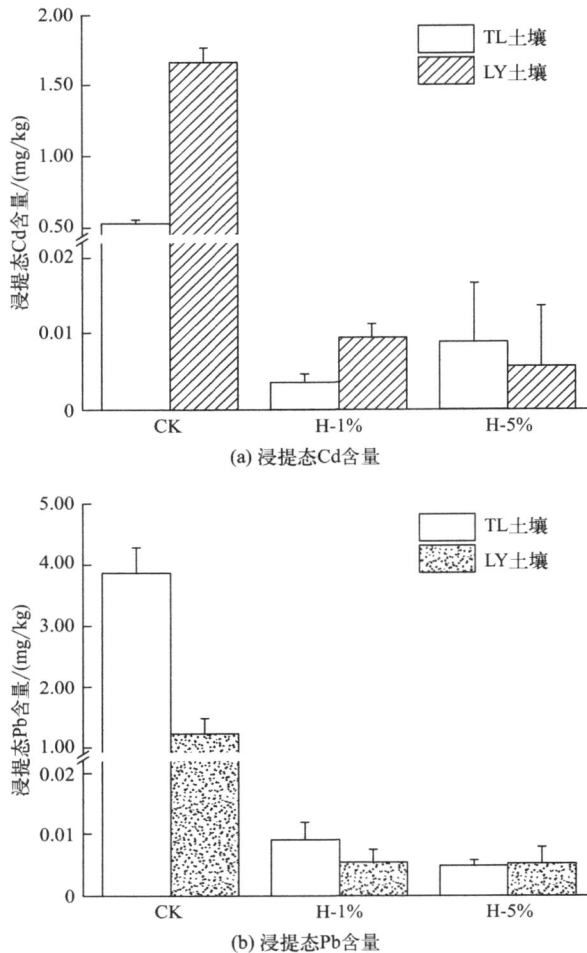

(a) 浸提态Cd含量

(b) 浸提态Pb含量

图3.49 材料对土壤中镉与铅的稳定化效果

通过模拟酸雨老化试验探究酸老化作用下材料固定土壤中镉和铅效果的稳定性。结果如图3.50所示，该试验条件下模拟老化3年和12年后两种土壤中镉与铅稳定化率波动＜20%，表明H型材料能有效固定土壤中的镉与铅。在LY土壤体系中，在不同模拟降雨老化条件下，老化3年后对照土壤中Cd的浸提态含量与初始土壤无显著差异，老化12年后Cd的浸提态含量显著降低；伴随着老化过程，土壤中Cd趋于稳定化。对于Pb，在模拟正常雨水淋溶下，老化3年后Pb的浸提态含量略有增加，老化12年后Cd的浸提态含量显著降低；在酸雨淋溶下，老化3年后Pb的浸提态含量显著降低，但是老化12年后浸提态含量未继续发生显著变化，土壤中Pb趋于稳定

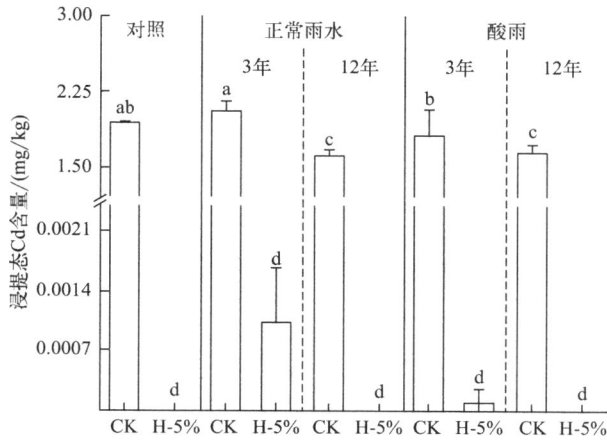

(a) 浸提态Cd含量(LY)

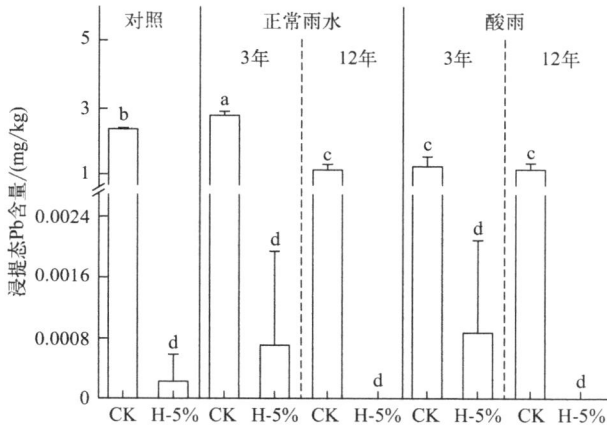

(b) 浸提态Pb含量(LY)

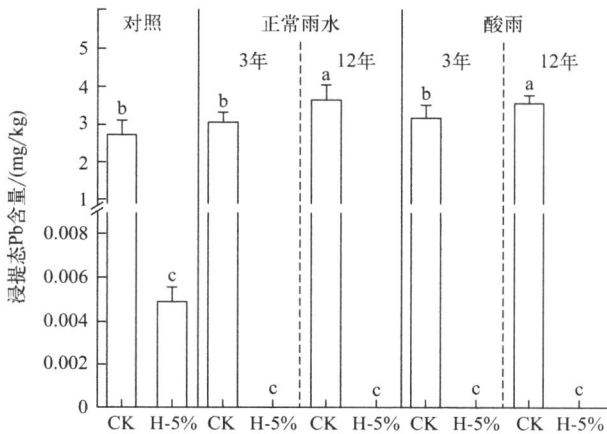

(c) 浸提态Pb含量(TL)

图3.50

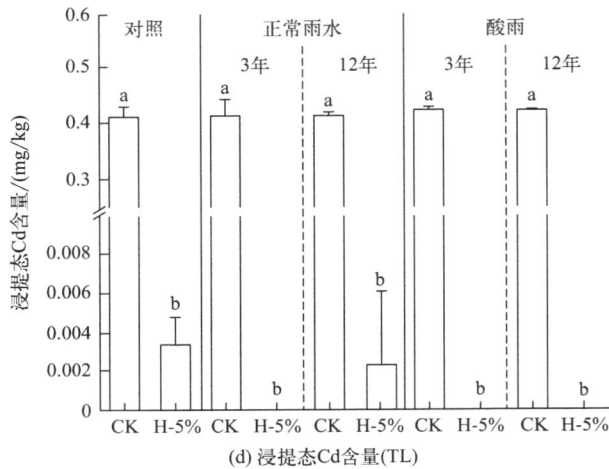

图3.50 老化作用对H稳定化LY土壤和TL土壤中重金属的影响

化。当施加稳定化材料H后，所有老化土壤中Cd和Pb的浸提态含量与初始土壤无显著差异，稳定化率保持在90%以上。在TL土壤体系中，施加H培养20d后，土壤中Cd和Pb的浸提态含量明显降低，稳定化率均高于90%。在不同模拟降雨老化条件下，老化3年或12年后，对照土壤中Cd的浸提态含量与初始土壤均无显著差异；老化3年后Pb的浸提态含量与初始土壤无显著差异，老化12年后Pb的浸提态含量有所增加。施加H后，在模拟正常雨水或酸雨淋溶条件下，老化3年和12年土壤中重金属的浸提态含量均与对照组不存在显著差异，Cd和Pb的稳定化率保持在90%以上。

3.3
半包裹镉−砷稳定化材料研发

目前国内基于工程应用研发复合污染土壤稳定化药剂的主要思路之一是将不同特性的化学材料配伍[18]，其成本低，在较短的时间内可满足修复要求，但这些稳定化材料易受土壤酸碱度、有机质含量等因素影响，稳定化材料对重金属的修复效果存在差异[19]，而且不同重金属种类、浓度、材料与土壤重金属污染物的相互作用也会影响材料修复效果[18]。该类材料构成多为酸性和碱性材料复配，不易储存，在运输过程中容易相互反应发热而产生危险。因此，采用造粒法，通过调节各物料比例等参数，将酸、碱性材料的稳定化作用结合，制备出复合稳定化材料，解决组分材料易相互反应，效果易受外界环境条件影响及施用困难等问题。

3.3.1 半包裹镉－砷稳定化材料制备与优化

3.3.1.1 供试土壤

根据试验需要，人工配制砷镉污染土壤用于稳定化材料的研究。其基本浸出浓度如表3.12所列。

表3.12 人工配制土壤砷镉浸出浓度

土壤编号	LAs/（mg/L）	LCd/（mg/L）	pH值
BY-7号	0.1725	0.0404	7.65
BY-2019	0.1721	0.0442	7.89

其基本形态分析如图3.51所示。

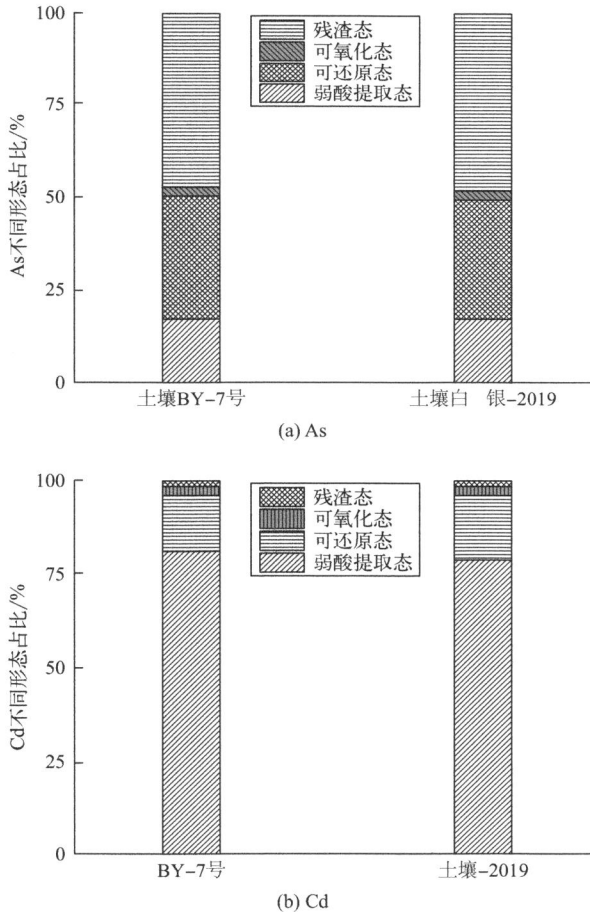

(a) As

(b) Cd

图3.51 土壤中重金属形态分布情况

3.3.1.2　原材料筛选

将不同包芯材料（氢氧化钠、碳酸钠、氢氧化钙、碳酸钙、氢氧化镁）、包囊材料（海泡石、膨润土、蒙脱土、高岭土、沸石）以及铁/锰材料（聚合硫酸铁、七水硫酸亚铁、无水氯化铁、无水氯化锰、硫酸锰）分别按一定比例投加于土壤中，养护1d后进行毒性浸出。结果如图3.52~图3.54所示，5种包芯材料在同一添加水平下，对土壤镉的稳定能力表现为氢氧化钠＞氢氧化钙＞碳酸钠＞氢氧化镁＞碳酸钙，对镉的稳定化率分别为99.2%、94.7%、99.0%、89.9%和6.2%；对土壤砷的稳定化能力表现为氢氧化钙＞氢氧化钠＞氢氧化镁＞碳酸钙＞碳酸钠，对砷的稳定化率分别为78.7%、37.4%、34.2%、1.1%和−18.5%。其中氢氧化钙对砷、镉均表现出较好的稳定化效果。5种包囊材料在同一添加水平下，对土壤镉的稳定能力表现为沸石＞蒙脱土＞膨润土＞海泡石＞高岭土，对应镉的稳定化率分别为68.3%、64.4%、40.8%、38.6%、20.8%。沸石为包囊材料的最优选择。5种铁/锰材料在同一添加水平下，对土壤砷的稳定效果表现为聚合硫酸铁＞七水硫酸亚铁＞无水氯化铁＞硫酸锰＞无水氯化锰，对砷的稳定化率分别为98.7%、97.2%、96.7%、72.1%和64.2%。其中3种铁盐对砷的稳定化效果均在95%以上，且优于硫酸锰和无水氯化锰对砷的稳定化效果。但考虑到材料的成本效益，七水硫酸亚铁是生产二氧化钛的副产品，聚合硫酸铁、无水氯化铁、无水氯化锰和硫酸锰的价格比其价格高3~17倍。因此，选择七水硫酸亚铁为原材料制备半包裹稳定化材料。

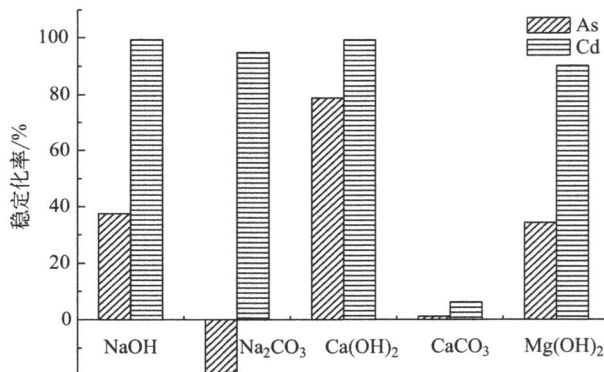

图3.52　包芯材料对土壤中砷镉稳定化效果

综上所述，半包裹稳定化材料中包囊材料为沸石、包芯材料为氢氧化钙、铁/锰材料为七水硫酸亚铁。

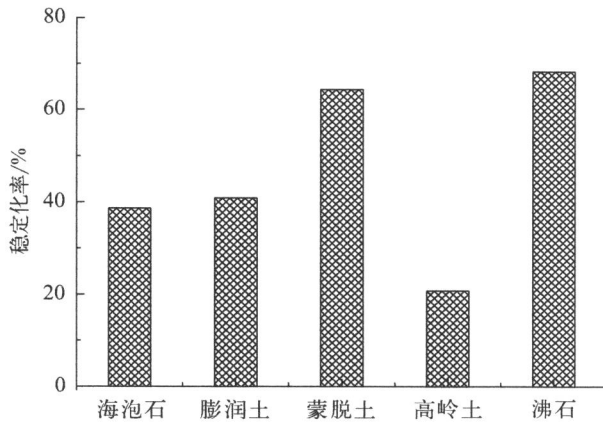

图3.53 包囊材料对镉的稳定化效果

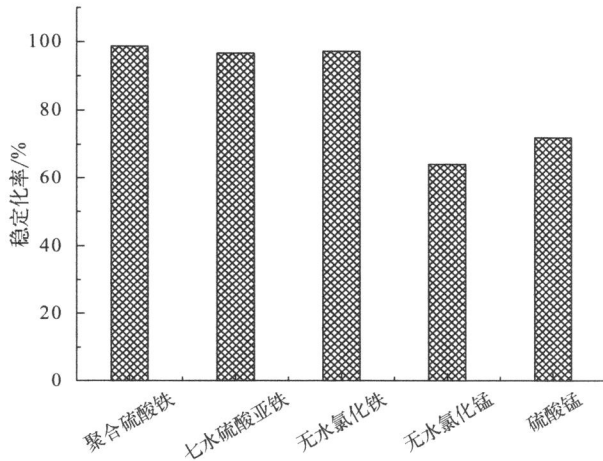

图3.54 铁/锰材料对砷的稳定化效果

3.3.1.3 半包裹材料制备参数优化

（1）包芯包囊比例

如图3.55所示，不同质量比的沸石和氢氧化钙 [（1:4）~（4:1）] 制备的半包裹稳定化材料对镉的稳定化率基本保持不变（均在90%以上），且浸提液的pH值保持在8~9之间。说明沸石和氢氧化钙对镉都有很好的固定化作用，其质量比不是影响半包裹稳定化材料制备的关键因素。

（2）铁盐与球粒比例

在最佳包芯包囊材料比例下制备球状材料，铁盐与球粒以不同质量比制备半包裹稳定化材料，添加到土壤中对砷、镉的稳定化效果见图3.56，随着七水硫酸亚铁

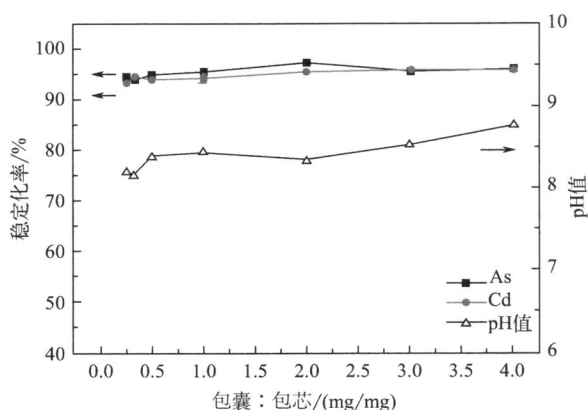

图3.55 包芯包囊不同比例对砷镉稳定化率的影响

质量比提高到1.75:1，砷稳定化率开始增加，当达到3.25:1后，砷的稳定化率基本保持不变。相反，镉稳定化率在3.25:1之前几乎不变，然后急剧下降。pH值的变化反映了砷的溶解度和迁移率随pH值降低而降低，镉的溶解度和迁移率随pH值的降低而增加。因此，半包裹稳定化材料的最佳制备条件为七水硫酸亚铁:沸石:氢氧化钙=6.5:1:1，对土壤砷稳定化率为95.5%，镉稳定化率为94.6%，浸出液pH值为8.4。

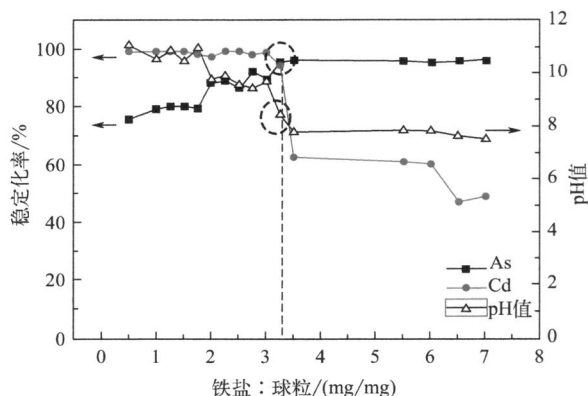

图3.56 铁盐与球粒不同比例对土壤砷镉稳定化率的影响

（3）黏合剂添加量

如图3.57所示，不同黏合剂的量制备而成的包裹型材料对于土壤的砷、镉的稳定化效果相差不大；添加与不添加黏合剂制备的包裹型材料对于土壤的砷、镉的稳定化效果相差不大。

（4）不同纯度材料

根据各原材料的最优配比，利用分析纯级、工业级的材料制备两种半包裹材料。

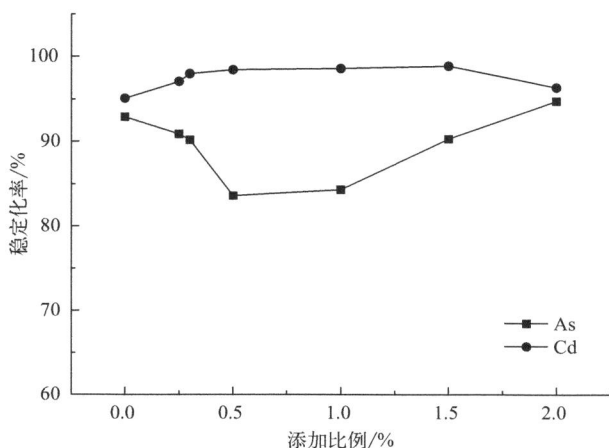

图3.57 不同黏合剂添加量制备的包裹型材料对土壤砷镉的稳定化效果

图3.58显示，用分析纯级试剂制备的半包裹稳定化材料对砷和镉的稳定化率分别为94.9%和96.6%，用工业级试剂制备的半包裹稳定化材料对砷和镉的稳定化率分别为94.6%和95.5%，二者结果接近。因此，选用工业级试剂制备半包裹稳定化材料，既可以降低成本又可以取得较好的稳定化效果。

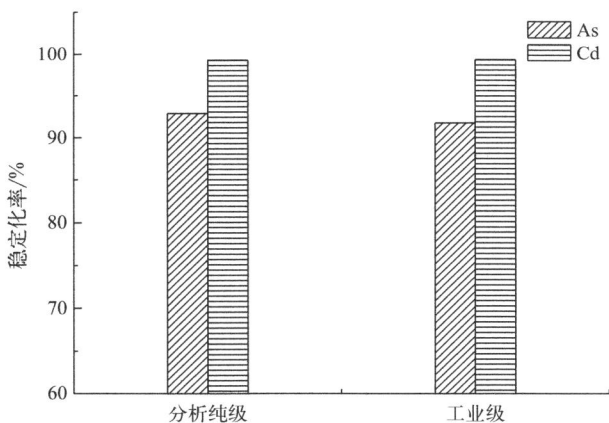

图3.58 不同纯度制备包裹型材料对砷镉的稳定化效果

（5）不同粒径球粒影响

根据各原材料的最优配比，利用造粒机制备不同粒径的球粒材料后与铁盐进行复配，制备半包裹稳定化材料。结果显示（图3.59），随着球粒材料粒径的增大，包裹型稳定化材料对镉的稳定化率降低，在养护1d后，0.5~3mm大小的粒径制备的半包裹稳定化材料可满足使土壤中的砷、镉稳定化率均大于80%。

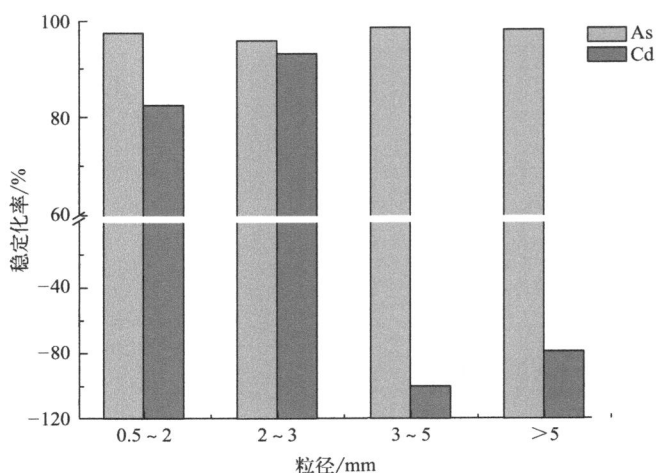

图3.59 不同粒径球粒制备的半包裹稳定化材料对砷镉的稳定化效果

3.3.1.4 稳定化参数优化试验

（1）添加比例

将半包裹稳定化材料按照不同比例加入30g土壤BY-7号中，分别设置添加比例为1.0%、1.25%、1.5%、1.75%、2.0%、2.5%、3.0%，搅拌均匀并养护，养护1d后取样进行毒性浸出试验，测定浸出液中的砷、镉的浓度。结果如图3.60所示，当其投加比例为1.0%～3.0%时，镉的稳定化率先升高后保持稳定，而砷的稳定化率均在90%以上。在投加比例为1.5%时，砷的稳定化率比2.0%投加比例时低3%。考虑到用量少，稳定化率高，pH值适宜，确定2.0%为半包裹稳定化材料的最佳投加比例。

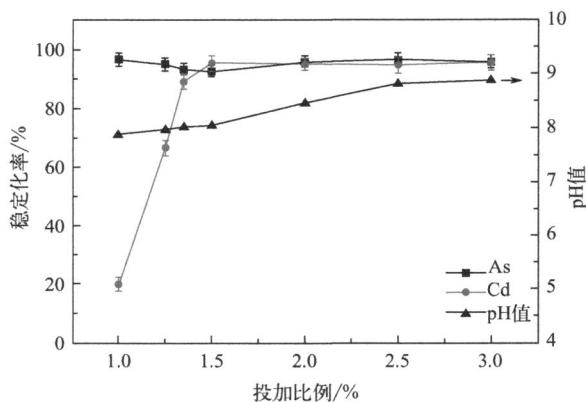

图3.60 半包裹稳定化材料不同添加量对砷镉的稳定化效果

（2）土壤含水率

将半包裹稳定化材料加入土壤BY-7号中，设置不同土壤含水率，养护后测定浸出液中砷、镉的浓度。土壤含水率是影响物质溶解和扩散的重要因素。研究发现（图3.61），砷的稳定化率在土壤含水率10%～30%范围内基本保持不变，而镉稳定化率随土壤含水率的增加先升高后降低，含水率为20%时稳定化率最高。

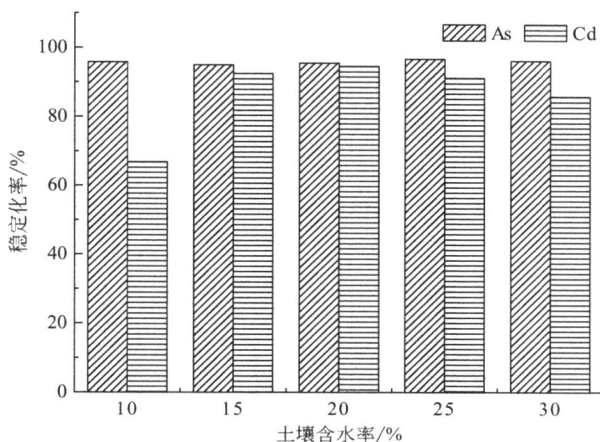

图3.61 不同土壤含水率对稳定化效果的影响

（3）养护时间

将半包裹稳定化材料加入土壤BY-7号中，设置土壤含水率均为20%，搅拌均匀后并静置，分别养护2h、4h、6h、16h、20h、24h、48h和72h取样进行毒性浸出试验，测定浸出液中砷、镉的浓度。结果如图3.62所示，养护时间为24h时对土壤中砷和镉的稳定化已处于平衡状态。

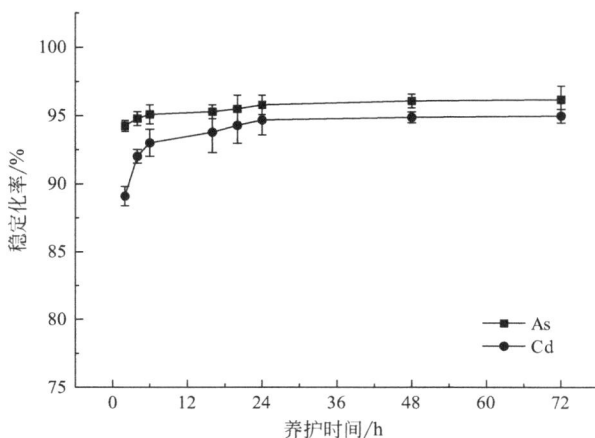

图3.62 不同养护时间对砷镉稳定化率的影响

综上，半包裹稳定化材料的制备参数如下：以工业纯的氢氧化钙作为包芯材料，以工业纯的沸石作为包囊材料，按照质量比 1∶1 的比例采用半包裹造粒制备粒径为 0.5～3mm 的包裹材料（无需添加黏合剂），将包裹材料与七水硫酸亚铁按照 1∶3.25 的质量比混合后形成半包裹稳定化材料。

半包裹稳定化材料的使用工艺参数如下：养护时间为 24h、添加比例为 2.0%、土壤含水率为 20%。

3.3.2 长效性分析

按半包裹稳定化材料最优用量加入污染土壤中，设置土壤含水率为 20%，搅拌均匀后，通过设置不同养护时间来考察半包裹稳定化材料对砷镉污染土壤的短期（1～30d）和长期（1年）稳定作用。结果如图 3.63 所示。在长期自然养护条件下，随着养护时间的增加，对砷的稳定化率由 95.5%（养护 1d）降低至 88.3%（养护 365d），对镉的稳定化率由 94.6%（养护 1d）降低至 84.2%（养护 365d）。当养护时间达到 365d 时，半包裹稳定化材料处理后土壤中砷、镉的水浸浓度仍远低于未处理的土壤（CK），低于《地下水质量标准》（GB/T 14848—2017）Ⅳ类。表明半包裹稳定化材料可同时持续稳定土壤中的砷、镉，具有较好的长期稳定性。

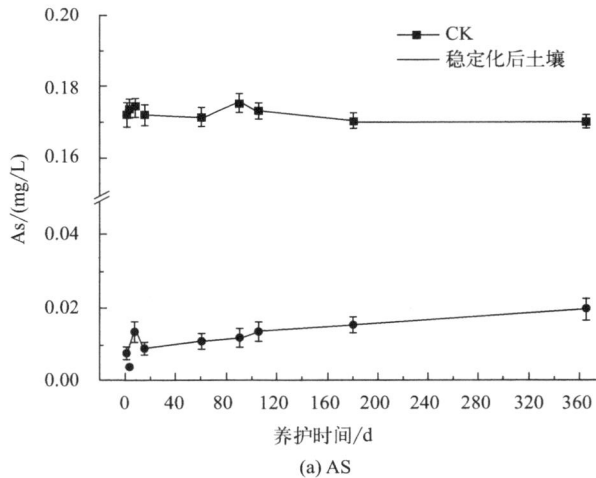

(a) AS

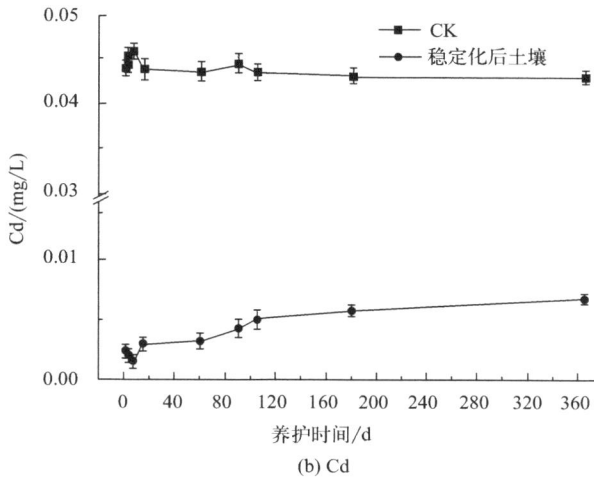

图3.63 长期稳定化处理效果

3.3.3 在不同土壤中的应用效果

选择不同砷镉复合污染土壤，根据污染情况设计稳定化小试试验，验证半包裹稳定化材料的普适性。选择污染土壤基本理化性质如表3.13所列。

表3.13 污染土壤基本理化性质

样品	pH值	总量/（mg/kg）		浸出浓度/（mg/L）	
		As	Cd	As	Cd
S1	3.25	3621	32	0.02	0.55
S2	7.73	138	68	0.32	0.05
S3	8.79	1312	33	1.67	0.07

半包裹稳定化材料对不同污染土壤的稳定化结果表明（图3.64）：在中性和碱性污染土壤中，添加不同质量比的半包裹稳定化材料均可获得较好的稳定化效果，土壤S2、S3、BY-7号施加半包裹稳定化材料后对砷、镉的稳定化率均在90%以上。土壤S1施加半包裹稳定化材料后对镉的稳定化率可达90%，对砷的稳定化率仅为15.8%，这是因为其原样砷的浸出浓度（0.017mg/L）已经很低。

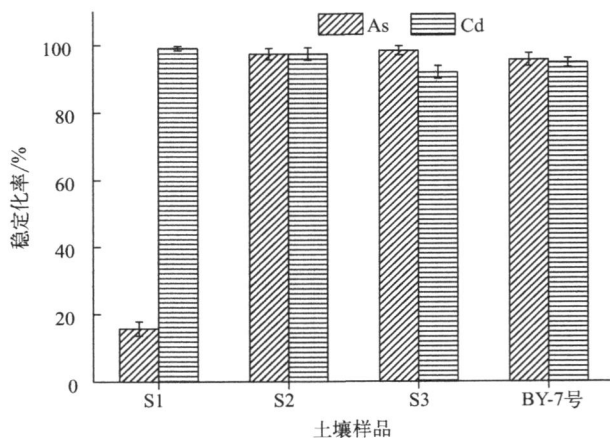

图3.64 半包裹稳定化材料在不同土壤中的应用

3.3.4 对重金属的稳定化机理

3.3.4.1 FTIR与XRD图谱分析

$Ca(OH)_2$、沸石和半包裹稳定化材料的XRD光谱如图3.65（a）所示。$Ca(OH)_2$的衍射峰出现在18.1°、28.8°、34.2°、47.1°、50.8°和54.3°。沸石的衍射峰出现在20.8°、26.6°、36.5°、39.5°、40.3°、42.4°、45.8°和50.1°。XRD图谱显示，制备的半包裹稳定化材料的所有衍射峰与$Ca(OH)_2$和沸石的衍射峰吻合良好，无明显杂峰，表明半包裹稳定化材料成功制备。将半包裹稳定化材料加入砷和镉污染土壤中，处理后的土壤样品的XRD图谱如图3.66(a)、(b)所示，Fe-As的特征峰应该出现在28.8°和58°，$Ca(OH)_2$的特征峰应该出现在17.81°和30.43°（JCPDS第84-1767号）。尽管施加半包裹稳定化材料和未施加半包裹稳定化材料的土壤中，浸提液中砷和镉浓度有显著差异，但XRD不能分辨出半包裹稳定化材料处理前后土壤的变化。XRD的检出限约为目标元素总浓度的1%。因此，砷和镉在土壤中占比相对较少，无法通过XRD分辨稳定化前后土壤的变化。这种现象与Hartley和Hamid等的研究结果类似，添加$Ca(OH)_2$和$FeSO_4$可以显著降低污染土壤中有效态砷和镉，但XRD无法区分添加和未添加稳定化材料的土壤中砷和镉的差异。

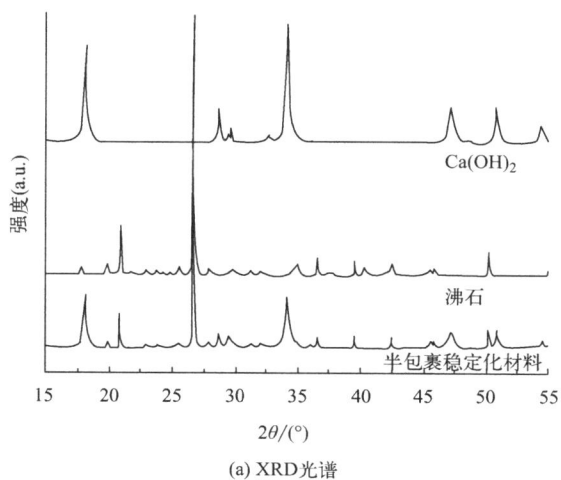

(a) XRD光谱

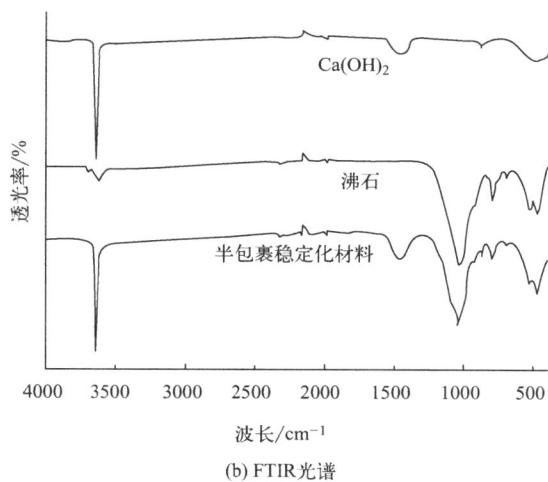

(b) FTIR光谱

图3.65 Ca(OH)₂、沸石和半包裹稳定化材料的XRD和FTIR光谱

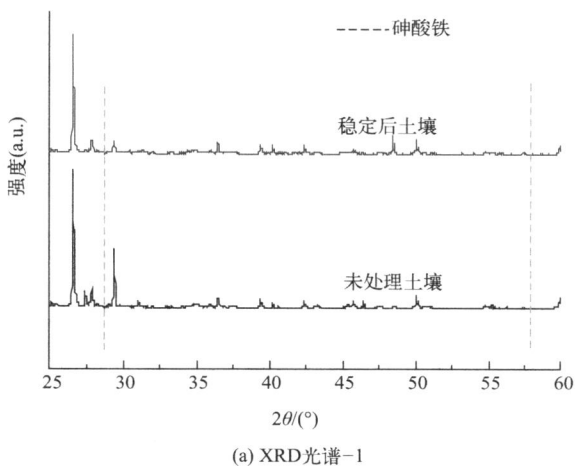

(a) XRD光谱-1

图3.66

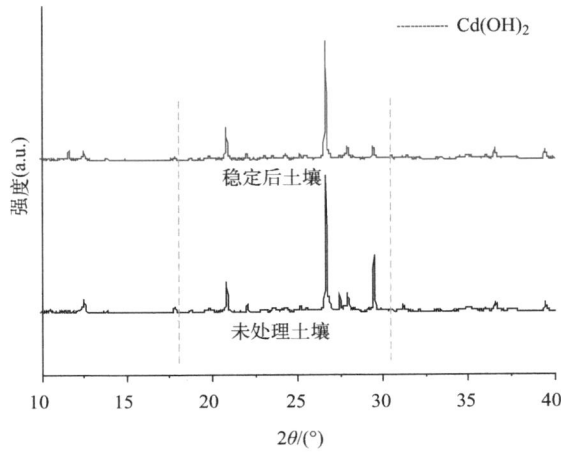

(b) XRD光谱-2

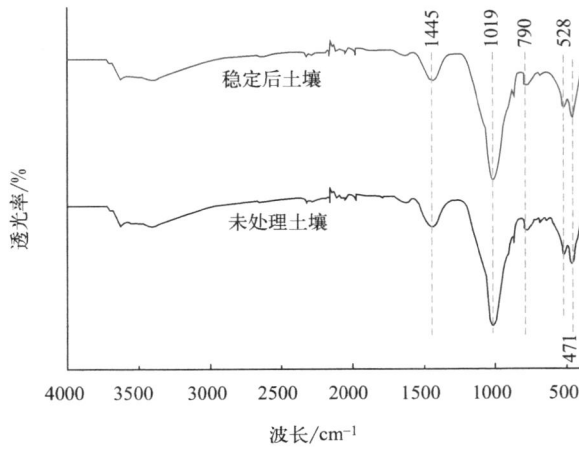

(c) FTIR光谱

图3.66 稳定化前后土壤的XRD和FTIR光谱

$Ca(OH)_2$、沸石和半包裹稳定化材料的FTIR光谱如图3.65 (b) 所示。$Ca(OH)_2$ 上羟基的拉伸振动特征尖峰出现在$3641cm^{-1}$，羟基的面内弯曲振动出现在$1454cm^{-1}$ 处。沸石的$3618cm^{-1}$峰为羟基，SiO_2的特征峰出现在$1163cm^{-1}$、$1031cm^{-1}$、$798cm^{-1}$、$779cm^{-1}$、$526cm^{-1}$和$472cm^{-1}$。在半包裹稳定化材料的FTIR光谱中，$Ca(OH)_2$和沸石具有明显的特征峰，表明这两种材料很好地包裹在一起。图3.65 (c)中，$1445cm^{-1}$处的峰代表处理和未处理土壤中H_2O的吸收峰，$471cm^{-1}$和$528cm^{-1}$处的峰代表土壤中的Fe—O 和Mn—O，$1019cm^{-1}$处的峰代表Fe—OH的弯曲振动。由于FTIR的检出限为5%，Fe—As的特征峰也不能被FTIR检测到。

3.3.4.2　电镜扫描及能谱分析

利用SEM-EDS分析了砷、镉稳定化前后样品形貌和元素分布的变化。$Ca(OH)_2$由形状不规则的颗粒组成，沸石多呈放射片状，它们分别由Ca、O、Al、Si、Mg、Fe和K组成（图3.67）。由图3.68（书后另见彩图）中Ca和Si元素的线分布可以看出，制备的小球中Ca元素主要在内部，Si元素主要在外部，同时也可以由图3.69（书后另见彩图）中半包裹稳定化材料外部和内部的EDS分析证明。此外，EDS图谱结果表明，半包裹稳定化材料边缘有较多的Si元素，中心有较多的Ca元素，表明$Ca(OH)_2$被沸石成功包裹 [图3.69（b）]。另外，小球的实物图片直接显示了球的清晰的包芯-包囊结构。因此，将$FeSO_4 \cdot 7H_2O$与小球按比例混合得到半包裹结构的稳定化材料。原始污染土壤中的大颗粒比稳定化后土壤中的大颗粒多，稳定化后土壤的形态已完全改变，出现更多的多边形晶体。

(a) $Ca(OH)_2$SEM图

(b) $Ca(OH)_2$EDS分析-1

元素	质量分数/%
O	13.31
Mg	41.87
Al	00.62
Si	00.27
K	01.16
Ca	42.77
Fe	13.31

(c) $Ca(OH)_2$EDS分析-2

(d) 沸石SEM图

图3.67

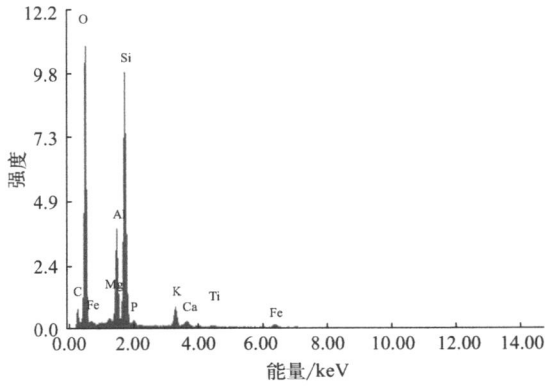

元素	质量分数/%
O	45.71
Mg	00.51
Al	09.45
Si	26.67
K	04.41
Ca	01.02
Fe	02.84

(e) 沸石EDS分析-1

(f) 沸石EDS分析-2

图3.67 Ca（OH）₂、沸石的SEM图，Ca（OH）₂和沸石EDS分析

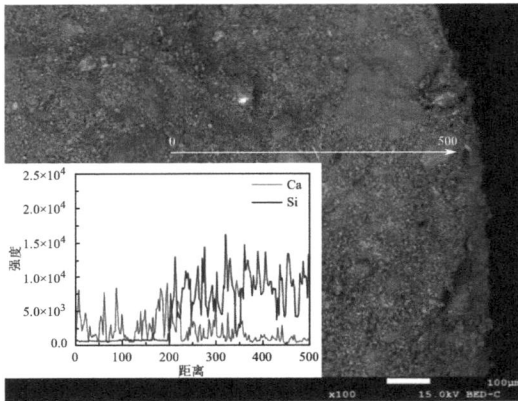

(a) SEM图-1
（插图表示Ca和Si元素的线分布）

(b) SEM图-2
（插图表示Ca和Si元素的分布）

(c) 稳定化前

(d) 稳定化后

图3.68 HWA的SEM图、稳定化前和稳定化后的土壤

(a) SEM图-1

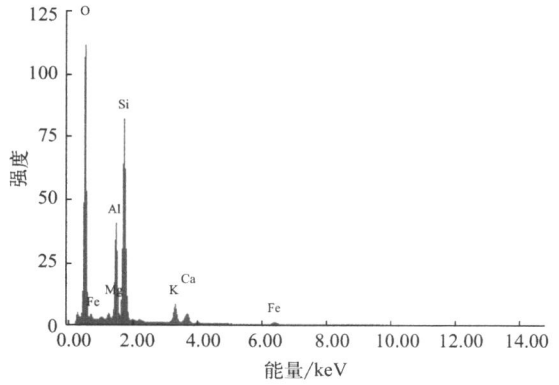

(b) 小球外表面EDS-1

元素	质量分数/%
O	51.26
Mg	00.83
Al	11.58
Si	27.23
K	04.42
Ca	02.71
Fe	01.98

(c) 小球外表面EDS-2

(d) SEM图-2

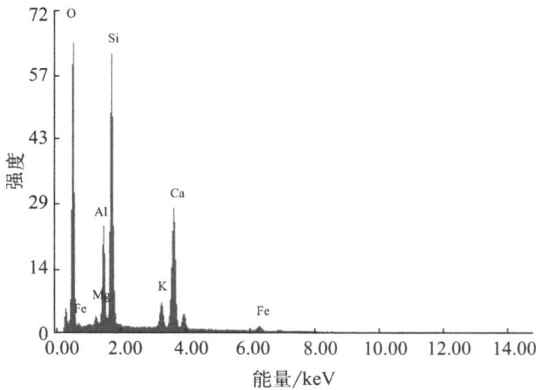

(e) 小球内部EDS-1

元素	质量分数/%
O	45.23
Mg	00.66
Al	07.23
Si	21.09
K	03.62
Ca	19.55
Fe	02.62

(f) 小球外部EDS-2

图3.69 半包裹稳定化材料的SEM图，小球外表面及内部的EDS分析

综上，半包裹镉-砷稳定化材料对重金属砷、镉的稳定化机理可总结为：通过组分$Ca(OH)_2$与镉生成沉淀。添加半包裹稳定化材料的土壤pH值保持在8.4左右，略高于污染土壤的pH值。镉与不溶性碳酸盐、氢氧化物和有机配合物生成沉淀，且

镉的溶解度随着pH值的增加而降低。此外，由于Fe^{2+}的作用，Cd^{2+}可能与铁酸盐发生共沉淀。半包裹稳定化材料稳定镉主要涉及以下反应过程：$Ca(OH)_2$的溶解和$Cd(OH)_2$、镉配合物沉淀以及与铁酸盐生成共沉淀。另外，组分$FeSO_4$、$Ca(OH)_2$与砷发生吸附和共沉淀。

3.4
凝胶型镉-砷稳定化材料研发

聚乙烯亚胺是一种具有大量氨基和亚氨基基团的线性高分子聚合物，因而对重金属具有很强的螯合能力和较好的捕获能力，并且具有较宽的pH值适用范围[20]；磁性四氧化三铁纳米颗粒比表面积大且表面电位高，能通过吸附和螯合作用去除砷。因为，制备由淀粉/CMC（羧甲基纤维素）稳定的聚乙烯亚胺与磁性四氧化三铁纳米颗粒的凝胶型材料，既能有效解决磁性四氧化三铁纳米颗粒易团聚、易氧化问题，同时凝胶型材料独特的物理化学特性和丰富的极性光能团（如羟基、氨基、羧基等），可通过静电剂配位作用有效去除土壤中的砷镉。

3.4.1 凝胶型稳定化材料制备与优化

3.4.1.1 供试土壤

根据试验需要，人工配制砷镉污染土壤用于稳定化材料的研究。其基本浸出浓度如表3.14所列。

表3.14 人工配制砷镉污染土壤浸出浓度

土壤编号	LAs/(mg/L)	LCd/(mg/L)	pH值
BY-6号	0.3182	0.0499	7.33
TH 2号	0.1309	0.0301	7.53

3.4.1.2 凝胶型稳定化材料制备与参数优化

（1）凝胶型稳定化材料制备

将铁盐（如三氯化铁、氯化亚铁、硫酸亚铁、硝酸铁）配制一定浓度的水溶液，氨化剂［如PEI（聚醚酰亚胺）、三乙烯四胺］配制为一定浓度的水溶液。在搅拌条件下，在三孔烧瓶中将铁盐溶液按照一定比例滴入氨化剂溶液中，置于水浴锅中，在55~65℃下，搅拌20～40min，得到混合液A；在混合液A中滴入氨水，将反应体系pH值控制在9~10，在65~80℃下搅拌20～40min；然后加入一定浓度的多糖溶液［CMC、SA（海藻酸钠）］，混合均匀后，加入交联剂ECH（环氧氯丙烷）并在50～80℃下搅拌反应3～6h，得负载铁氧化物的多孔高分子凝胶型稳定化材料。

（2）凝胶型稳定化材料制备参数优化

1）不同氨化剂制备的凝胶材料对重金属的稳定化效果

采用不同氨化剂［PEI（分子量600）、PEI（分子量1800）、PEI（分子量10000）、三乙烯四胺（TET）、五乙烯六胺（PEH）］制备负载铁氧化物的高分子凝胶材料，PEI（分子量分别为10000、1800、600）、不同短链氨化剂（TET、PEH）对应制备的负载铁氧化物的高分子凝胶材料编号为A、B、C、D、E，将上述凝胶材料以4.5%的比例与土壤混合，加水养护3d后进行毒性浸出试验，检测其对砷、镉的去除效果。结果显示（图3.70），PEI分子量对镉的稳定化几乎无影响，而随着PEI分子量减小，其对砷的稳定化率提高。不同种类短链氨化剂对砷稳定化率影响不大，PEH制备的凝胶材料比TET对镉的稳定化率高10%。在同一制备条件下，与PEI制备的凝胶材料相比，短链氨化剂制备的凝胶材料对砷的稳定化率更优，可达90%。在同一制备条件下，与短链氨化剂制备的凝胶材料相比，PEI制备的凝胶材料对镉的稳定化率更高，可达90%。考虑到实际应用时成本及效果要兼顾，因此，最终选择成本更低的小分子量PEI（分子量600）和短链三乙烯四胺（TET）作为氨化剂。

2）不同多糖材料制备的凝胶材料对重金属的稳定化效果

采用不同多糖材料［羧甲基纤维素（CMC）、海藻酸钠（SA）、葡萄糖（CTS）］制备负载铁氧化物的高分子凝胶材料。将上述凝胶材料以4.5%的比例与土壤混合，加水养护3d后进行毒性浸出试验，检测其对砷、镉的去除效果。结果如图3.71所示，在其他制备条件相同时，3种多糖（CMC、CTS、SA）制备的负载铁氧化物的高分子凝胶材料A、B、C对镉的稳定化率分别为98.34%、99.17%和98.67%，对砷的

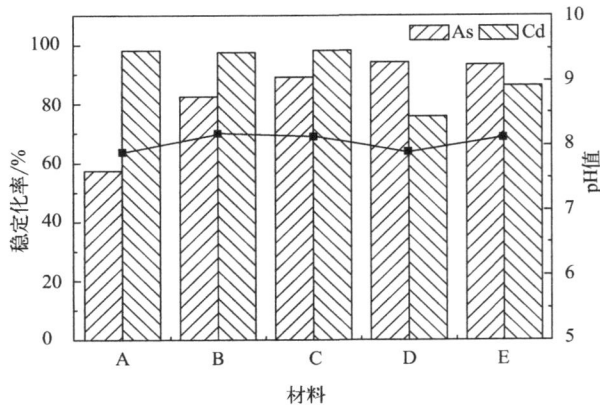

图3.70 不同氨化剂制备胶体材料对砷镉稳定化率的影响

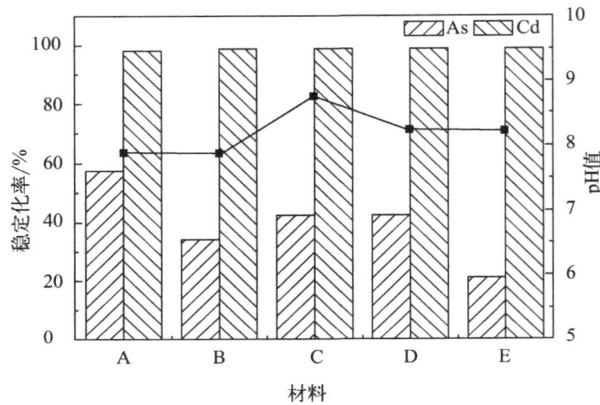

图3.71 不同多糖制备胶体材料对砷镉稳定化率的影响

A—CMC；B—CTS；C—SA；D—SA翻倍；E—CMC翻倍

稳定化率分别为57.45%、33.99%和42.55%。与高分子凝胶材料C相比，当SA的添加量翻倍时（高分子凝胶材料D），其对砷镉的稳定化率几乎无变化。与高分子凝胶材料A相比，当CMC翻倍时（高分子凝胶材料E），对砷的稳定化率由57.45%降到21%。不同多糖材料制备的凝胶材料对土壤砷的稳定化效果为CMC > SA > CTS。另外一个需要考虑的因素是材料制备后的分离，不同多糖材料制备的凝胶材料易沉淀程度为SA > CMC > CTS。因此，选择易沉降且稳定化率较高的SA作为多糖原材料。

　　3）氨水添加制备的凝胶材料对重金属的稳定化效果

　　在其他制备条件相同的情况下，探讨制备过程中是否添加氨水对高分子凝胶材料钝化效果的影响。氨化剂为PEI时，添加氨水的高分子凝胶材料为A，未添加氨水的高分子凝胶材料为B；氨化剂为TET时，添加氨水的高分子凝胶材料为C，未添加氨水的高分子凝胶材料为D。将上述凝胶材料以4.5%的比例与土壤混合，加水养护

3d后进行毒性浸出试验，检测其对砷、镉的去除效果。结果如图3.72所示，添加氨水的高分子凝胶材料对土壤砷、镉稳定化效果基本高于未添加的高分子凝胶材料。

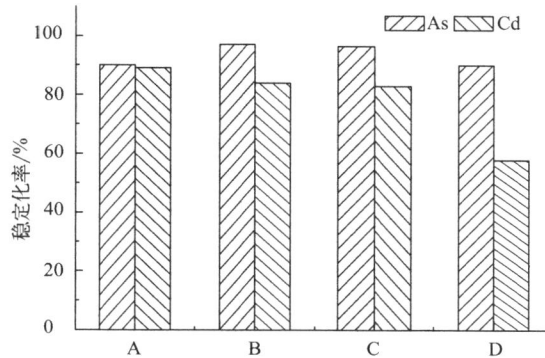

图3.72　氨水施加对稳定化效果的影响对砷镉稳定化率的影响

4）不同氨化剂添加量制备的凝胶材料对重金属的稳定化效果

按照同一制备顺序，氨化剂分别选择PEI和TET，其他物质添加质量不变，氨化剂的质量分别为1.2g、2.4g、4.8g，制备高分子凝胶材料。将上述凝胶材料以4.5%的比例与土壤混合，加水养护3d后进行毒性浸出试验，检测其对砷、镉的去除效果。结果显示［图3.73（a）］，随着PEI添加量的增大，对砷的稳定化率先上升再下降，对镉的稳定化率略微下降。当铁盐过量、PEI少量时，铁盐未全部与PEI上的—NH结合，使得部分铁盐并未生成铁氧化物，因此对砷的稳定化率低。当铁盐少量、PEI过量时，PEI的交联度过高，将铁氧化物包在聚合物内部，因此对砷的稳定化率低。图3.73（b）显示，随着TET添加量的增大，对镉的稳定化率下降，对砷的稳定化率变化不大。

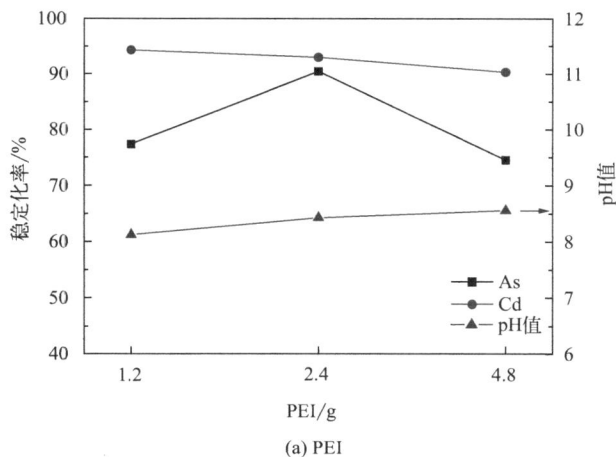

(a) PEI

图3.73

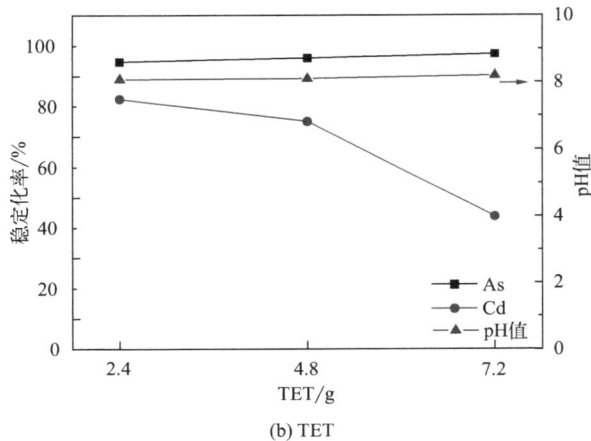

图3.73 PEI/TET添加量对多孔高分子凝胶型稳定化材料稳定化率的影响

（3）稳定化参数优化试验

1）添加比例

将凝胶材料按照不同比例加入污染土壤中，结果显示（图3.74）随着凝胶材料（PEI）添加比例的增加，砷、镉的稳定化率逐渐升高，当添加比例为4.5%时，对砷、镉的稳定化率分别为90.45%和93.02%；随着凝胶材料（TET）在污染土壤中添加比例的增加，砷、镉的稳定化率逐渐升高，当添加比例为4.5%时，对砷、镉的稳定化率分别为94.73%和82.39%。因此，凝胶材料（TET）的最优添加比例为4.5%。污染土壤中砷和镉的初始浸出浓度分别为0.13mg/L和0.03mg/L，在添加凝胶材料（PEI）和凝胶材料（TET）后，均可以使其浸出浓度低于地表水环境质量Ⅲ类限值，考虑到实际应用中TET成本更低，因此采用凝胶材料（TET）稳定化材料开展进一步研究。

2）养护时间

将凝胶材料加入污染土壤中，研究不同养护时间下凝胶材料对稳定化效果的影响。结果如图3.75所示。随着稳定化时间的延长，凝胶材料（TET）稳定化率逐渐升高，在24h达到稳定化平衡。砷在2h时即可达到86%的稳定化率，而此时镉的稳定化率为58%，这可能是因为α-FeOOH负载在高分子凝胶材料表面，且为纳米级，比表面积大，能够快速与土壤中的砷结合。

综上，凝胶型稳定化材料的最佳制备参数如下：氨化剂为PEI（600）或者TET，其含量为2.4g，多糖材料为SA，制备过程中添加氨水。凝胶型稳定化材料的使用工艺参数为：养护时间为24h，添加比例为4.5%。

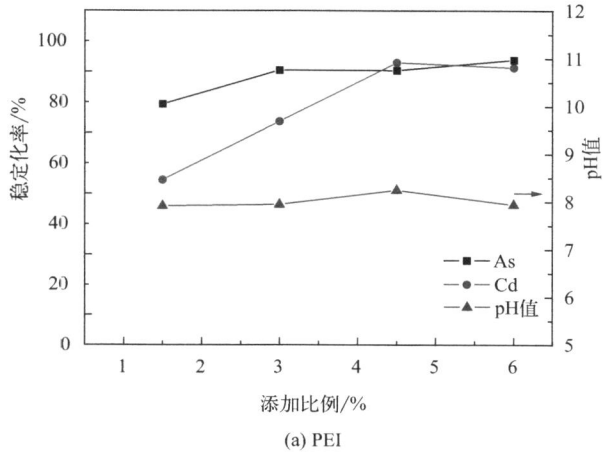

(a) PEI

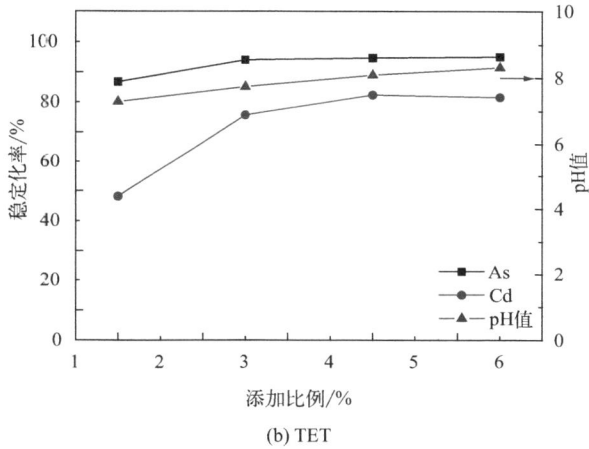

(b) TET

图3.74 添加比例对砷镉的稳定化效果的影响

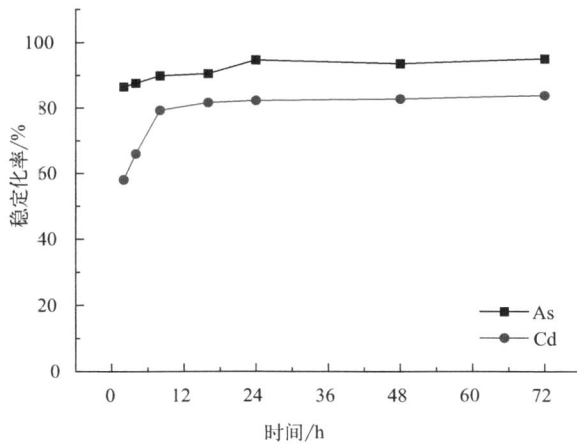

图3.75 不同养护时间对稳定化效果的影响

3.4.2 稳定化材料理化性能分析

3.4.2.1 电镜扫描及能谱分析

凝胶型稳定化材料具有高度相互连接的大孔网络［图3.76（书后另见彩图），浅部代表壁，灰色部分代表孔］，且高密度交联，这是水凝胶的典型形态特征。此外，这种多孔结构（微米级）有利于可提取态重金属扩散到凝胶的内部活性中心，从而促进砷镉等重金属的稳定化。FeOOH均匀分布在材料上，且为纳米级颗粒，表明该制备方法可以成功在凝胶材料上均匀负载铁氧化物。EDS图（图3.77，书后另见彩图）显示氧元素、氮元素和铁元素为该材料的主要组成元素。

(a)　　　　　　　　　　(b)

(c)　　　　　　　　　　(d)

图3.76　负载铁氧化物的多孔高分子凝胶型稳定化材料的SEM图

元素	质量分数/%	原子分数/%
N	18.26	27.75
O	38.65	51.45
Cl	19.91	11.96
Fe	23.18	08.84

注：采用ZAF定量校正法，Z表示原子序数校正因子，
A表示吸收校正因子，F表示荧光校正因子

图3.77 负载铁氧化物的多孔高分子凝胶型稳定化材料的EDS图

3.4.2.2　XRD图谱分析

凝胶型稳定化材料的XRD图（图3.78）显示，21°、33°、35°、36°、53°、59°和64°处的衍射峰为—FeOOH的特征衍射峰（JCPDS 29-0713）。证明负载在凝胶材料上的铁氧化物为—FeOOH。据报道，—FeOOH对砷有很强的稳定化能力，这是该材料能够高效稳定化砷的重要结构因素。

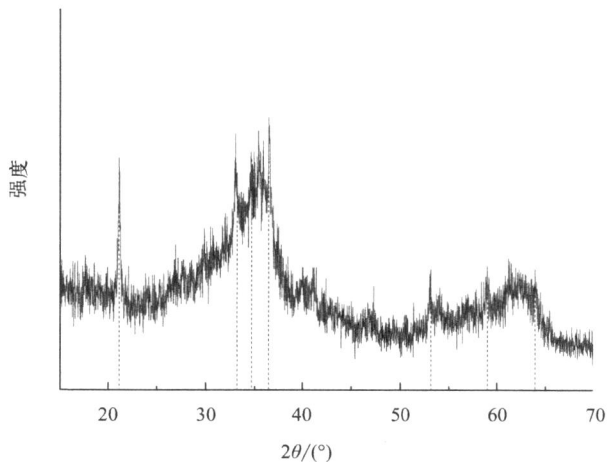

图3.78 负载铁氧化物的多孔高分子凝胶型稳定化材料的XRD图谱

3.4.2.3　FTIR图谱分析

凝胶型稳定化材料FTIR图（图3.79）显示，产物中885cm^{-1}和815cm^{-1}处的两条谱带是Fe—OH的特征弯曲振动，607cm^{-1}是Fe—O的特征弯曲振动。另外，2854cm^{-1}和2921cm^{-1}处的两个峰可归属于PEI和TET链上CH$_2$的对称和不对称拉伸。

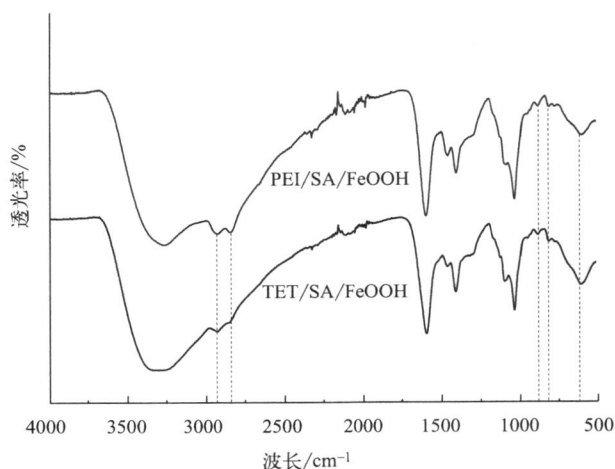

图3.79 负载铁氧化物的多孔高分子凝胶型稳定化材料FTIR图

3.4.2.4　XPS图谱分析

凝胶型稳定化材料的XPS图（图3.80）显示，在285eV、400eV、531eV和711eV处的宽扫描XPS光谱的光电子谱线，分别表示C 1s、N 1s、O 1s和Fe 2p，印证了该凝胶材料中存在高含量的元素C、N、O和Fe［图3.79（a）］。在高分辨率Fe 2p XPS光谱中［图3.80（b）］，710.5eV和723.1eV处的Fe $2p_{3/2}$和Fe $2p_{1/2}$峰是α-FeOOH的特征位置，表明凝胶材料中存在α-FeOOH纳米棒。图3.80（c）中，高分辨率N 1s光谱揭示了胺（398.1eV）和N^+（400.2eV）的存在，无论是以其原始胺形式，还是通过交联连接到SA上的形式，材料中均存在TET聚合物。在高分辨率O 1s XPS光谱中［图3.80（d）］，532.1eV、531.2eV和529.6eV处的3个峰分别代表C—O—H、C═O

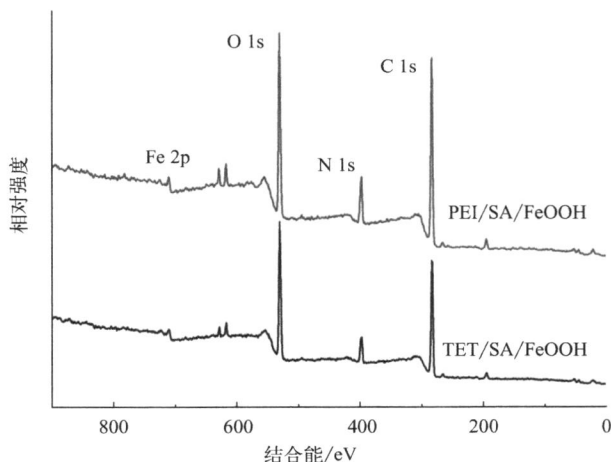

(a) C 1s、N 1s、O 1s、Fe 2p

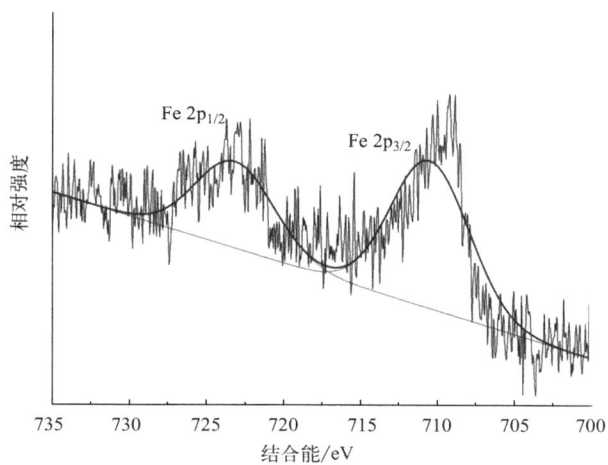

(b) Fe 2p

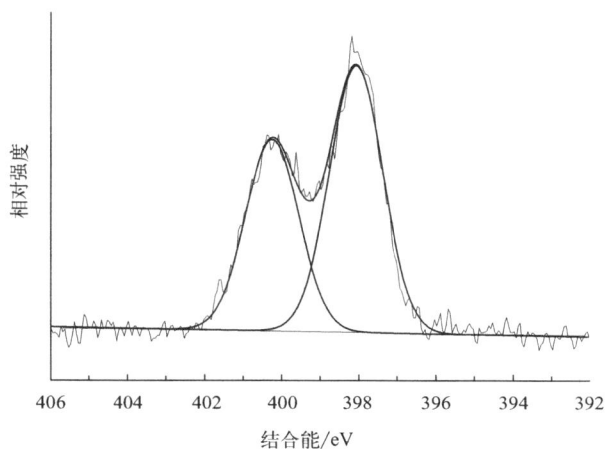

(c) N 1s

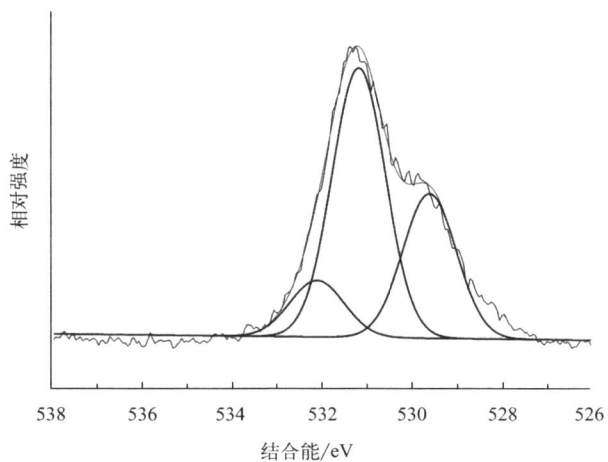

(d) O 1s

图3.80 负载铁氧化物的多孔高分子凝胶型稳定化材料的XPS谱图

和C—O—C。

综上，对凝胶型稳定化材料的表征进行解析可知：一方面，砷通过与负载的α-FeOOH表面的—OH等基团进行配位交换而吸附到铁氧化物上；另一方面，氨化剂上的氨基与镉发生配位反应，另外与海藻酸钠上的羧基发生静电吸引。因此，该材料可达到同步稳定化土壤中砷和镉的目的。

参考文献

[1] 曾嘉庆，高文艳，李雪，等.有色冶炼场地重金属污染特征与修复研究进展[J].中国有色金属学报，2023，33（10）：3440-3461.

[2] 李倩.典型有色金属矿区Cd、Pb、As复合污染土壤稳定化修复试验研究[J].湖南有色金属，2020，36（01）：55-60.

[3] O"connoR D，Peng T，Zhang J，et al. Biochar application for the remediation of heavy metal polluted land：A review of *in situ* field trials[J]. Science of the Total Environment，2018，619-620：815-826.

[4] Xia Y，Liu H，Guo Y，et al. Immobilization of heavy metals in contaminated soils by modified hydrochar：Efficiency，risk assessment and potential mechanisms[J]. Science of the Total Environment，2019，685：1201-1208.

[5] 余姗，薛利红，花昀，等.水热炭减少稻田氨挥发损失的效果与机制[J].环境科学，2020，41（02）：922-931.

[6] 陶梦铭.铁镁氧化物负载胡敏酸对砷镉的吸附及对其在水稻中含量的影响[D].杭州：浙江大学，2019.

[7] 于焕云，崔江虎，乔江涛，等.稻田镉砷污染阻控原理与技术应用[J].农业环境科学学报，2018，37（07）：1418-1426.

[8] Cao Xinde，Ma L Q，Rhue D R，et al. Immobilization of Zn，Cu and Pb in contaminated soil using phosphate rock and phosphoric acid[J]. Journal of Hazardous Materials，2009，164：555-564.

[9] 陈凌嘉，薛文静，黄丹莲，等.海藻酸钠改性纳米零价铁对底泥中Cd的稳定化研究[J].环境污染与防治，2018，40（12）：1364-1368.

[10] 张学庆，费宇红，田夏，等.磷改性生物炭对Pb、Cd复合污染土壤的钝化效果[J].环境污染与防治，2017，39（09）：1017-1020.

[11] 王玉婷，徐文波，沈银，等.不同改良剂对镉铅污染土壤修复效果研究[J].广州化工，2018，46（19）：103-104，108.

[12] 欧阳坤，游萍，李倩，等.一种重金属污染土壤修复材料及其制备方法和应用：CN202011270973.9[P].2021-07-27.

[13] 游萍，欧阳坤，李倩，等.一种拮抗重金属污染土壤的修复方法：CN202011267031.5[P].2022-06-07.

[14] 陈伟，李灿，彭达，等.一种土壤重金属稳定剂及其制备方法与应用：CN202210860334.0[P].2023-11-24.

[15] 李倩，李灿，彭达，等.一种用于处理重金属污染土壤的改性水热炭材料及其制备方法与应用：CN202210860342.5[P].2023-12-22.

[16] 魏晓欣.含磷物质钝化修复重金属复合污染土壤[D].西安：西安科技大学，2010.

[17] 刘昭.改性磷矿浮选尾矿对重金属吸附特性及土壤修复效应研究[D].泉州：华侨大学，2020.

[18] 桂娟，常海伟，和君强，等.中南有色冶炼场地与周边土壤重金属污染概况及稳定化修复技术研究进展[J].中国农学通报，2022，38（27）：86-93.

[19] 丁振亮.天然磷灰石的改性及其对重金属复合污染土壤的稳定化修复研究[D].上海：上海交通大学，2015.

[20] 孙俊豪.水滑石基水凝胶去除水中重金属的应用研究[D].济南：济南大学，2019.

第 **4** 章
稳定化材料筛选
和性能评估指标
体系及规模化制
备系统

4.1
稳定化材料筛选和性能评估指标体系

随着我国城市化与工业化的加速推进，土壤及地下水污染问题愈发严重，成为影响生态环境与人体健康的关键环境问题。稳定化修复技术因其修复周期短、成本较低、施工操作灵活、适用范围广泛等优势，在我国土壤修复工程实践中得到了较为普遍的应用[1]。然而，不同种类稳定化药剂对不同重金属污染土壤的稳定效果存在差异，且不当使用稳定化药剂可能导致二次污染等环境问题。因此，构建一套针对重金属污染土壤的稳定化药剂筛选指标体系，对于优化稳定化药剂的选择、降低二次污染风险、提升土壤修复效果具有重要的现实意义。

对于稳定化材料，单一评价指标往往不足以准确评估其对重金属污染土壤的修复效果。一个全面的性能评估指标体系应包括多个维度，例如重金属形态转化指标，它有助于了解重金属在稳定化处理后从高活性形态（如可交换态）向稳定形态（如残渣态）的转变情况；浸出毒性指标，通过模拟各种环境条件（如酸雨淋溶）来评估重金属的浸出量，从而直观反映处理后土壤的环境安全性；还包括土壤物理化学性质的改变情况等，这些指标共同从多个角度综合评价稳定化处理的实际效果。因此，开展稳定化材料的筛选和性能评估指标体系的构建工作对于全面衡量稳定剂的修复效果至关重要。

在众多可供选择的土壤稳定化材料或修复方案中，一个统一的性能评估指标体系能够提供客观标准，以便进行比较。依据各项指标的数值，可明确对比出不同材料在降低土壤中重金属生物有效性方面的显著性差异，以及在不同方案下土壤长期抵抗外界环境干扰的稳定性。这为选择最优修复策略提供了有力的决策支持。因此，构建稳定剂材料筛选和性能评估指标体系将有助于更精确地比较不同材料或方案的优劣。

在有色金属冶炼场地土壤修复项目中，性能评估指标体系扮演了标准化准则的角色。从实验室的初试、中试直至现场的大规模应用，均可以依据这些指标对稳定化过程进行监控，以确保达到预期目标。及时识别问题并调整修复策略，可保障修复后的土壤质量满足既定的环境标准，从而实现对修复质量的精准控制。因此，建立稳定剂材料筛选与性能评估指标体系，对于规范修复流程和质量控制具有重要意义。

　　在构建了全面的性能评估指标体系之后，即便在土壤修复工作完成后进入长期监测阶段，我们仍然可以依据这些指标来持续评估土壤中重金属的稳定性等状况。这有助于实时掌握土壤环境质量的变化，为可能需要的维护管理、风险预警等后续工作提供关键数据支持，确保场地土壤的长期环境安全。因此，构建稳定化材料筛选和性能评估指标体系将为后续的监测和管理提供重要的参考依据。

4.1.1　稳定化材料性能指标

　　用于修复重金属污染土壤的稳定化材料主要有无机材料类、有机材料类、工业废渣类等。各类别及其涉及的常用性能指标如下所述。

4.1.1.1　无机材料类

　　主要包括黏土矿物[2-9]、磷酸盐类[10-18]、硫化物类[19]、金属及其化合物类[20-26]等。

　　（1）黏土矿物

　　黏土矿物涉及的性能指标主要有比表面积、离子交换量以及晶体结构等。黏土矿物通常具有较大的比表面积，如蒙脱石的比表面积可达 $700 \sim 800 m^2/g$[27]，高岭石的比表面积也有 $10 \sim 20 m^2/g$[28]。较大的比表面积使其具有较强的吸附能力，能够为重金属离子提供大量的吸附位点[7]。黏土矿物通常具有较高的离子交换量，如蒙脱石的阳离子交换量可达 $80 \sim 150 cmol/kg$[29]，可通过离子交换作用吸附土壤中的重金属离子，将其固定在矿物表面，从而降低重金属的生物有效性和迁移性。黏土矿物一般具有层状或片状的晶体结构，层间存在可交换的阳离子，重金属离子可以进入层间或吸附在表面，这种结构特点使其对重金属离子具有良好的容纳和固定能力。

　　（2）磷酸盐类

　　磷酸盐类涉及的性能指标主要有溶解性、沉淀反应、缓冲能力等[10]。磷酸盐类在水中的溶解性相对较低，如磷灰石在水中的溶解度较小，能够在土壤环境中缓慢释放磷酸根离子。这使得它能够持续与重金属离子反应，生成难溶性的磷酸盐沉淀，从而长期稳定重金属。磷酸盐类与重金属离子具有很强的沉淀反应能力[11]，能与铅、镉、锌等多种重金属形成稳定的磷酸盐沉淀，如羟基磷灰石与铅离子反应生成羟基磷酸铅沉淀，其溶度积常数极低，沉淀稳定性高。部分磷酸盐材料具有一定的pH

缓冲能力，在一定程度上能够调节土壤的酸碱度，使土壤环境更有利于重金属的稳定化[15,16]。

（3）硫化物

硫化物能够与土壤中的重金属离子迅速反应，生成难溶性的硫化物沉淀，如硫化铅、硫化镉等。这些硫化物沉淀的溶解度极低，具有很高的稳定性，能够有效降低重金属的生物有效性。反应速度较快，在短时间内即可与重金属离子发生反应，生成沉淀，因此在应急处理或快速稳定重金属方面具有优势。硫化物在水中有一定的溶解性，但在土壤环境中，由于与重金属离子反应生成沉淀后，其溶解性大大降低，稳定性增强。在土壤环境中，黄铁矿可以缓慢氧化，释放出硫化物离子，与重金属离子结合形成硫化物沉淀。同时，其氧化过程会消耗土壤中的氧气，创造还原环境，有利于重金属的稳定化。其性能指标主要涉及氧化还原特性、晶体结构、沉淀反应速度等等。

（4）金属及其化合物类

金属及其化合物类稳定化材料包含了铁基[22]（零价铁、赤铁矿、黄铁矿、聚铁类等）、钙基（石灰、石灰石、石膏等）、铝基（聚铝、赤泥）等。

① 在铁基材料领域中，零价铁展现出显著的还原能力，能够有效地还原多种污染物，从而实现对受污染土壤和水体的修复；赤铁矿作为一种来源广泛、成本低廉的材料，其结构稳定性强，能够长期发挥吸附作用；黄铁矿具备自供氧能力，在特定条件下能够持续进行反应；聚铁类材料在水解过程中产生大量多核羟基配合物，絮凝效果优异，能够高效去除水中的悬浮物和胶体。

② 在钙基材料领域中，石灰具有强烈的碱性，可以调节土壤或废水的酸碱度，并且能与重金属离子反应生成沉淀；石灰石成本低、储量丰富，适用于环境治理的多个方面；石膏能够改善土壤结构，提升土壤的通气性，且化学性质稳定，使用安全可靠。

③ 铝基材料方面，聚铝水解速度快，形成的絮凝体大而密实，净水效果显著；赤泥富含多种金属元素，可实现综合利用，同时它还具有一定的吸附性，能够处理废水中的杂质，实现废物的循环利用。

金属及其化合物类稳定化材料来源广泛、储量丰富，大多数成本较低，应用场景多样。涉及的性能指标包括粒径、比表面积和表面性质、还原性能、表面吸附能力、反应活性等[20-26]。

4.1.1.2 有机材料类

有机材料类稳定化材料主要有生物炭、有机堆肥类等。

（1）生物炭基材料

生物炭基材料涉及的性能指标主要有比表面积、孔隙结构、表面官能团、稳定性和持久性等[30]。生物炭具有高度发达的孔隙结构和较大的比表面积，比表面积通常在几十到几百 m²/g 不等。丰富的孔隙为重金属离子提供了大量的吸附位点，使其能够通过物理吸附作用固定重金属[31]。生物炭表面含有丰富的官能团，如羧基、羟基、羰基等，这些官能团可以通过配位、离子交换等作用与重金属离子结合，增强对重金属的吸附能力[32]。生物炭在土壤环境中具有较好的稳定性和持久性，不易被微生物分解，能够长期存在于土壤中，持续发挥稳定化作用。

（2）有机堆肥类

有机堆肥稳定化材料涉及的性能指标主要有有机质含量、微生物活性及养分含量等。有机堆肥材料通常含有丰富的有机质，有机质中的腐殖质等成分含有大量的活性官能团，能够与重金属离子发生配位反应，形成稳定的配合物，降低重金属的活性[32]。有机堆肥材料通常富含各种微生物，微生物在分解有机物的过程中会产生一些代谢产物，如有机酸、多糖等，这些物质可以与重金属离子相互作用，同时微生物的活动还可以改变土壤的理化性质，间接影响重金属的形态和迁移性。有机堆肥中含有一定量的氮、磷、钾等养分，在稳定重金属的同时还能起到一定的土壤改良作用，提高土壤肥力。

4.1.1.3 工业废渣类

工业废渣类稳定化材料主要包括钢渣、粉煤灰、赤泥等。其性能指标主要有碱性、活性含量、孔隙结构、颗粒特性等[33]。工业废渣类稳定化材料具有较高的碱性，pH 值通常在 10 ~ 12，能够提高土壤的 pH 值，使土壤中的重金属离子形成氢氧化物沉淀，从而降低工业废渣类稳定化材料的迁移性。

① 钢渣含有大量的铁、钙、镁等金属氧化物，这些金属氧化物可以与重金属离子发生吸附、沉淀和离子交换等反应，将重金属固定在钢渣表面或内部。

② 粉煤灰主要成分是硅铝酸盐矿物，硅铝酸盐具有较大的比表面积和离子交换能力，能够与重金属离子发生离子交换和吸附作用，从而固定重金属。粉煤灰具

有一定的火山灰活性，在土壤环境中能够与水和二氧化碳等发生反应，生成具有胶凝性的物质，这些物质可以填充土壤孔隙，将重金属离子包裹在其中，降低其迁移性。

③ 赤泥为铝土矿冶炼过程中产生的废弃物，含有较高的铁、铝等元素，其独特的孔隙结构和化学组成使其对重金属离子具有较强的吸附和固定能力。

工业废渣类稳定化材料具有一定的孔隙结构，能够为重金属离子提供吸附位点。材料颗粒细小，具有较大的比表面积，能够增加与重金属离子的接触面积，提高吸附和固定效果。

4.1.2 稳定化材料筛选和性能评估模型

在文献数据调研收集的基础上，基于稳定化率与材料理化性质的相关性，构建稳定化材料筛选及评估方法。具体流程（图4.1）为：首先对既有的性能指标归一化数据进行深入分析，以确立数据的分级标准，并据此赋予相应的得分；继而采用Pearson（皮尔逊）相关性分析方法，计算不同性能指标与稳定化率的相关系数，进而确定指标权重，形成评价公式；依据该评价公式，计算材料的稳定化性能得分，并与原始得分结果进行回归分析，以计算拟合度；随后调整分级标准，优化拟合度，确定最佳权重和评价公式，最终构建出稳定化材料性能指标的筛选和评价体系。

4.1.2.1 文献调研与指标筛选

对国内外学术数据库进行关键词检索，提取了相关的试验数据。具体而言，以"重金属（+）、稳定化、土壤、钝化……"（英文对应关键词为"heavy metal+、stabilization、remediation、immobilization、contaminated soil…"等）为检索词，对文献中所涉及的材料性能指标进行了搜集，并计算了材料对重金属的稳定化率。经过筛选，共得到124篇相关文献和871组数据。进一步地，本研究运用理论分析法对所搜集的数据进行筛选，剔除了稳定化率≤0的数据、缺少材料性能指标的数据以及研究对象非土壤中阳离子重金属污染的数据，最终筛选出65篇有效文献和324组有效数据。

数据集涵盖的材料类型主要包括稳定化材料、黏土矿物材料、工业废渣以及尾矿等。共计12项性能指标经过统计分析，计算得出各指标在数据集中的相对频度与

文献调研

第一阶段
文献调研和数据收集

性能指标和稳定化数据提取和无效数据剔除 ← 初步掌握稳定化材料性能指标列表

指标筛选(文献分析法结合专家评估法)

第二阶段
文献数据分析

数据相关性分析(采用Pearson相关性分析法) — 分析确定稳定化材料性能指标与稳定化性能相关性

符合专家判定　　不符合

第三阶段
性能指标赋分分级

根据已有数据分布情况,对性能指标和稳定化率进行分级赋分,划定等级和对应得分(数理统计结合专家咨询法) — 确定稳定化材料性能指标与稳定化性能分级标准

根据各指标得分,重新生成数据表

数据相关性分析 — 验证确定稳定化材料性能指标与稳定化性能相关性

符合第二阶段分析结果和专家判定　　不符合

第四阶段
性能指标权重分级

提取相关系数因子

计算权重(相关系数/所有性能指标相关系数加和) — 确定稳定化材料性能指标权重

形成稳定化材料性能计算公式 — 确定稳定化材料性能指标评价公式

第五阶段
性能指标评估体系构建

通过线性拟合法分析稳定化材料稳定化率计算得分与分级得分间契合度,调整两组数据相关系数

调整成功　　失败

代入验证数据评估公式的适用性

验证成功　　失败

形成稳定化材料筛选和性能评估指标体系 — 建立稳定化材料性能评估指标体系

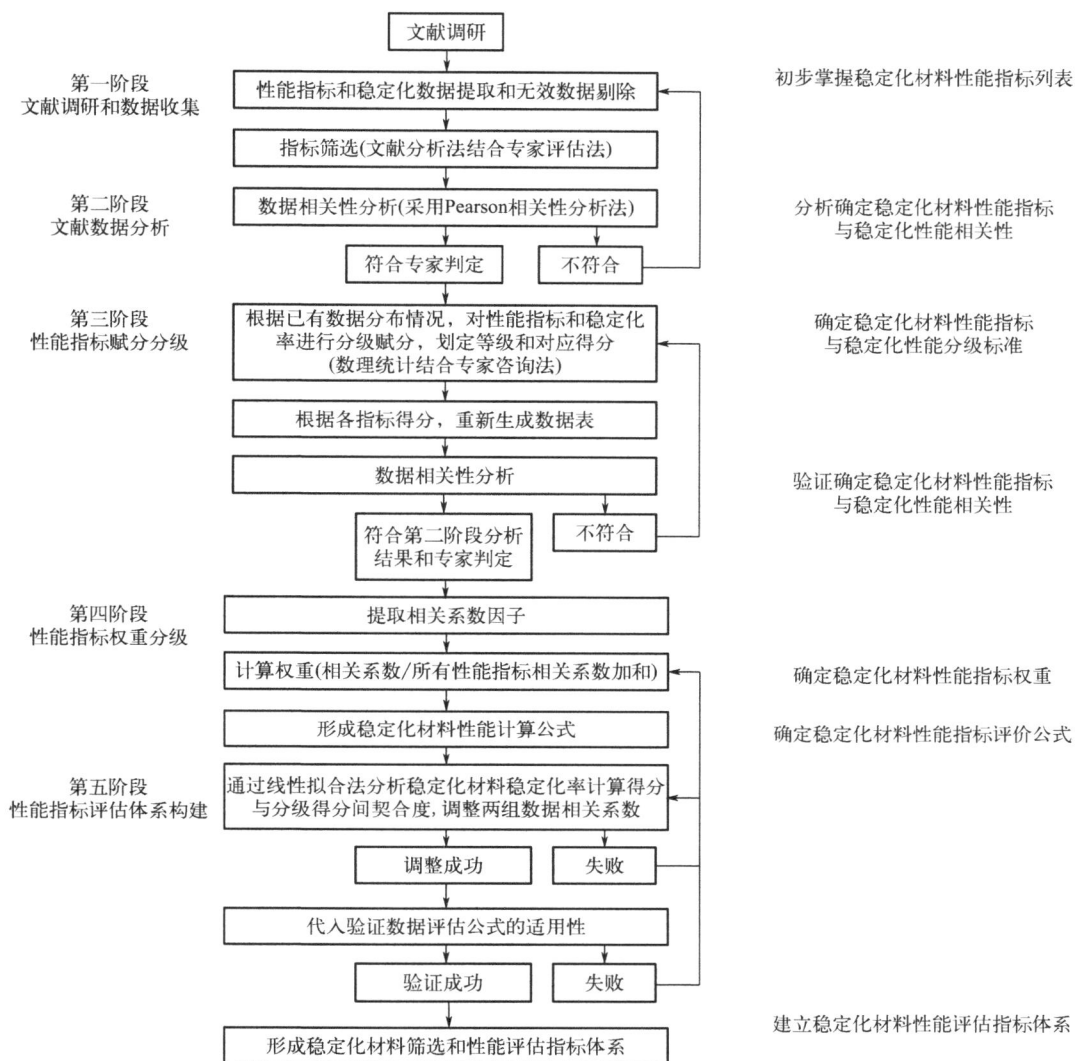

图4.1 稳定化材料筛选和性能评估指标体系构建方法流程

相对密度。分析结果详见表4.1。从表中数据可以看出,粒径指标在数据集中的相对密度值显著低于其他指标(存在数量级上的差异),其对材料性能的影响相对较小。此外,粒径与孔径对材料稳定化性能的影响机制具有相似性,因此在构建最终的体系研究指标时,将粒径指标排除在外,最终确定的研究指标为11项。

表4.1 文献指标相对频度与密度分析

指标名称	文献数	组数	相对频度	相对密度
比表面积	31	163	0.119	0.119
粒径	5	13	0.019	0.009

指标名称	文献数	组数	相对频度	相对密度
孔径	10	33	0.038	0.024
电导率	10	99	0.038	0.072
灰分	16	81	0.061	0.059
pH值	57	269	0.218	0.196
总碳	27	148	0.103	0.108
总氮	39	185	0.149	0.135
总氢	19	89	0.073	0.065
总氧	12	58	0.046	0.042
有机质	10	47	0.038	0.034
CEC	25	188	0.096	0.137

注：相对密度是指某一特定指标在所有文献中出现的频率与所有指标在所有文献中出现的总频率之比。相对频度是指某一特定指标在文献中出现的次数占总文献数量的比例，与所有指标出现次数比例的总和之比。

对所收集数据进行稳定性及性能指标的Pearson相关性分析，结果表明土壤阳离子重金属污染的稳定化修复效果与材料的比表面积、pH值、电导率（EC）、阳离子交换量（CEC）以及有机质含量之间存在正相关关系。材料通过表面官能团的配位或离子交换作用稳定重金属离子，并同步提升土壤的pH值及配位重金属的能力。然而，稳定化效果与材料的灰分含量呈负相关，高灰分含量暗示材料的有机组分含量较低，表面官能团较少，这可能会降低稳定化效果。稳定化材料与总碳、总氢和总氧含量呈正相关，与总氮含量呈负相关，这可能与含氧官能团（如羟基和羧基）与重金属的配位作用有关。此外，稳定化材料与孔径呈负相关，这可能与材料表面的吸附能力以及材料中不同尺寸孔隙的吸附能力相关。

4.1.2.2 评估模型构建与验证

鉴于不同性能指标数据间及其与稳定化率数据间存在显著的数值差异，这些差异可能会在构建体系时引入干扰。为降低指标值大小差异带来的影响，对稳定化率和材料理化性质进行赋分分级。得分分级结果详见表4.2。基于该得分分级表，重新生成得分表，并进行相关性分析，见表4.3。通过调整得分分级标准，确保了数据得分的相关性分析结果与原始数据的相关性分析结果相匹配。

表4.2　稳定化材料性能指标数据与其稳定率相关性分析得分分级结果

指标	等级（及分值）					
	Ⅰ级 （1分）	Ⅱ级 （2分）	Ⅲ级 （3分）	Ⅳ级 （4分）	Ⅴ级 （5分）	Ⅵ级 （6分）
稳定化率/（mg/g）	< 0.001	[0.001，0.01）	[0.01，0.1）	[0.1，1）	[1，10）	≥10
比表面积/（m²/g）	< 1	[1，10）	[10，50）	[50，100）	[100，200）	≥200
孔径/nm	≥10	[8，10）	[6，8）	[4，6）	[2，4）	< 2
电导率/（dS/m）	< 0.1	[0.1，0.5）	[0.5，1）	[1，2）	[2，4）	≥4
灰分/%	≥50	[20，50）	[15，20）	[10，15）	[5，10）	< 5
pH值	< 5	[5，7）	[7，9）	[9，10）	[10，12）	≥12
总碳/%	< 10	[10，20）	[20，40）	[40，60）	[60，80）	≥80
总氮/%	≥4	[2，4）	[1，2）	[0.5，1）	[0.1，0.5）	< 0.1
总氢/%	< 1	[1，2）	[2，3）	[3，4）	[4，5）	≥5
总氧/%	< 5	[5，10）	[10，15）	[15，20）	[20，25）	≥25
有机质/%	< 0.1	[0.1，1）	[1，10）	[10，50）	[50，80）	≥80
CEC/（cmol/kg）	< 10	[10，20）	[20，40）	[40，80）	[80，120）	≥120

表4.3　稳定化材料性能指标数据与其稳定化率得分表

指标	皮尔逊相关性系数	
	原始数据	得分数据
稳定化率	1	1
比表面积	0.073	0.288
孔径	−0.182	−0.057
电导率	0.016	0.117
灰分	−0.148	−0.028
pH值	0.109	0.151
总碳	0.070	0.131
总氮	−0.081	−0.013
总氢	0.205	0.244
总氧	0.209	0.140
有机质	0.074	0.050
CEC	0.019	0.123

　　根据数据得分相关性分析结果表，提取材料性能指标与稳定化率的相关系数，并据此计算权重，最终得出适用于稳定化材料对阳离子重金属污染土壤稳定化修复

效果的预判得分公式。

稳定化率得分 $Y_T=0.252×$比表面积得分 $-0.050×$孔径得分 $+0.102×$电导率得分 $-0.025×$灰分得分 $+0.132×$pH值得分 $+0.115×$总碳得分 $-0.012×$总氮得分 $+0.213×$总氢得分 $+0.123×$总氧得分 $+0.043×$有机质得分 $+0.108×$CEC得分

当稳定化率得分 $Y_T \leqslant 1$，材料对土壤重金属污染的稳定化修复性能评估为I级；$1 < Y_T \leqslant 2$，为II级；$2 < Y_T \leqslant 3$，为III级；$3 < Y_T \leqslant 4$之间，为IV级；$4 < Y_T \leqslant 5$，为V级；$Y_T > 5$，为VI级。如表4.4所列。

表4.4 土壤重金属污染稳定化材料修复性能评估表

稳定化率得分 Y_T	评估等级
$Y_T \leqslant 1$	I级
$1 < Y_T \leqslant 2$	II级
$2 < Y_T \leqslant 3$	III级
$3 < Y_T \leqslant 4$	IV级
$4 < Y_T \leqslant 5$	V级
$Y_T > 5$	VI级

采用文献分析法获取另一组稳定化材料对阳离子重金属污染土壤修复效果的数据对已有得分公式进行验证，验证组数据有效文献数为17篇，有效数据为135组。采用得分分级表得到实际稳定化率分级得分，通过前述获得的公式计算得到稳定化率得分拟合值，绘制散点图，并拟合线性关系，得到线性方程 $y=0.3674x$，相关系数 $R^2=0.7119$。表明稳定化得分公式计算得分与实际得分具有一定匹配度，公式对稳定化材料或矿物材料修复阳离子重金属污染土壤效果评估具有一定适用性。

4.1.3 生物炭材料筛选和性能评估模型

由于生物炭基材料与无机材料、工业废渣等其他类型材料的结构特征、理化性质差距较大，故对其单独建模以提升评估模型的匹配度。

4.1.3.1 文献调研与指标筛选

将4.1.1部分的数据按材料类型继续细分，提取稳定化材料为生物炭材料的数据组进行分析，总计提取有效文献43篇，有效数据209组。数据组中材料性能指标共

15个，通过统计分析计算不同指标在数据组中的相对频度和相对密度，结果如表4.5所列。粒径、碱度、总磷和总硫4个理化指标相对密度显著小于其他指标，未将这4个指标用于后续研究，最终确定比表面积、平均孔径、EC、灰分、pH值、有机质、CEC、总碳、总氮、总氢、总氧11个理化指标作为稳定化性能评估模型构建指标。

表4.5 文献中生物炭材料理化指标的相对频度与相对密度

指标名称	文献数	组数	相对频度	相对密度
比表面积	20	95	0.0791	0.0720
粒径	1	2	0.0040	0.0015
平均孔径	8	28	0.0316	0.0212
EC	9	89	0.0356	0.0675
灰分	16	52	0.0632	0.0394
pH值	38	196	0.1502	0.1486
总碳	26	147	0.1028	0.1114
总氮	32	173	0.1265	0.1312
总氢	18	89	0.0711	0.0675
总氧	12	58	0.0474	0.0440
有机质	7	16	0.0277	0.0121
CEC	20	133	0.0791	0.1008
碱度	2	12	0.0079	0.0091
总磷	6	25	0.0237	0.0190
总硫	2	8	0.0079	0.0061

注：相对密度指某一特定指标在所有文献中的密度加和与所有指标的密度总和之比；相对频度指某一特定指标出现的文献数占文献总数的比例与所有指标的比例总和之比。

对收集数据的稳定化率与性能指标做皮尔逊相关性分析，如表4.6所列，生物炭对土壤重金属的稳定化修复效果与比表面积、pH值、EC、CEC、有机质、总碳、总氢和总氧含量成正相关关系，其中有机质、总氧、总氢和pH值的相关系数高于其余指标，分别为0.363、0.209、0.205和0.091。

表4.6 生物炭不同理化指标与重金属稳定化效果相关性

指标	皮尔逊相关性系数	
	分级赋分前	分级赋分后
比表面积	0.084	0.126
平均孔径	−0.207	−0.051

指标	皮尔逊相关性系数	
	分级赋分前	分级赋分后
EC	0.018	0.129
灰分	−0.148	−0.100
pH值	0.091	0.199
总碳	0.059	0.090
总氮	−0.087	−0.011
总氢	0.205	0.244
总氧	0.209	0.140
有机质	0.363	0.316
CEC	0.014	0.103

4.1.3.2 评估模型构建与验证

由于生物炭理化指标和重金属稳定化效果量纲不同，且不同文献中指标数值分布区间较大，为便于分析比较，按照数据分布规律，通过等级赋分法对数据进行分级赋分。每个指标分为6级，从低到高赋分1~6分。通过优化等级划分标准，确保赋分后理化指标与重金属稳定化性能相关关系与原始数据相对一致，提高分级赋分结果的科学性。最终确定的生物炭指标分级赋分标准如表4.7所列。

表4.7 生物炭理化指标分级赋分标准

指标	分值					
	1分	2分	3分	4分	5分	6分
稳定化性能/(mg/g)	< 0.001	[0.001, 0.01)	[0.01, 0.1)	[0.1, 1)	[1, 10)	≥10
比表面积/(m²/g)	< 1	[1, 10)	[10, 50)	[50, 100)	[100, 200)	≥200
平均孔径/nm	≥10	[8, 10)	[6, 8)	[4, 6)	[2, 4)	< 2
EC值/(dS/m)	< 0.1	[0.1, 0.5)	[0.5, 1)	[1, 2)	[2, 4)	≥4
灰分/%	≥50	[20, 50)	[15, 20)	[10, 15)	[5, 10)	< 5
pH值	< 5	[5, 7)	[7, 9)	[9, 10)	[10, 12)	≥12
总碳/%	< 10	[10, 20)	[20, 40)	[40, 60)	[60, 80)	≥80
总氮/%	≥4	[2, 4)	[1, 2)	[0.5, 1)	[0.1, 0.5)	< 0.1
总氢/%	< 1	[1, 2)	[2, 3)	[3, 4)	[4, 5)	≥5
总氧/%	< 5	[5, 10)	[10, 15)	[15, 20)	[20, 25)	≥25

指标	分值					
	1分	2分	3分	4分	5分	6分
有机质/%	< 0.1	[0.1, 1)	[1, 10)	[10, 50)	[50, 80)	≥80
CEC/(cmol/kg)	< 10	[10, 20)	[20, 40)	[40, 80)	[80, 120)	≥120

提取生物炭理化指标赋分值与稳定化效果赋分值的相关系数，计算不同指标权重值。基于理化指标权重值，构建适用于生物炭材料的土壤重金属污染稳定化修复性能评估模型。

稳定化率得分 Y_{BC}=0.106×比表面积−0.043×平均孔径+0.109×电导率−0.084×灰分+0.168×pH值+0.076×总碳−0.009×总氮+0.206×总氢+0.118×总氧+0.267×有机质+0.087×CEC

当稳定化率得分 $Y_{BC} \leq 1$，材料对土壤重金属污染的稳定化修复性能评估为I级；$1 < Y_{BC} \leq 2$，为II级；$2 < Y_{BC} \leq 3$，为III级；$3 < Y_{BC} \leq 4$ 之间，为IV级；$4 < Y_{BC} \leq 5$，为V级；$Y_{BC} > 5$，为VI级。如表4.8所列。

表4.8　土壤重金属污染生物炭基稳定化材料修复性能评估表

稳定化率得分 Y_T	评估等级
$Y_{BC} \leq 1$	I 级
$1 < Y_{BC} \leq 2$	II 级
$2 < Y_{BC} \leq 3$	III 级
$3 < Y_{BC} \leq 4$	IV 级
$4 < Y_{BC} \leq 5$	V 级
$Y_{BC} > 5$	VI 级

采用文献分析法获取另一组生物炭材料对阳离子重金属污染土壤修复效果的数据对已有得分公式进行验证，验证组数据有效文献数为13篇，有效数据为88组。采用得分分级表得到实际稳定化率得分y，并通过前述获得的公式计算得出稳定化率得分拟合值x，作散点图，得到线性方程y=0.9455x，相关系数 R^2=0.8063。表明稳定化得分公式计算得分与实际得分匹配度较高，公式对生物炭材料修复阳离子重金属污染土壤效果评估具有一定适用性。

未来关于指标体系的研究可从以下方面进行完善提升：

① 进一步精细化筛选指标体系，增强精确度和可信度；

② 对各类型稳定化药剂进行细分分别构建评估模型，提高匹配度；

③ 复配型稳定剂可单独构建评估体系。

随着科学技术的不断发展和对重金属污染土壤修复研究的深入，指标体系将不断得到完善。未来，可以结合大数据分析、人工智能等先进技术，对大量的试验数据和实际工程案例进行分析，挖掘出更有价值的指标和规律。此外，建立更为精确的评估模型，可以对修复效果进行更为科学的预测和评价，为土壤修复提供更加可靠的技术支持。在模型验证方面，应通过实际土壤修复案例的长期跟踪和效果评估，不断调整和优化模型参数，确保评估结果的准确性和适用性。

4.2
稳定化材料筛选和性能评估指标测试方法

综合国家标准规范和相关文献报道，对稳定化材料的筛选及性能评估指标体系所涉及的指标测试方法进行了总结，旨在为准确定量评估稳定化材料性能提供支持。测定方法包括但不限于以下方法，为保证结果的准确性，每个样品测定需设置适量平行样。

（1）比表面积及孔径测定

依据《气体吸附BET法测定固态物质比表面积》（GB/T 19587）、《煤质颗粒活性炭试验方法　孔容积和比表面积的测定》（GB/T 7702.20）进行测定。通过全自动比表面积、微孔孔隙和化学吸附仪对材料的比表面积及孔径分布进行分析，在 N_2（$-196.15℃$）条件下测定氮气吸附-脱附曲线，利用BET模型进行比表面积计算分析，采用BJH模型下的氮气吸附-脱附曲线的吸附值进行孔径计算分析。

（2）电导率测定

根据测试对象选择对应的测定方法，一般使用电导率仪测定水萃取液中的电导率。相应的测定方法有《木质活性炭试验方法》（LY/T 1616）、《土壤　电导率的测定　电极法》（HJ 802），或通过一定的固液比，充分混匀后将样品置于恒温摇床中，恒温振荡反应后静置，使用电导率仪测定上层溶液的电导率。

（3）灰分测定

参考《生物质固体成型燃料试验方法　第5部分：灰分》（NY/T 1881.5）。常用的测定方法还包括 ASTM D1762 和 ISO 1171 等国际标准方法。将样品完全灰化并达到恒重后通过测量质量的变化，计算出材料的灰分含量。

（4）pH值测定

依据《煤质颗粒活性炭试验方法　pH值的测定》（GB/T 7702.16）、《土壤　pH值的测定　电位法》（HJ 962）、《土工试验方法标准》（GB/T 50123），或使用一定的固液比（质量体积比），将药剂溶解于水中，并使用标准的pH计进行测定。

（5）总碳、总氮、总氢、总氧含量测定

根据《生物炭检测方法通则》（NY/T 3672）、《固体生物质燃料中碳氢测定方法》（GB/T 28734）、《固体生物质燃料氮的测定方法》（GB/T 30728），利用元素分析仪对样品中的碳（C）、氢（H）、氧（O）和氮（N）元素进行定量分析。

（6）有机质含量测定

根据分析对象的属性选择合适的测量标准：《生物炭检测方法通则》（NY/T 3672）、《固体废物　有机质的测定　灼烧减量法》（HJ 761）、《土壤检测　第6部分：土壤有机质的测定》（NY/T 1121.6）、《土工试验方法标准》（GB/T 50123）。

（7）阳离子交换量（CEC）测定

根据《土工试验方法标准》（GB/T 50123），通过乙酸钠-火焰光度法测定样品中的阳离子交换量。或采用氯化铵-氨水法[34]、氯化铵-乙醇法[35]、电导法[36]、六氨合钴离子交换法[37]等。

（8）稳定化性能测试方法

稳定化材料可改变土壤中重金属的活性形态含量，因此对其稳定化效果的验证一般根据原土特性，依据修复目标、材料适用情景和修复方案不同而选择不同的浸出方法，包括硫酸硝酸法［《固体废物　浸出毒性浸出方法　硫酸硝酸法》（HJ/T　299）］、水平振荡法［《固体废物　浸出毒性浸出方法　水平振荡法》（HJ 557）］、DTPA浸提方法［《土壤　8种有效态元素的测定　二乙烯三胺五乙酸浸提-电感耦合等离子体发射光谱法》（HJ 804）、《土壤质量　有效态铅和镉的测定　原子吸收法》（GB/T 23739）］、氯化钙溶液浸提[38]、TCLP浸出毒性分析法［《土壤中有效态铅、镉、铜、锌含量的测定　TCLP浸提-原子吸收光谱法》（DB32/T 1614）］、BCR形态提取［《土壤和沉积物　13个微量元素形态顺序提取程序》（GB/T 25282）］等，对稳定化前后的浸出浓度进行对比。

4.3
稳定剂规模化制备系统

4.3.1 稳定剂规模化制备系统概述

稳定剂规模化制备系统是指在大规模生产环境中，用于稳定剂的制备、储存、分配和应用的综合系统。该系统通常包括原料储存与输送单元、混合与反应单元、产品包装与储存单元以及相关的控制系统等。这些系统能够确保稳定剂的精确配比和均匀混合，从而提高产品的稳定性和质量。

4.3.1.1 原料储存与输送单元

原料储存与输送单元涵盖了原料储存设施及输送系统。

（1）原料储存设施

原料储存设施通常配备多种类型的储罐、料仓等，用于存放生产稳定剂所需的各种原材料。例如，用于重金属污染土壤稳定化的稳定剂原料可能包括石灰、磷酸盐、硫化物等；而高分子材料稳定剂的原料可能包含抗氧化剂、光稳定剂、热稳定剂等各类有机化合物。这些储存设施必须具备良好的密封性、防潮性、防腐蚀性等，并且要根据原料的性质做好相应的安全防护措施。例如，对于易燃易爆的有机溶剂类原料，必须配备防火防爆设施。

（2）输送系统

通过管道、输送带、螺旋输送机、气力输送装置等多种方式，将储存的原料按照既定的量和时间要求输送至下一个生产环节。例如，粉状原料可利用螺旋输送机进行精准定量的输送，确保其准确到达反应釜所在区域；而液态原料则可通过管道配合计量泵进行输送，以保障生产过程中原料供应的连续性和精确性。

4.3.1.2 混合与反应单元

该单元主要应用于复配药剂的混合均匀，以及实现特定药剂反应、分离、提纯、蒸馏、干燥等特殊工艺需求。常见的反应单元设备包括反应釜、用于分离和提纯的过滤设备及蒸馏设备以及干燥设备等。这些反应单元设备可根据实际需要进行配置，若不必要则可省略。

反应釜通常由不锈钢等耐腐蚀材料制成，具有多种规格和类型，包括间歇式和连续式反应釜等，依据具体的生产工艺和产量需求而定。反应釜配备搅拌装置、加热或冷却系统、温度传感器、压力传感器等关键组件。搅拌装置确保原料在釜内充分混合均匀，而加热或冷却系统则用于调节反应温度，以保证反应过程符合预定的条件。在生产过程中，若出现固体杂质或需要分离固体产物时，通常会使用板框过滤机、真空转鼓过滤机、压滤机等过滤设备，以去除反应产物中的不溶性杂质，从而提升产品的纯度。以生产磷酸钙类重金属稳定剂为例，反应完成后可能会残留未完全反应的原料颗粒等杂质，通过过滤步骤，可以确保产品溶液的澄清。针对有机稳定剂等特定情况，通常会准备蒸馏设备。当生产的稳定剂包含多种有机成分，需要提纯或分离出特定成分时，蒸馏装置如减压蒸馏塔、精馏塔等便可发挥作用。通过不同成分沸点的差异，进行分离提纯，以确保产品中有效成分的含量和纯度达到标准。常见的干燥设备包括烘箱、喷雾干燥器、流化床干燥器等。对于块状或颗粒状的稳定剂产品，流化床干燥器能够使物料在流化状态下与热空气充分接触，从而实现快速干燥；而对于一些对热敏感的稳定剂，喷雾干燥器则能将液态物料迅速雾化并瞬间干燥，有效降低高温对产品质量的不良影响，最终获得满足粒度要求的粉状产品。

4.3.1.3　产品包装与储存单元

（1）包装设备

包括自动计量包装机、封口机等，能按照设定的包装规格（如每袋10kg、25kg等）对稳定剂产品进行准确称量和包装，提高包装效率和包装质量，同时保证每袋产品的重量误差在允许范围内。封口机确保包装袋密封良好，防止产品受潮、受污染等。

（2）储存仓库

具备良好的通风、防潮、防火、防盗等条件，根据稳定剂的类型和特性分区存放，便于产品的管理和后续运输发货，同时要严格遵循相关安全和环保规定，对于一些有特殊储存要求的稳定剂（如遇水易燃、有毒等），要设置专门的防护设施和警示标识。

4.3.1.4 控制系统

控制系统是整个生产系统的"大脑",它起着协调各生产单元、精准控制生产过程、保障产品质量以及提高生产效率等重要作用,通常针对有反应釜的控制系统,采用自动化控制技术,对反应釜的温度、压力、搅拌速度、反应时间等关键参数进行精准控制。操作人员可以通过中控室的人机界面设定参数,控制系统实时监测并自动调节,确保每一批次产品的质量稳定且符合生产标准。例如,当反应温度偏离设定值时,控制系统会自动调节加热或冷却介质的流量,使温度快速回到正常范围。需保持干燥的生产单元需要进行湿度检测与控制,配合湿度传感器等设备,实时监测产品的干燥程度,反馈给控制系统,以便精准控制干燥时间和干燥条件,保证产品的含水率达到规定标准,防止产品因含水率过高而结块、变质等影响使用性能。

4.3.2 稳定剂规模化制备系统改建

4.3.2.1 原有制备系统存在问题

永清环保股份有限公司原有稳定剂规模化制备系统(简称生产线)可实现批量生产,但自动化程度较低,上料下料包装均需人工操作,其药剂成品包装和堆垛工序均采用半自动设备,需4名员工完成上袋、缝包、堆垛作业,生产能力严重受到限制。另外,因设备陈旧或不合理设计导致生产过程中粉尘过多、噪声过大,工作环境欠佳。基于此种情况,对现有生产线进行改造升级。

4.3.2.2 改造目标

依托现有成熟的修复药剂生产工艺和生产线,对原有制备系统进行改造升级,建立能生产高效绿色长效稳定剂的自适应智能化生产线,并达到以下目标。

① 生产线达到产能≥10t/h,达到生产线平衡率≥85%;

② 自动化程度提升,除上料外,全部实现全自动化;

③ 改善厂内环境,解决粉尘泄漏及扬尘;

④ 全自动包装堆垛,堆垛面积使用率提升。

4.3.2.3 技术路线及关键改进点

（1）产能提升

① 改造后，产线的整体产能≥10t/h；

② 将拆包机下方螺旋输送机的输送能力提升至18t/h；

③ 提高变频螺旋输送机的输送能力（9.2t/h提升到20t/h，1.95t/h提升到12t/h）；

④ 提高称重能力，使1.5m³和1.0m³计量仓的称重能力分别提升到2.4t和1.5t，保证单批次混合量达到混合机的使用要求；

⑤ 将皮带机更换为螺旋输送机，工作能力由18t/h提升至94t/h；

⑥ 提升混合机单批次混合量到1.5t（原为每批次1.2t左右）；

⑦ 将半自动包装机更换为全自动包装机，由两台包装机（原为1台）共同完成此工序的包装作业，使工作能力提高1倍多；

⑧ 成品用推力式螺旋输送机改为拉力式螺旋输送机，并提高输送能力至30t/h（原为16t/h）；

⑨ 使用全自动堆垛设备取代人工作业。

（2）自动化建设

① 更换部分总控系统，对上料、计量和搅拌等工序进行联动控制；

② 在原系统的基础上提高智能化的水平，使操作更加人性化、便捷化；

③ 加装一套大液晶显示屏，实时显示药剂生产系统的运行状况；

④ 原材料仓高低位检测改为传感器实时监测料位高度，并智能提醒需补加物料的量，如图4.2所示（书后另见彩图）；

⑤ 使用全自动包装、堆垛设备取代人工作业，如图4.3所示（书后另见彩图）。

（3）环境改善

① 上料螺旋输送机与斗式提升机接口处加大口径，并布置一层充气橡胶垫，保证此处密封效果和使用寿命；

② 增加真空处理设备，将成品料中的多余空气排出；

③ 在原材料仓排气口增加密闭软连接，阻断粉尘外溢通道，如图4.4所示（书后另见彩图）；

④ 下料口处的帆布密封套改用橡胶材质，如图4.5所示（书后另见彩图）；

⑤ 在计量仓上方开设透气口，并接入除尘总管道，如图4.6所示（书后另见彩图）；

(a) 原有原材料料仓

(b) 改造后雷达料位计

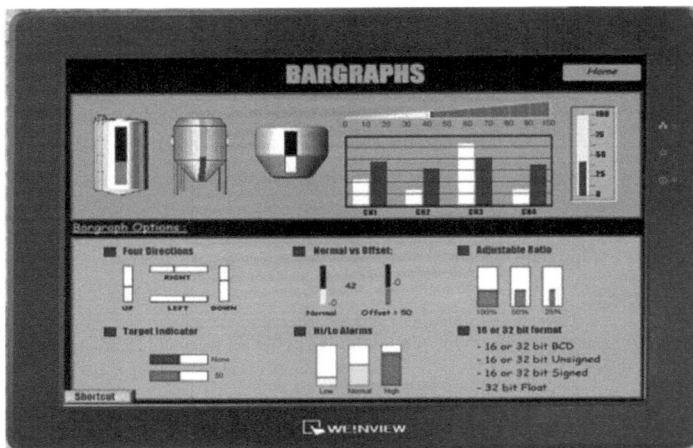

(c) 改造后显示器界面

图4.2 原料仓

(a) 原有包装机

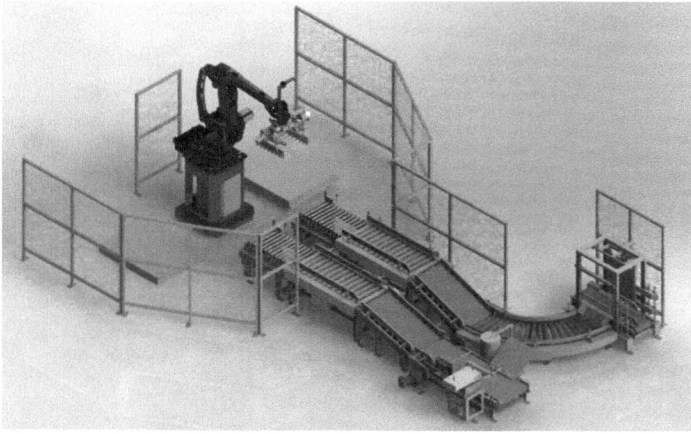

(b) 改造后全自动包装堆垛

图4.3 包装码垛

(a) 改造前

(b) 改造后

图4.4 改造后原材料仓排气口

第 4 章　　稳定化材料筛选和性能评估指标体系及规模化制备系统　　157

(a) 原计量仓入口

(b) 新换橡胶波纹管

图4.5 改造后计量仓入口

增加排气口

图4.6 改造后计量仓盖

⑥ 增强风机安装基础，减少风机振动，从而降低噪声；

⑦ 更换风机房彩钢板围挡为隔音彩钢板，降低风机外部辐射噪声，如图4.7所示（书后另见彩图）；

⑧ 将皮带机更换为螺旋输送机（皮带输送机不适合输送粉料）。

(a) 原有现状

(b) 预埋地基及隔声彩钢板

图4.7 改造后风机房

（4）堆垛面积改善

自动堆垛线中的压包整形及机器人码垛，可使物料摆放更加整齐、高效。物料采用托盘存放，可堆高3层，即可将单位堆放面积利用率提升3倍，如图4.8所示（书后另见彩图）。

(a) 原有堆垛存储区

(b) 改造后全自动包装堆垛存储区

图4.8 厂房堆垛

4.3.2.4 主要改造设备明细

主要改造设备明细如表4.9所列。

表4.9 主要设备改造明细

序号	改造设备名称	改造内容	数量	备注
1	计量仓	将300kg称重传感器更换为1.5t称重传感器	3	
		将300kg称重传感器更换为800kg称重传感器	15	

序号	改造设备名称	改造内容	数量	备注
2	皮带机	取消皮带机,更换为一台输送能力94t/h的螺旋输送机	1	物料接触304
3	变频螺旋输送机	更换为20t/h	1	物料接触304
		更换为12t/h	5	物料接触304
4	成品仓	原有双出口料仓更改为单出口料仓,容量为4m³	1	物料接触304
5	混合机下方螺旋	原有螺旋输送机输送能力提升到30t/h	1	物料接触304
6	螺旋输送机	新增1台成品仓到自动包装机的螺旋输送机	1	物料接触304
7	2m³料仓	新增两个2m³料仓	2	
8	包装堆垛线	新增全自动包装堆垛线,含2台全自动包装机,一台堆垛机及相关附属输送设备	1	
9	拆包机螺旋输送机	更换为18t/h变频螺旋输送机	1	
10	电气系统	新增6台螺旋输送机变频器	6	
		新增1台60寸显示器	1	
		新增6个电子雷达料位计	6	
		新增1台22寸显示器及护罩	1	
		更换3个PLC(可编程控制器)	3	
		其余电路及软件修改等费用	1	
11	除尘器	原有除尘器除尘能力不足,增加一台除尘器(过滤面积120m²)	1	含烟道、除尘器、地基
12	其他改造	含设备部分改造、安装及现场精益改善等其他费用	1	

注: 1寸≈2.54cm。

改建后的生产线(图4.9,书后另见彩图)通过PLC控制系统实现稳定剂的上料、螺旋输送、称重计量、混合、自动包装、机器码垛等智能化生产,具有生产效率高、自动化程度高、生产环境优等特点,可适用于稳定剂的规模化生产。

改建后生产线工艺流程如图4.10所示。

(a) 上料模块

(b) 存储和计量模块

(c) 包装和码垛模块

(d) 包装模块

(e) 机器人码垛模块

(f) 中控系统

图4.9 稳定剂制备系统

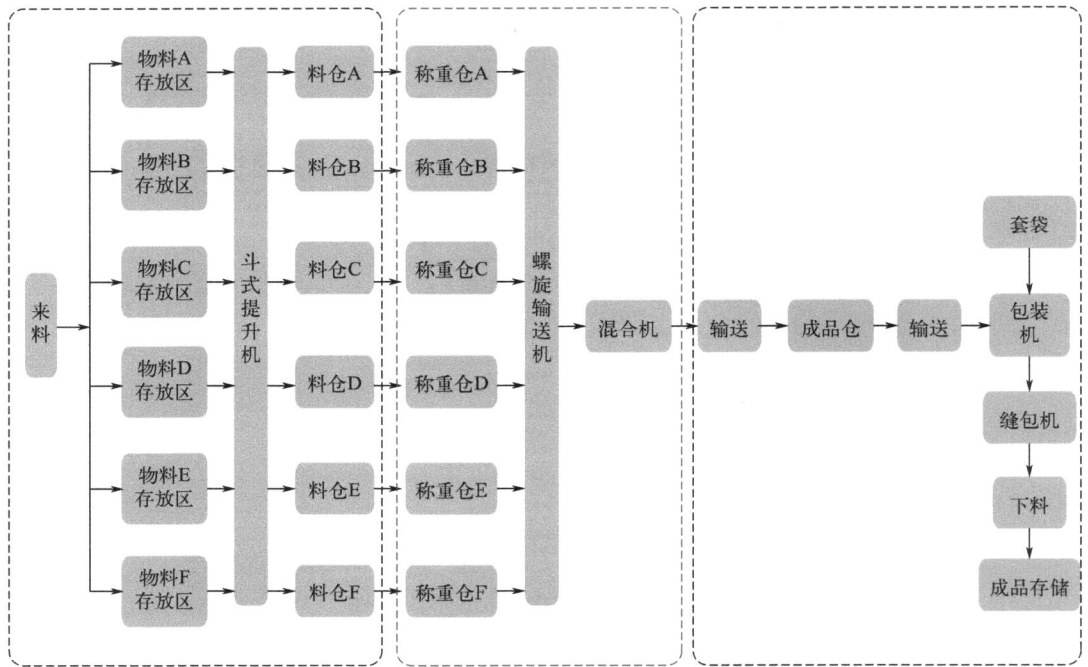

图4.10 稳定剂规模化生产制备系统工艺流程

4.3.3 主要技术经济指标

改造技术经济指标如表4.10所列。

表4.10 改造技术经济指标

序号	项目	考核指标	备注
1	产能/(t/h)	≥10	见质检报告
2	拆包分离率/%	99.5	
3	称重精度/%	±0.2	
4	噪声/dB	≤85	生产线1～2m外
5	总悬浮颗粒物（TSP）日平均/(mg/m^3)	0.50	
6	可吸入颗粒物（PM_{10}）/(mg/m^3)	0.25	
7	生产线平衡率/%	≥85	
8	堆垛面积节省	1/3	

注：上述指标受电源异常波动、气压或流量不足、物料堆积密度、安息角、温度等特性的改变以及人工操作维护不当等因素影响，测试和使用时应尽量避免这些未预期的因素出现。

4.3.4 稳定剂质检

4.3.4.1 进厂原辅材料的检验

（1）明确来料检测要项

① 原辅材料检验专员对来料进行检验之前，需清楚该批物料的质量检测要项，不明之处查阅《外购原材料技术标准》或与原材料相关的技术标准。

② 对于新物料，在明确该材料的检测标准和方法后将之加入《外购原材料技术标准》。

（2）原辅材料检验方式的选择

① 全检。适用于来料数量少、价值高、不允许有不合格物料或对产品特性影响重大的物料。

② 抽检。适用于平均数量较多，经常性使用的物料。暂定每批次抽取2个500g的样品进行检测，点位随机选取（具体抽检数量视现场情况而定）。

（3）原辅材料检验程序及方法

① 原辅材料卸货前，生产专员随机抽取多个点位的样品做外观检测（一般用目视、手感、限度样品进行验证），对比合格区同类原辅材料，如有明显区别则暂停卸货，通知技术人员到现场进一步确认。

② 原辅材料外观检测正常则安排卸货，堆放至待检指定区域并做好入库统计。由生产专员随机抽取多个部位的样品做好标记送至实验室进行分析。

③ 技术部原辅材料专检人员对来料检验按照《外购原材料技术标准》执行。检验和试验的规范包括材料名称、检验项目、标准、方法、记录要求。常规监测包括：a.含水率检测，一般用烘干法进行检测；b. pH值检测，根据附件《外购原材料技术标准》中《化学试剂　pH值测定通则》（GB/T 9724—2007）测定原辅材料pH值；c.含量检测，如氢氧化钙、福美钠含量的测定，一般采用滴定法；d.特性检测，如物理、化学、机械强度的特性，一般采用检测仪器和特定方法来验证。

4.3.4.2 稳定剂成品检验与管理

① 原辅材料在储存环境发生变化或储存时间过长时，生产人员如发现原材料异常，应及时通知技术人员进行取样分析检测。

② 稳定剂需按技术部出具的药剂配方进行生产，生产部负责人严格把控比例，

并在生产过程中做好监督工作。

③ 将稳定剂成品送至实验室进行检验，并出具检验报告。粉末药剂检验依据为Q/BVRP 003—2019。

④ 稳定剂成品入库前一定要做好质量及重量检测，符合标准后才能进入合格产品指定区域并要及时做好入库统计。

⑤ 检验方法：混合均匀度按GB/T 5918中规定的甲基紫方法测定，粒径（细度）参照GB/T 5917.1测定，重金属浸出毒性按HJ/T 299、HJ/T 300或HJ 557规定的方法测定，水分含量按照GB/T 6435规定的方法测定。

⑥ 检验规则：同一班次、同一条生产线生产的包装，其中完好的同一种产品为一组批；批量在200袋以下，随机抽取10袋，每袋取样200g，其中100g用于检验，其余留样备查；检验包括出厂检验和型式检验；检验项目为混合均匀度、粒径、重金属稳定化率及含水量；产品必须质量部门检验合格，签发质量合格证后出厂。

参考文献

[1] 中国环境保护产业协会. 土壤与地下水修复行业2019年发展报告[C]//中国环境保护产业发展报告（2020），2020，36：211-246.

[2] Yuan G D，Theng B K G，Churchman G J，et al. Clays and clay minerals for pollution control[J]. Developments in Clay Science，2013（5）：587-644.

[3] 郝秀珍，周东美，薛艳，等. 天然蒙脱石和沸石改良对黑麦草在铜尾矿砂上生长的影响[J]. 土壤学报，2005（3）：434-439.

[4] 孙约兵，徐应明，史新，等. 海泡石对镉污染红壤的钝化修复效应研究[J]. 环境科学学报，2012，32（6）：1465-1472.

[5] 何宏平，郭九皋，朱建喜，等. 蒙脱石、高岭石、伊利石对重金属离子吸附容量的实验研究[J]. 岩石矿物学杂志，2001，20（4）：573-578.

[6] Tiller K G. Soil contamination issues：Past，present and future，a personal perspective[M]. Dordrecht：Springer Netherlands，1996：1-27.

[7] 李丽，刘中，宁阳，等. 不同类型粘土矿物对镉吸附与解吸行为的研究[J]. 山西农业大学学报（自然科学版），2017，37（1）：60-66.

[8] Susmita S G，Bhattacharyya K G. Adsorption of heavy metals on kaolinite and montmorillonite：A review[J]. Physical Chemistry Chemical Physics：PCCP，2012，14（19）：6698-6723.

[9] 张会民，徐明岗，吕家珑，等. pH对土壤及其组分吸附和解吸镉的影响研究进展[J]. 农业环境科学学报，2005（S1）：320-324.

[10] Basta N T，Gradwohl R，Snethen K，et al. Chemical immobilization of lead，zinc，and cadmium in smeltercontaminated soils using biosolids and rock phosphate[J]. Journal of Environmental Quality，2001，30（4）：1222-1230.

[11] 梁媛，王晓春，曹心德. 基于磷酸盐、碳酸盐和硅酸盐材料化学钝化修复重金属污染土壤的研究进展[J]. 环境化学，2012，31（1）：16-25.

[12] Gong Y Y，Zhao D Y，Wang Q L. An overview of fieldscale studies on remediation of soil contaminated with heavy metals and metalloids：Technical progress over the last decade[J]. Water Research，2018（147）：440-460.

[13] 王加华，张峰，马烈. 重金属污染土壤稳定化修复药剂研究进展[J]. 中国资源综合利用，2016，34（2）：49-52.

[14] Brown S，Christensen B，Lombi E，et al. An interlaboratory study to test the ability of amendments to reduce the availability of Cd，Pb，and Zn in situ[J]. Environmental Pollution，2005，138（1）：34-45.

[15] Cao R X，Ma L Q，CHEN M，et al. Phosphate-induced metal immobilization in a contaminated site[J]. Environmental Pollution，2003，122（1）：19-28.

[16] Chen，Wright J V，CONCA J L，et al. effects of pH on heavy metal sorption on mineral apatite[J]. Environmental Science& Technology，1997，31（3）：624-631.

[17] Kirkham M B. Cadmium in plants on polluted soils：Effects of soil factors，hyperaccumulation，and amendments[J]. Geoderma，2006，137（1）：19-32.

[18] Cao X D，Ma L Q，RHUE D R，et al. Mechanisms of lead，copper，and zinc retention by phosphate rock[J]. Environmental Pollution，2004，131（3）：435-444.

[19] Miretzky P，Cirelli a F. Phosphates for Pb immobilization in soils：A review[J]. Environmental Chemistry Letters，2008，6（3）：121-133.

[20] Jie L，Fang Y，Yuan L，et al. Magnetic nanoferromanganese oxides modified biochar derived from pine sawdust for adsorption of tetracycline hydrochloride[J]. Environmental Science and Pollution Research，2019，26（6）：5892-5903.

[21] 王旌，罗启仕，张长波，等. 铬污染土壤的稳定化处理及其长期稳定性研究[J]. 环境科学，2013，34（10）：4036-4041.

[22] 费杨，阎秀兰，廖晓勇，等. 不同水分条件下铁基氧化物对土壤砷的稳定化效应研究[J]. 环境科学学报，2015，35（10）：3252-3260.

[23] Tournassat C，Charlet L，Bosbach D，et al. Arsenic（Ⅲ）oxidation by birnessite and precipitation of manganese（Ⅱ）arsenate[J]. Environmental Science& Technology，2002，36（3）：493-500.

[24] 宋玉婧. 锰氧化物修复含砷土壤效果、影响因素和机制研究[D]. 青岛：青岛理工大学，2018.

[25] 涂玉良. 铁锰材料原位修复砷、铅污染土壤机制与工程应用研究[D]. 广州：华南理工大学，2020.

[26] 郝旭涛，周新涛，陈卓，等. 磷酸盐化学键合材料固化/稳定化重金属研究进展[J]. 硅酸盐通报，2015，34（8）：2208-2213.

[27] 刘冬，黄传琴，肖可青，等. 土壤黏土矿物层间对有机碳的"超稳"固定机制及其增汇效应[J]. 中国科学：地球科学，2024，54（11）：3664-3667.

[28] 赖婧. 粘土矿物对铅的吸附及其CD-MUSIC拟合[D]. 武汉：华中农业大学，2013.

[29] 姚顺，冯国瑞，赵德康，等. 黏土矿物在煤矿矿井水治理领域的研究进展[J/OL]. 材料导报：1-20 [2025-01-14].http：//kns.cnki.net/kcms/detail/50.1078.tb.20241206.0905.002.html.

[30] Johannes L，Stephen J. Biochar for environmental management：Science，technology and implementation[J]. Science and Technology；Earthscan，2015，25（1）：15801-15811.

[31] Bolan N，Kunhikrishnan A，THANGARAJAN R，et al. Remediation of heavy metal（loid）s contaminated soils—To mobilize or to immobilize[J]. Journal of Hazardous Materials，2014，266：141-166.

[32] Zhong Y，Yang W，Zhuo Q，et al. Research progress on heavy metal passivators and passivation mechanisms of organic solid waste

compost：A review[J]. Fermentation，2024，10（2）：88.

[33] Jiang Q，He Y，Wu Y，et al. Solidification/stabilization of soil heavy metals by alkaline industrial wastes：A critical review[J]. Environ Pollut，2022，312：120094.

[34] 陈平，邱俊，刘晓东. 膨润土CEC值的测定方法比较[J]. 化工矿物与加工，2018，47（10）：25-27，54.

[35] 李雪梅，廖立兵，李瑞，等. 氯化铵-乙醇法测定蛭石的阳离子交换容量[J]. 岩矿测试，2008（3）：204-206.

[36] 吴涛，韩书华，张春光，等. 电导法测定粘土矿物的阳离子交换容量[J]. 油田化学，2002（3）：205-207，221.

[37] 胡秀荣，吕光烈，杨芸. 六氨合钴离子交换法测定粘土中阳离子交换容量[J]. 分析化学，2000（11）：1402.

[38] 熊英，王亚平，韩张雄，等. 全国土壤污染状况详查重金属元素可提取态提取试剂的选择[J]. 岩矿测试，2022，41（03）：384-393.

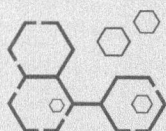

第 **5** 章
稳定化装备研制

5.1

稳定化装备概述

5.1.1 重金属污染土壤异位修复设备的发展与应用

　　国外土壤修复技术和设备起步较早，日本、美国、英国和德国等国家相继成功研发了土壤异位修复的集成化施工设备。小松、日立和卡特彼勒（美国公司）均研发出了自家的异位修复集成化施工设备，主要产品为小松BZ120和BZ210、日立SR2000G和卡特SOCIOMR126[1]。3家集成化施工设备的相关参数如表5.1所列。在处理能力方面，3家公司的设备处理污染土壤的能力相近，设备结构也大同小异。

表5.1　3家集成化施工设备相关参数[1]

参数	日立SR2000G	小松BZ210	卡特MR126
处理能力/（m^3/h）	20~170	40~150	50~120
药剂添加速率/（kg/m^3）	5~200	9~400	—
自重/t	18.6	22.1	28
机身长度/m	12.5	13.19	12.67
机身宽度/m	2.99	3.18	2.98
机身高度/工作高度/m	4.355/3.485	1.6/3.33	4.87/3.15
混合方式	两横轴混合	破土+3个大型横轴旋转杆锤+后切	4横轴搅拌+切割
进料斗容积/m^3	1.8	1.4	2.0
最大容许杂质大小/cm	15	20	10
药剂斗容积/m^2	3	3	3

　　英国洛尔集团研发的异位土壤修复设备包括可移动式高速智能搅拌设备RAW VL和RAW筛分设备两台机器。RAW筛分设备出料土壤的粒径可小于10mm，RAW VL每小时可处理高达400m^3的土壤、污泥或废物，设备采用先进的模块化设计，转

场方便快捷[2]。德国R350 Soil Stabilizer是一种小型污染土壤修复设备，具有野外作业能力强的特点，设备采用液压动力驱动，主要由行驶系统和混合药剂土壤系统两部分组成，处理能力为20～50m³/h。德国Stehr-Soil Stabilizer SBF 24-2只能对表层土壤进行加药处理并混合搅拌，在应用上存在一定的局限性[3]。

目前国内也有多家科研机构和企业研发了异位修复集成化施工设备，如江苏省无锡市万泰的污染土壤修复设备、中国科学院广州地球化学研究所研制的小型土壤修复设备[3]、康恒KH200集成破碎混合设备[4]、华东理工大学（华理）[2]的一体式模块化污染土壤修复设备、博世科的一体式修复设备、永清的土壤异位高效稳定化修复一体化设备等。康恒KH200和小松BZ210类似，主要区别在于康恒在进料斗底部设计了初筛装置，同时康恒针对上海地区高含水率、高黏性的土壤特性，对混合搅拌装置也进行了改进，混合装置分为甩锤组和破碎兼防粘连混合锤系统。华理的土壤修复设备[2]集合了国外设备的优点，对加药装置和破碎混合装置进行了改进，在出料末端设有后端搅拌装置和喷淋装置，设备功能多样，结构也较为复杂，全长约16m，自重约24t，远大于日本的设备。博世科的土壤修复设备与小松BZ210类似，主要区别在于博世科对药剂投加采用了精准计量进料及投药智能控制系统，自动化程度更高，且针对南方高黏性污染土壤采用"旋转刀组破碎混匀、连续翻抛混匀、高速旋转破碎混匀"的3级混匀搅拌装置，混匀度能达到90%以上。

尽管目前国内自主研发设计并生产的移动式药剂生产线设备和固定式土壤修复一体化设备已成功得到市场应用，但在土壤修复设备制造方面仍逊于德国、美国、英国等土壤修复技术发达国家，修复设备大部分依赖进口及在此基础上的改装，由于进口设备存在集成化低、采购成本高、采购周期长、维修和养护成本高和不适应国情等诸多问题，不能满足国内土壤修复市场的需要；而国内与修复技术配套的装备水平较差、可靠性不高、二次污染防治手段不足[5]，因此研发具有自主知识产权并适合我国污染土壤特点的实用性、经济性修复技术与设备具有重大意义。

5.1.2 稳定化装备研制思路

中南地区土壤大多数呈现高黏性，开挖后土壤仍呈现明显的团聚和胶黏特征，在不破坏其团聚结构的情况下，土壤修复药剂无法与团聚体内部污染土壤反应。药剂与污染土壤充分混合接触是重金属污染土壤稳定化修复施工的关键。土壤颗粒的粒径分布以及含水率等物理性质通常能决定土壤与稳定化药剂是否能混合均匀。由于土壤中的固体颗粒大小不一，多是以大块团聚体的形式存在，尤其是南方沿海地区土壤含水率高[6]，土粒之间相互粘连团聚显著，会形成大小、性状和性质不同的土块，因此修复施工过程中稳定化药剂通常难以与土壤颗粒充分混合接触，最终会直接影响土壤修复效果和经济效益。因此，传统稳定化修复施工工艺首先需对污染土壤进行破碎筛分处理，再加药混合，最后进行后期养护。采用多级联合破碎技术，依次将土壤进行大、中、小粒径的三级破碎。设计特殊结构的破碎轴和破碎刀头以及特定同向轴搅拌叶片，使土壤和药粉之间充分混合。对适用于饱水高黏性土壤重金属异位快速稳定化处理成套装备中的关键模块或组件如快速预处理模块、强制搅拌混合模块、稳定剂精准计量功能模块、土壤处理智能化控制及远程监控系统组件、水分调节及效果检测模块等进行计算机三维仿真建模，并模拟设备的运行状态，通过仿真模拟分析设备在设计阶段的不足及设备处理效果，并加以优化。

（1）多级联合破碎技术

依次将土壤自上而下多层格栅进行振动筛分，格栅采用长条形布置且间距随倾斜方向递增以避免堵塞，底层格栅最大处为30mm，在底层格栅下部增设两根或两根以上破碎辊轴并均布破碎刀盘，进一步对格栅筛分后的污染土壤进行破碎，确保进入混合搅拌设备的土壤粒径≤30mm，以提高混合搅拌均匀度。

（2）同向啮合强制搅拌混合技术

双枢轴水平平行布置，叶片为长方形长边带圆弧刀、围流方式布置，两枢轴叶片相互交错并以一定的角度和间距布置，确保相互啮合无死角；叶片与相对枢轴间距约3mm，在确保运行不卡滞的前提下将包轴物料"切""刮"以解决搅拌时的包轴问题。

（3）关键模块

冶炼场地土壤重金属异位快速稳定化处理集成装备主要包括快速预处理模块、强制搅拌混合模块、精准计量功能模块和智能控制及远程监控模块4个模块。进行计算机三维仿真建模，并模拟设备的运行状态，通过仿真模拟分析设备在设计阶段的不足及设备处理效果并加以优化，最终研制出一套冶炼场地土壤重金属异位快速稳定化处理集成装备。

5.2
稳定化装备关键模块研制

5.2.1 土壤快速预处理模块

　　鉴于中南地区土壤的饱水高黏特性，欲使土壤修复药剂与污染土壤均匀接触，需要在进入稳定化修复前对土壤进行必要破碎处理，土壤快速预处理模块采用多级联合破碎技术，对待预处理土壤进行大、中、小粒径的三级处理，处理后的土壤粒径≤30mm。

　　土壤快速预处理模块由筛分装置、破碎装置、液压系统、电控系统和相应支撑机架等部分组成，如图5.1所示。筛分装置布置在设备的最上方，物料依靠自重进行一级或多级筛分；筛分装置的格栅采用长条形布置，且格栅的间距逐步增大，避免因倒锥形物料堵塞格栅。破碎装置出口处设有两根或两根以上破碎辊轴，破碎辊轴均匀布置破碎刀盘，每个刀盘按圆周均布两个或两个以上破碎刀头。破碎装置的传动机包括两组独立设置的驱动装置，由液压马达进行驱动并设置压力传感器，当出现卡滞或堵料时，根据压力反馈信号驱动装置自动进行反转，排除卡滞或堵料问题。

图5.1 土壤预处理模块样图

土壤预处理模块主要部件规格型号及参数如表5.2所列。

表5.2 土壤预处理模块主要部件规格型号及参数

序号	部件名称	规格型号及参数	数量
1	主体	4.5m×2.86m×3.2m，产能120m³/h	1
2	定量马达	排量2×500mL/r，扭矩2×1540=3080N·m	2

序号	部件名称	规格型号及参数	数量
3	闭式变量泵	排量90mL/r，压力20MPa	1
4	主电机	55kW，变频	1
5	气缸	13000N，缸径100mm	1
6	破碎振动电机	300W	3
7	破碎斗有效容积	1.3m³（碳钢结构）	1

5.2.2 土壤强制搅拌混合模块

5.2.2.1 小试混合搅拌系统设计

　　基于中南地区土壤饱水高黏性的特点，通过设计特殊结构的破碎轴和破碎刀头解决了黏性土壤包轴和难破碎的问题，为后续土壤和药剂的混合提供保障，同时也缩短了晾晒周期，减少了工程风险。研究同向啮合强制搅拌混合技术，解决了目前土壤修复过程中存在的药粉与土壤混合不均匀、药粉抱团不与土壤相结合的问题，通过同向轴的搅拌叶片相互啮合使土壤和药粉之间强行混合，既保证了土壤与药粉的混合均匀性，也解决了黏性土壤搅拌时包轴的问题；同时在叶片搅拌过程中对土壤进一步精细化、均匀化粉碎促进污染土壤与药剂充分反应，保障稳定化药剂修复效果。进行小试混合搅拌系统模块化设计，确定适用于南方黏土搅拌机的叶片分布间距、搅拌速率、叶片倾角等关键技术参数。

　　对搅拌设备来说，搅拌机构是核心装置，混合搅拌质量的好坏、生产率的高低以及使用维修费用的多少都与它有关。目前，双卧轴搅拌机是国内的主导机型，国内外对卧轴搅拌机技术进行了比较广泛、深入的研究。

　　在搅拌过程中，必须设法使各组分颗粒和液滴都产生运动，并使其运动轨迹交叉，交叉运动越剧烈、交叉次数越多，土壤药物越易混合均匀。混合料在搅拌过程中要达到均匀混合的机理是十分复杂的，根据混合物各组分颗粒和液滴产生运动的方法不同，可分为对流运动、扩散运动、剪切运动等基本运动类型。适当提高搅拌轴转速和增加搅拌时间，可以改善土壤的搅拌质量，但转速过高，线速度过大，能耗以及衬板、叶片之间的磨损将增大；转速过低，则必须延长搅拌时间，生产率将受影响。为了提升搅拌的经济效益，必须选择合理的搅拌时间、搅拌轴转速和叶片的线速度，这些参数又为选择搅拌功率提供了主要依据。此外，搅拌筒体的容积、长宽比以及近似螺旋升角的取值对搅拌效果也十分重要。为了提高土壤的搅拌质量和效率，全面提升搅拌设备的工作性能，需要合理地设计搅拌机结构，生产出节能高效的搅拌机。为此对搅拌机以下3个方面的主要参数来进行较全面和综合性研究：

① 搅拌臂的合理布置，包括搅拌臂的料流排列和排列形式，以及搅拌臂数目和搅拌叶片面积；

② 搅拌叶片安装角和搅拌筒长宽比；

③ 搅拌机的合理转速和搅拌时间。

（1）搅拌机主要参数

以目前广泛使用的双卧轴搅拌机为主，对搅拌装置几何和运动参数的合理取值范围进行分析和试验研究。搅拌装置参数主要有搅拌臂的排列、搅拌叶片的安装角、搅拌筒的长宽比及搅拌线速度等，采用宽短型双轴搅拌臂排进行设计。其结构如图5.2、图5.3所示，主要参数如表5.3所列。

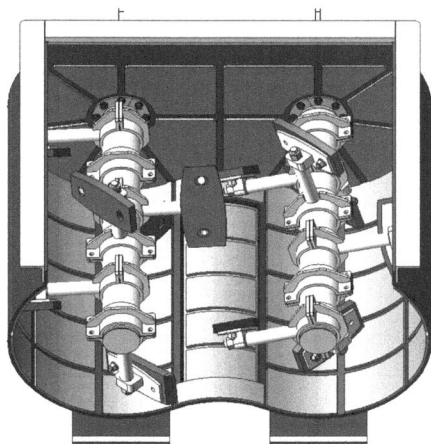

图5.2 双卧轴搅拌机结构

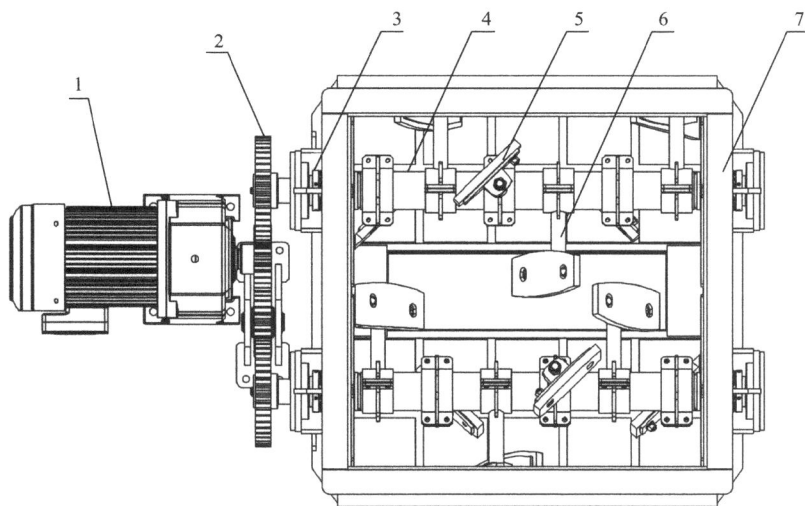

图5.3 双卧轴搅拌机主体结构

1—减速电机；2—传动齿轮；3—机械密封；4—搅拌轴；5—搅拌叶片；6—叶片轴；7—箱体

表5.3 小试样机主要性能参数

性能参数		数值
公称容量/L		60
搅拌桶长宽比		0.8
搅拌电机及减速器	电机型号（变频）	GH40-2200W-100-SB
	电机功率/kW	2.2
	总减速比	167.8
	输出转速/（r/min）	8.9（50Hz时）

该试验样机搅拌的基本工作原理与普通双卧轴搅拌机相仿，动力从电机通过摆线针轮减速器，变速后由弹性联轴器直接传递给一对同步齿轮，从而带动两根搅拌轴做反向同步转动。轴端密封共采用两道密封技术，即迷宫环和105型机械密封。卸料采用自动方式，通过搅拌筒底部的升降机来实现。小试的重点是确定搅拌机的叶片分布间距、搅拌速率、叶片倾角等关键技术参数，因此搅拌臂的排列和搅拌叶片的安装角必须能够可调，而且要求拆装、维护方便。

（2）搅拌机设计

1）搅拌叶片的设计

搅拌叶片的外缘利用搅拌筒直径构成的圆柱体，通过曲线拟合得到。考虑叶片与搅拌筒内壁的间隙大小对叶片使用寿命和搅拌能耗的影响，设计搅拌叶片的外缘与搅拌筒内壁的间隙≤4mm，并且成变间隙的楔形，如图5.4所示。先接触物料的前端间隙小于后端，相差1~2mm，利于集料一旦被卡后的释放。

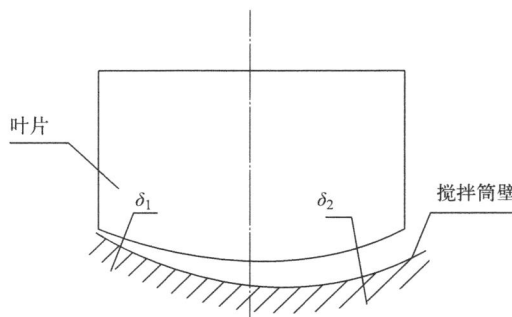

图5.4 楔形间隙示意

搅拌臂和搅拌叶片的安装设计，则都采用了抱瓦结构，通过螺栓的夹紧作用分别固定在相应的搅拌轴搅拌臂上，具体结构如图5.5所示。试验时，可以根据试验研究的要求，对搅拌叶片的数量进行相应的增减，即改变叶片间距；通过调节搅拌轴抱瓦，可以调节单轴搅拌臂相位和双轴搅拌臂相位差；通过调节叶片轴螺栓，可以调节搅拌叶片的轴向安装角；通过调节叶片锁紧螺栓，可以调整叶片与搅拌桶的间隙。

2）搅拌轴设计

搅拌轴采用3段焊接式设计，具体结构如图5.6所示，两端是采用实心圆钢的机加件，中间则是普通的无缝管，端轴和中轴焊接为一体，在保证产品机型性能的同时，尽量减少其加工难度和制作成本。

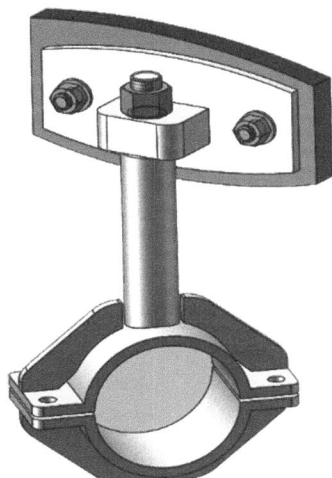

图5.5 叶片安装示意

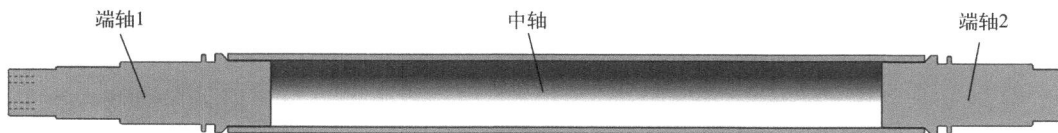

图5.6 轴结构

3）轴端密封设计

轴端密封共采用两道密封设计，即第一道为迷宫环和第二道为105型机械密封，具体结构如图5.7所示。第一道迷宫环可以有效阻止大颗粒土壤进入机封处和减少机封处土壤压力，可以有效延长机封的使用寿命。第二道机封可以阻止水液的流出。

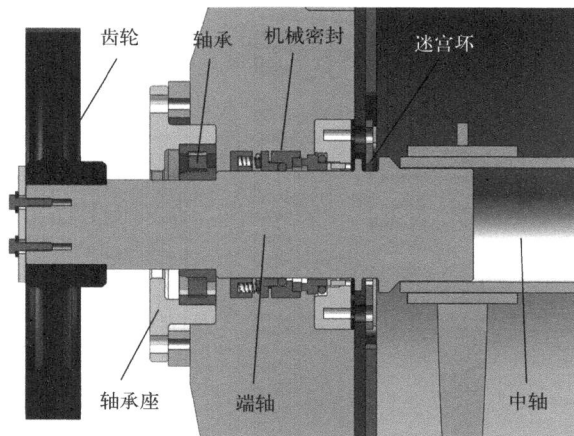

图5.7 轴端密封形式

4）搅拌轴叶片排列设计

对于双卧轴搅拌机搅拌筒内的物料运动形式，通过理论分析，认为由于搅拌臂的排列及其叶片的安装形式不同,使物料表现出"对流"和"围流"两种不同的运动轨迹。通过理论分析和试验研究确定采用何种设计。

对流搅拌臂的排列如图5.8所示。在搅拌叶片推动下,混合料由搅拌机两端向中央运动,并在中央处以锥体形状堆积。这时有些物料就会从料堆顶部溢出,流向搅拌筒的两端,再由叶片将其从两端推回中央,从而完成物料的一个循环。

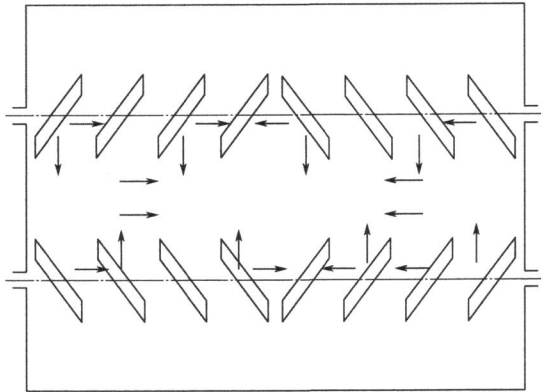

图5.8 对流排列

围流搅拌臂的排列如图5.9所示。其中一根轴上的叶片推动混合料沿轴朝一个方向运动,而另一根轴上的叶片推动混合料沿轴朝另一个相反方向运动。在两轴末端,各有返回叶片把混合料扒离搅拌筒端面,并从一根轴处转送到另一根轴处,使混合料完成大循环运动。在两轴之间的区域,左边轴上的叶片将混合料推向右边,右边轴上的叶片将混合料推向左边,完成混合料的小循环运动。

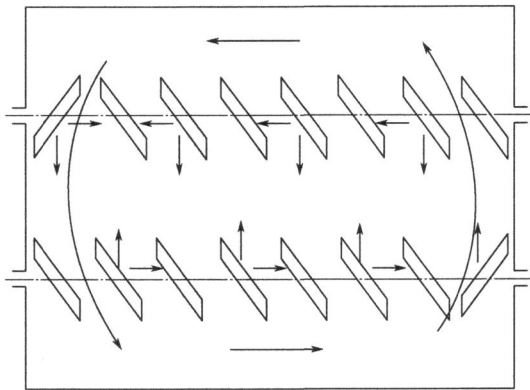

图5.9 围流排列

分析物料的运动形式可知,两种搅拌臂排列都实现了物料的循环流动,理论上任一物料质点都能到达搅拌筒内任意位置,但两种排列使物料在搅拌筒中的分布状态不一样。对流排列中，物料主要积存在搅拌筒的中央，而两端却较少，因此中央的搅拌叶片受载大，两端处的叶片受载小，容易造成个别搅拌臂和叶片过载损坏。而围流排列可使混合料在搅拌筒内均匀分布，从而保证沿轴全长上的搅拌叶片受载相同，搅拌筒底部和叶片的磨损均匀。从这一点来看，搅拌臂围流排列要比对流排列更具优势。因此，叶片采用围流排列，如图5.10所示。

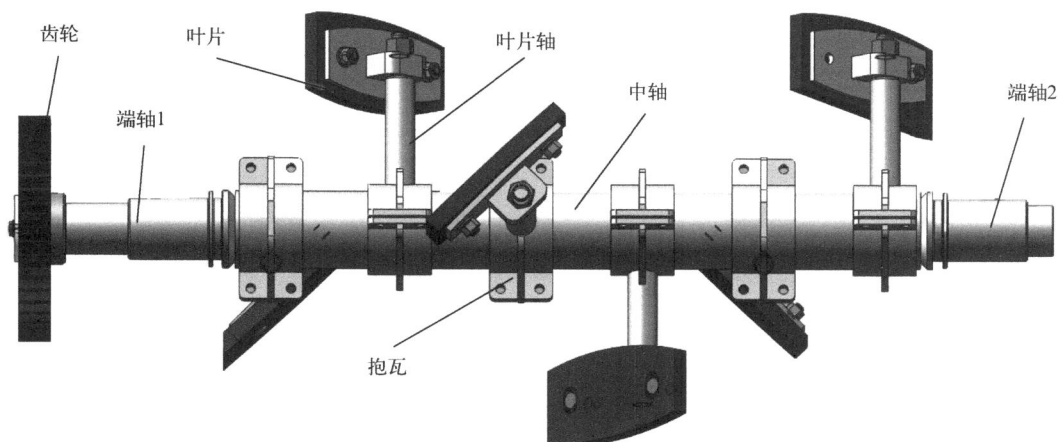

图5.10 叶片排列

双卧轴搅拌筒内搅拌臂及叶片布置的基本原则如下：

① 物料在搅拌筒内合理流动，在尽量短的时间内把物料搅拌均匀；

② 在搅拌轴旋转的过程中，尽量让参与搅拌的叶片数目相等，以达到使搅拌电机负荷均匀、减少冲击的目的；

③ 物料在搅拌筒内分布均匀，防止物料在搅拌筒的局部区段产生堆积，避免个别叶片和搅拌臂因过载而损坏。

确定搅拌臂数目要考虑的相关因素如下：

① 单根搅拌轴每转一圈，物料沿轴向行程不小于相邻两搅拌臂沿搅拌筒轴向空间长度。若以 n 表示单根轴上搅拌臂数目，θ 表示相邻搅拌臂之间的相位角，则 $n \times \theta \geqslant 360°$，一般 $360° \leqslant n \times \theta \leqslant 720°$。

② 两根搅拌轴转动时，两轴上转向相反的搅拌臂叶片最小空间距离决定了搅拌机所能适应的骨料最大粒径。否则，不是骨料被挤碎，就是搅拌臂及叶片受损。当然，上述"最小空间距离"与搅拌臂数量、叶片几何尺寸、叶片安装角度及搅拌臂间相互布置等有关。

③ 单根轴上相邻叶片的轴向投影应有一定重叠，以保证料流的连续性，同时卸

料时可最大限度地减少搅拌筒内的混合料残留，使搅拌筒便于清洗。

5）闸门机构设计

卸料采用自动方式，通过底部的电动推杆推动闸门机构，当闸门闭合后电动推杆断电并自锁，并且此时闸门机构也接近自锁状态，对电动推杆的持续压力会较低，如图5.11（a）所示。当电动推杆收缩时，带动闸门机构，此时闸门打开，如图5.11（b）所示，闸门开关通过一个开关即可实现，降低操作人员的劳动强度。

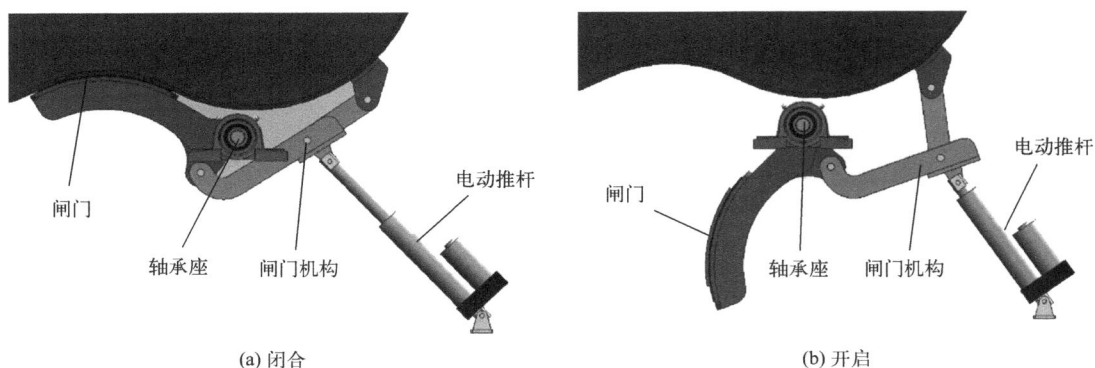

(a) 闭合   (b) 开启

图5.11 闸门机构

（3）三维图展示

土壤强制搅拌混合模块三维设计如图5.12所示。

（4）小试设备实验验证

每次试验固定搅拌量。试验过程如图5.13所示（书后另见彩图）。取48L约

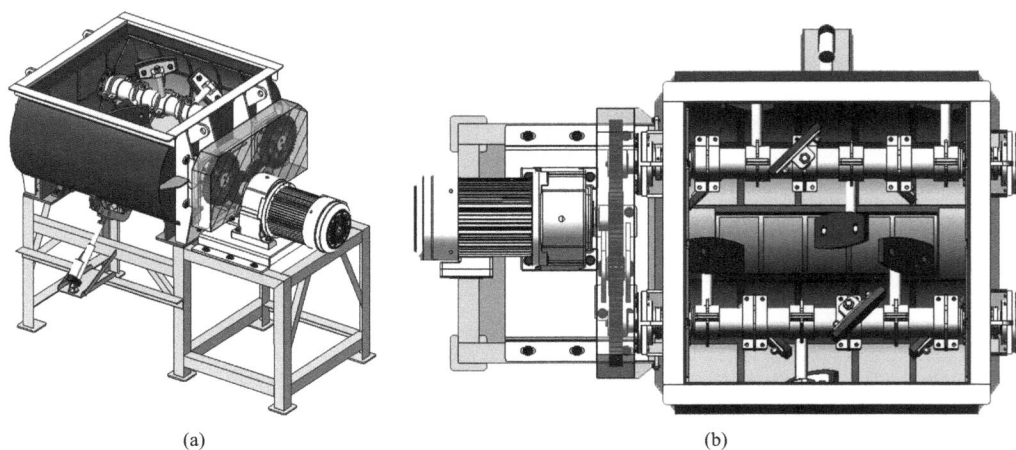

(a)   (b)

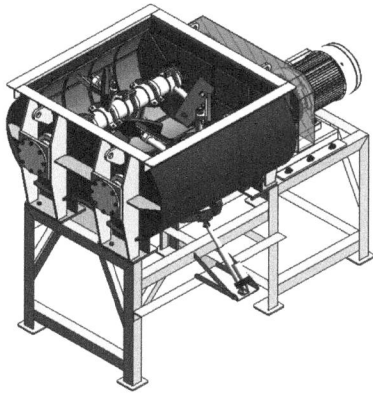
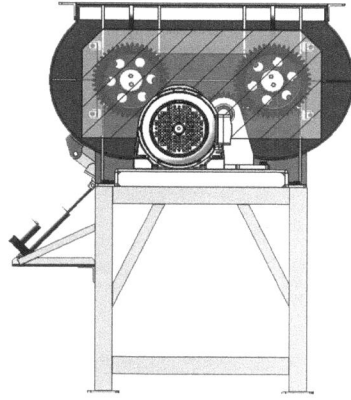

(c)　　　　　　　　　　　　　　(d)

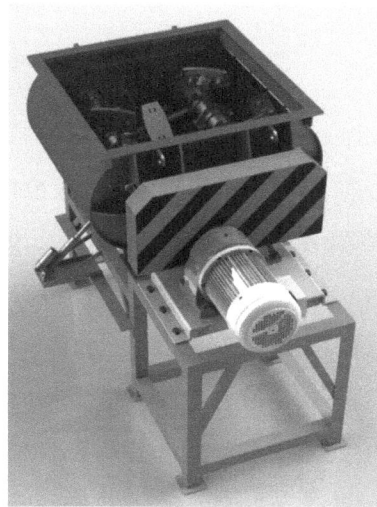

(e)　　　　　　　　　　　　　　(f)

图5.12　强制搅拌混合模块三维图

(a) 添加药剂　　　　　　　　　　(b) 样品采集

图5.13

第 5 章　　稳定化装备研制　　181

(c) 混合搅拌

图5.13 小试添加药剂、样品采集与混合搅拌试验

60kg土壤均匀倒在搅拌筒内，取土壤干重2%（现场确定）药剂粉末/粉剂均匀添加。预处理后的土壤，倒入搅拌机后，添加一定比例的修复药剂，按不同搅拌机叶片角度（0°、30°、45°、60°、90°）、叶片间距（85mm、120mm、170mm、255mm、340mm）、搅拌速度（n=8.9r/min、20r/min、27r/min、40r/min）、土壤含水率（12.8%、20%、30%、40%）、搅拌时间（100s、200s、300s）等分别取样分析验证确定设备系统参数。该小试设备的最优工艺参数为：叶片角度45°，叶片间距120mm，搅拌速度27r/min，含水率40%或12.8%，搅拌时间200s、300s。

5.2.2.2　土壤强制搅拌混合模块

基于小试设备确定的叶片分布间距、搅拌速率、叶片倾角等关键技术参数，进行土壤强制搅拌混合模块的制造。确定土壤强制搅拌混合模块主要由搅拌罐体、搅拌部件、传动部件、密封润滑部件和进出料装置等组成。搅拌机设有两轴，每两轴之间交叉排列布置数十个搅拌叶片。工作时，搅拌轴上的叶片将土壤和药剂通过剪切、翻转、挤压、推进等作用，使各种物料充分混合，均匀搅拌。土壤与药剂经过输送称量后进入搅拌机，在搅拌机内充分拌和并发生物理和化学反应后卸入土壤输送皮带机，由皮带输送机送入土壤暂存成品仓内，等待运输车将其运走。稳定化搅拌机的主体采用碳钢材料制作而成，驱动装置采用2×30kW驱动电机及摆线针轮减速机，搅拌机的主轴轴承采用向心推力球轴承。搅拌片采用耐磨、防腐的高铬铁材料。搅拌机底部设有进料门，操作简单方便。设备配备了多重轴端密封保护和380V

AC电动润滑油泵系统。模块样如图5.14所示，其主要规格参数如表5.4所列。

图5.14 土壤强制搅拌混合模块样图

表5.4 土壤强制搅拌混合模块规格型号及参数

序号	系统设备	项目	技术参数	单位	数量
1	土壤专用双卧轴搅拌机	电机功率/kW	2×30	台	1
		集中自动润滑油泵	5L（1套）		
		电源/（V/Hz）	380/50		
		电机防护等级	IP55		
		拌刀数量	12		
		搅拌机外形尺寸/mm	2000×2921×1955		
		主轴转速/（r/min）	27		
2	钢结构	框架	型钢	套	1
		支腿	H钢	套	1

5.2.3　稳定剂精准计量模块

5.2.3.1　设计目的

设计多级联合破碎及特定同向轴搅拌机是为使土壤和药粉之间充分混合。药粉的浓度对土壤修复的效果极为重要，药粉比例低，则达不到使重金属稳定的效果，药粉比例过高，则药粉会对土壤造成二次污染。因此，需要高精度地计量药粉用量。为了确保称重设备达到预期精度和稳定性，首先设计小试的计量设备。

5.2.3.2 传感器小试设计

对于计量设备而言，其中的核心部件为称重传感器。称重传感器作为典型的传感器，原理是将质量信号转换为可测量的电信号输出设备。根据转换方法，称重传感器分为光电型、液压型、电磁力型、电容型、磁极变化形式、振动型、陀螺仪和电阻应变型8类。其中使用最广泛的是电阻应变型称重传感器。在粉尘、潮湿的工况下应选用防水密封式密闭性高的传感器，以确保传感器能正常工作及其安全和使用寿命，乃至整个衡器的可靠性和安全性。钢式悬臂梁型传感器适用于料斗秤。

选择传感器的数量应依据电子衡器的应用目的以及秤体所需支撑点的数量（支撑点的数目应基于使秤体的几何重心与实际重心重合的原则来确定）。通常情况下，秤体的支撑点数量决定了选用的传感器数量，例如，每个支撑点对应一只传感器。然而，对于特定类型的秤体，如电子吊钩秤，通常仅需一只传感器。对于机电结合秤，传感器数量的选择则应根据具体情况进行判断。

传感器量程的选择可依据秤的最大称量值、选用传感器的个数、秤体的自重、可能产生的最大偏载及动载等因素综合评价确定。一般来说，传感器的量程越接近分配到每个传感器的载荷，其称量的准确度就越高。但在实际使用时，由于加在传感器上的载荷除被称物体外，还存在秤体自重、皮重、偏载及振动冲击等载荷，因此选用传感器量程时要考虑诸多方面的因素，保证传感器的安全和寿命。

传感器量程的计算公式是在充分考虑影响秤体的各个因素后，经过大量的试验而确定的。

公式如下：

$$C = K_0 K_1 K_2 K_3 \left(W_{\max} + W \right) / N$$

式中　C——单个传感器的额定量程；

　W——秤体自重，kg；

$W_{\max}$——被称物体净重的最大值，kg；

　N——秤体所采用支撑点的数量；

K_0——保险系数，一般取值在 1.2 ~ 1.3；

K_1——冲击系数；

K_2——秤体的重心偏移系数；

K_3——风压系数。

本试验 K_0 取 1.25，K_1 取 1.18，K_2 取 1.03，K_3 取 1.02，W_{max} 取 20kg，W 为 15.5kg，N 为 3，计算得单个传感器量程为 18.34kg。因此，可选用量程为 20kg 的传感器（传感器规格一般为 3kg、5kg、7kg、10kg、20kg、30kg 等）。

传感器的准确度等级包括传感器的非线性、蠕变、蠕变恢复、滞后、重复性、灵敏度等技术指标。在选用传感器的时候，不应单纯追求高等级的传感器，应同时兼顾电子秤的准确度要求与成本。本次小试选用的称重传感器为梅特勒托利多，小试额定负载≤20kg，称重传感器所选型号为 MT1022，如图 5.15、图 5.16 所示。

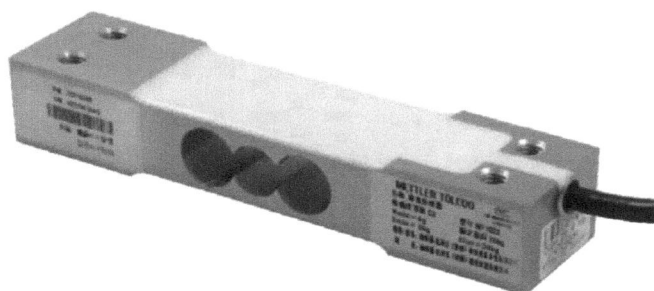

图5.15 MT1022传感器

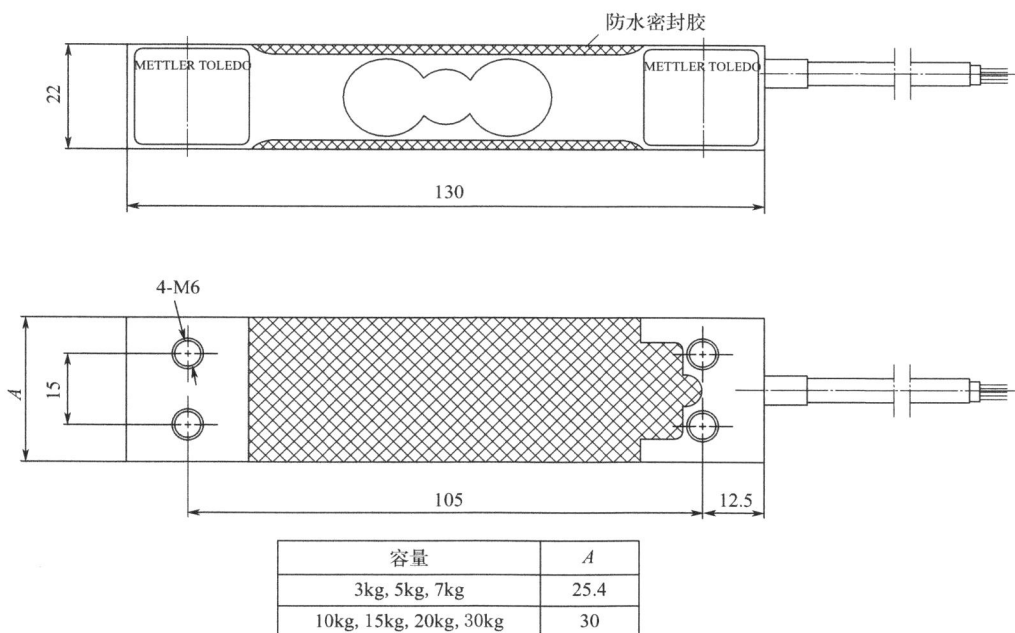

容量	A
3kg, 5kg, 7kg	25.4
10kg, 15kg, 20kg, 30kg	30

图5.16 MT1022传感器设计图

传感器主要参数如表 5.5 所列。

表5.5 传感器主要参数

参数	技术要求
额定容量/kg	20
灵敏度/（mV/V）	2±0.2
重复性误差（额定容量）/%	≤0.01
滞后（额定容量）/%	≤0.02
适用温度范围/℃	-40～65
输入阻抗/Ω	400±10
安全过载（额定容量）/%	150

5.2.3.3 稳定剂精准计量模块

稳定剂精准计量模块（图5.17）由计量称重斗、称重传感器、传感器支座、螺旋输送机、设备支架等部件构成，由3个传感器配合使用，最后将3个传感器数据汇总到数显屏，通过算法计算，得出最终称重。

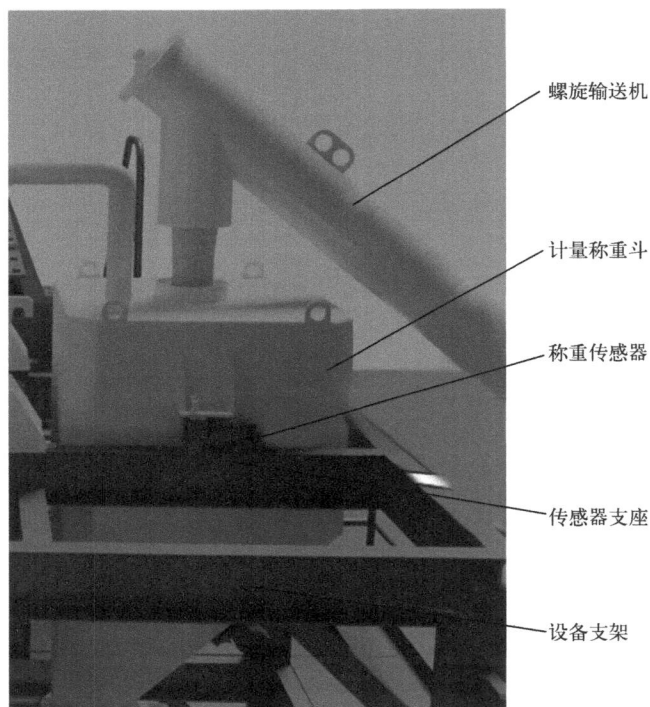

图5.17 精准计量模块

综合小试设计的方案及选择的梅特勒托利多品牌型号MT1022悬臂梁型称重传

感器，能较精确计量所测物料质量，具有精度高、温漂小、抗干扰能力强的特点。中试精准计量设备在以下方面进行了优化：称重斗底部锥斗的角度参考粉尘安息角（35°~40°）、黏土类安息角（15°~45°），结合容量空间结构，设计药剂（粉）仓锥斗52°，土壤计量仓锥斗45°，并增设振打装置。称重斗底部采用电动挡板门，便于卸料。采用螺旋输送机输送药剂，皮带机输送土壤。

稳定剂精准计量模块如图5.18所示。

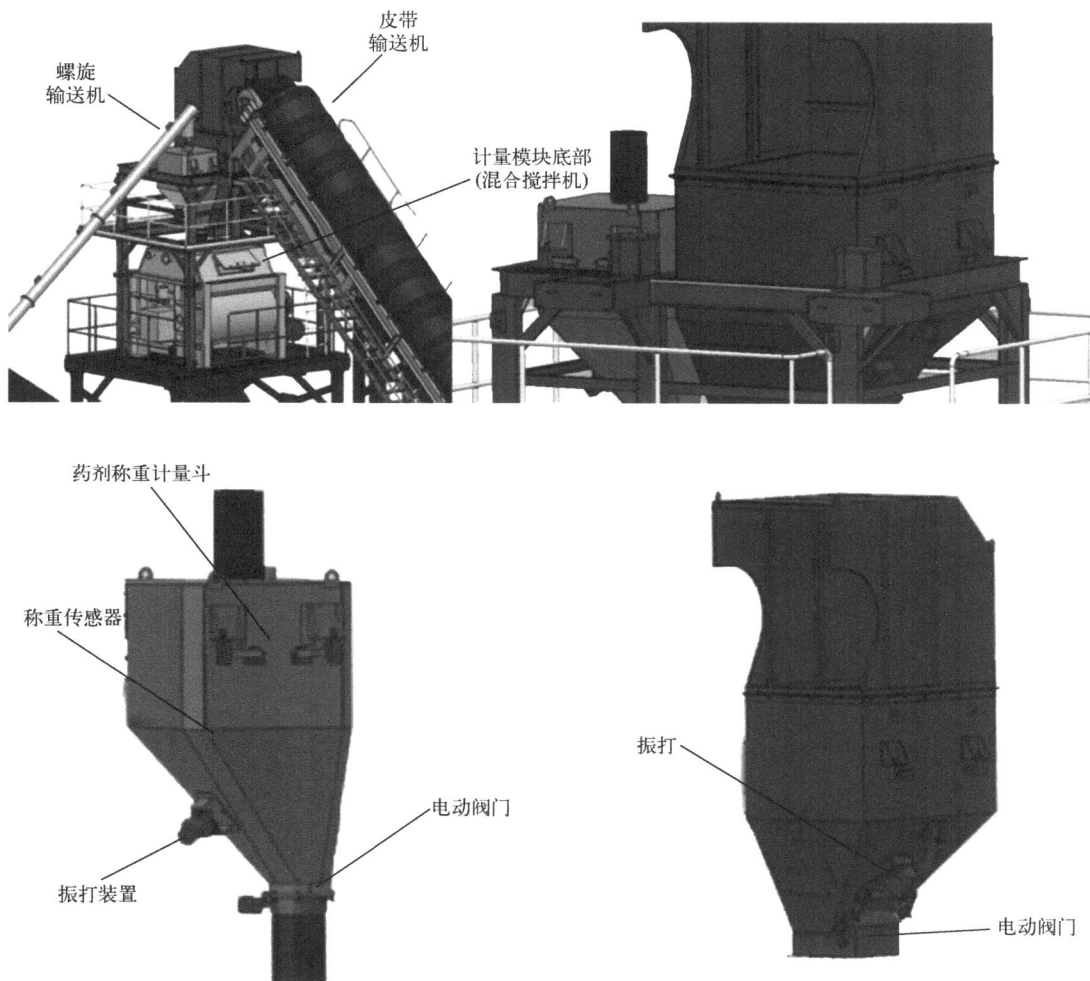

图5.18　稳定剂精准计量模块

5.2.4　智能控制模块

智能控制模块包括电气控制系统和智能控制系统，其中电气控制系统主要包括微机控制部分和强电控制部分。

5.2.4.1　微机控制部分

微机控制部分采用控制电脑加可编程控制器PLC模式，具有信号监测、数据处理、控制功能、抗干扰能力，可靠性及可维护性高。可对整个土壤的生产处理过程（输送—计量—投料—搅拌—出料），全部实现微机自动控制。能灵活地选择是否去除秤的皮重，有效控制计量精度。对药剂仓实时监控，设有灯光缺料报警及防止设备计量故障的措施。能准确方便地输入、调出和修改各种物料的设定值及配方号，并能存储常用配方。具有完善的自锁、互锁功能，以保证系统准确可靠地运行，并具有常见的故障检测及报警功能。自动跟踪各物料的实际称量值及原材料消耗量，具有基本的材料库存管理功能。

5.2.4.2　强电控制部分

强电控制部分具有分配电、动作执行、操作等功能，包括电气柜和操作台两部分。主要的控制器件采用正泰或国内知名品牌产品，质量优良、性能可靠。电气柜内主要电器件有断路器、交流接触器、热继电器、接线端子等，可有效地进行短路保护、电机过载保护。所有电器件均采用标准卡轨安装，板前走线槽布线，给维修、安装带来极大的便利。操作台面板上各操作按钮均有中文标注及流程图示，形象直观，便于操作人员掌握，使用方便。

5.2.4.3　智能控制系统

主控界面采用智能化动态3D显示，并根据客户需求可实现设备的远程监控。根据土壤污染物及污染程度的不同，预设工艺数据程序自动调节加药量，实现污染土壤破碎—筛分—上料—计量—混合—出料—养护加水的全过程控制。施工数据（如日处理量、药剂添加量）可实时存储、显示和打印，便于过程管控和数据追查。可以实时查看设备的状态，获取告警信息以及进行远程开关机等，实现设备的远程监控、故障预警。系统可提供云端数据存储、实时推送、告警、趋势、报表、大数据分析等服务。用户可获取更有价值的设备运行报告，如当天或统计的生产报告，能耗统计、设备使用率、故障率等大数据的分析报告等，科学安排生产。

5.3
异位快速稳定化处理装备集成及技术参数

5.3.1　装备集成设计方案

    整套设备采用集成化设计，如图5.19所示，将各个功能模块集成为一体，既方便操作也方便设备转场运输。

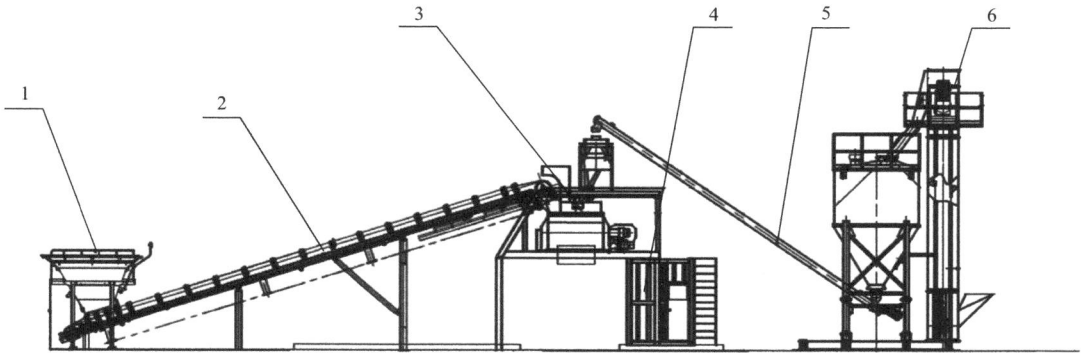

图5.19　冶炼场地土壤重金属异位快速稳定化处理集成装备设计

1—土壤破碎筛分系统；2—土壤输送系统；3—搅拌混合系统；4—控制室；
5—药剂输送系统；6—药剂精准计量系统

5.3.2　设备工作流程

    污染土壤经破碎筛分等预处理后输送至自动计量系统进行实时自动计量，同时根据该计量结果，在稳定剂存储系统中按照设定比例将稳定剂输送至计量模块，计量采用先进的悬臂梁型称重传感器，精度高，抗干扰能力强，数据可实时存储，便于查询和过程控制，计量数据实时传输至控制中心。计量完成后，污染土壤与稳定剂落入搅拌混合系统进行搅拌和混合，搅拌混合装置基于卧式双轴搅拌机的原理，可根据污染土壤含水率特性以及与药剂的比例，对搅拌机的叶片间距、倾角、速度、搅拌时间等参数进行调整，解决了抱团、包轴、混合不均匀等问题。出料输送系统的末端设计有自动加水单元，可根据设计比例喷洒一定量的水至混合后的土壤，最后由装载设备将处理后的土壤转场至养护区域进行堆放养护[7]。设备工作流程见图5.20。

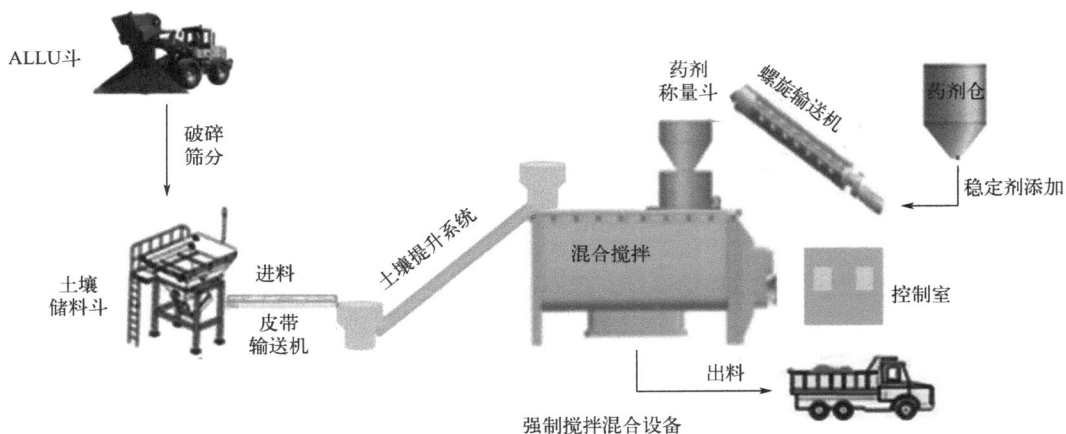

图5.20 设备工作流程示意

5.3.3 装备各模块设备实体

5.3.3.1 土壤破碎筛分系统

土壤破碎筛分系统实体如图5.21所示，采用自动正反转的倾斜式对辊和双侧破碎振动模块，破碎后土壤粒径小而均匀，既适应北方的砂质土壤，又适应南方含水率较高的黏质土壤。过筛后的污染土壤称重后通过皮带输送至混合搅拌设备。

图5.21 土壤破碎筛分系统实体

5.3.3.2 土壤输送计量系统

在综合考量土壤输送距离最小化及输送高度最大化的设计原则下，本研究采纳了大倾角波状挡边带式输送机以实现土壤的高效连续输送。该输送系统展现了长距离输送、大输送量以及连续输送的显著优势，并具备运行可靠性高、易于自动化及集中控制的特点。针对现场特定环境条件及高精度计量需求，本研究采用了悬臂梁型称重传感器进行土壤质量的精确测量。该传感器以其卓越的测量精度、微小的温度漂移以及强大的抗干扰性能，确保了土壤与修复药剂配比的精确性，从而满足了精确配比的严格要求。

土壤输送计量系统实际照片如图5.22所示。

图5.22 土壤输送计量系统实体

5.3.3.3 药剂储存及输送系统

该系统集成了配套的药剂仓和药剂螺旋输送机。药剂储存系统主要由药剂仓、仓顶除尘器、气动破拱器、仓顶防爆阀等组成。药剂仓采用创新的结构设计，其仓体容积为$10 \sim 40m^3$，无需基础结构，安装和拆卸过程简便快捷。药剂仓底部出料口上方设有3个气动破拱器，这些破拱器以压缩空气为动力，瞬间释放能量，推动内部锤头打击底部，将强大的冲击力传递给料斗壁面，有效击破物料形成的拱桥，使积料松动，确保卸灰过程顺畅。气动破拱器对斗壁的冲击不是连续的，仅在接收启动信号后工作一次，产生一次冲击，待第二次启动信号到来时才再次动作。在破坏物料拱桥的同时不会对灰斗构件造成破坏。由于几乎不存在机械活动部件，故障率低，可靠性高，维修方便。仓顶的粉末专用除尘器设计有较大的过滤面积和紧凑的体积，安装与维修快捷方便，采用振动式清理，操作简便。卡式滤芯采用进口材料，既能满足各类粉末状物质的过滤需求，又能确保仓内无负压。药剂输送模块采用全程封闭式结构，在粉尘量大的环境中进行喷雾除尘，有效保障施工现场的环保要求，避免二次污染。输送系统采用高效率的LS型管式螺旋输送机，采用新型的悬挂式中吊轴承架，增大了物料运送空间，减少了物流阻力，结合小直径、高转速、变螺距等设计，确保了顺畅、快速、均匀送料。针对现场环境和高精度计量要求，药剂计量系统采用悬臂梁型称重传感器进行称量，该设备精度高、温漂小、抗干扰能力强，能够实现修复药剂的精确计量，以确保与污染土壤的精确配比。

药剂储存及输送系统实体如图5.23所示。

图5.23 药剂储存及输送系统

5.3.3.4 搅拌混合系统

搅拌混合系统由强制搅拌混合模块构成，其主要作用在于将预处理后的土壤与稳定剂进行充分的搅拌混合。该系统所配备的土壤专用双卧轴搅拌机，主要由搅拌罐体、搅拌部件、传动部件、密封润滑部件以及进出料装置等构成。搅拌机设计有两根轴，每根轴上交叉排列着数十个搅拌叶片。这些叶片通过同向啮合、剪切、翻转、挤压、推进和强制搅拌等多种复合动作，确保了各种物料的充分混合和均匀搅拌，混合均匀性变异系数CV≤5%，从而保证了反应的充分性、彻底性和稳定性。

搅拌混合系统外观实体见图5.24。

图5.24 强制搅拌混合模块实体

5.3.3.5 智能控制系统

全流程智能控制系统主要组成部分位于控制室内（图5.25，书后另见彩图），包括了设备远程综合管理系统。该系统实现了对设备的远程监控与故障预警，为远程故障诊断提供了便利，显著降低了设备的维护及售后成本。系统主控界面采用了智能化的动态3D显示，能够根据土壤污染物的种类和污染程度自动调节处理工艺，从而实现从污染土壤破碎、筛分、上料、计量、混合、出料到养护加水的全过程控制。该系统计量精度高，可追溯性强，施工数据（例如日处理量、药剂添加量）能够实

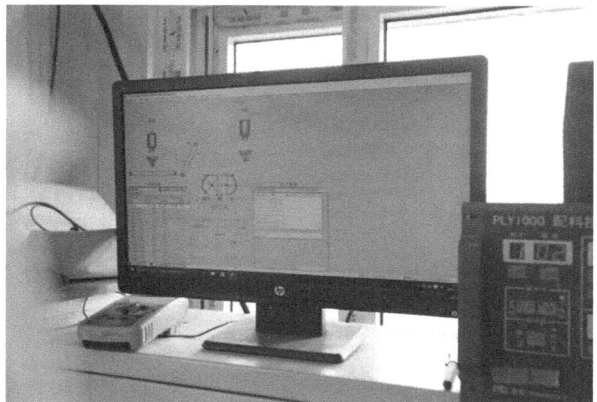

图5.25 控制室

时存储、显示和打印，便于过程管控和数据追查。此外，系统还提供了云端数据存储、实时告警、推送报表、大数据分析等服务。同时，该系统的生产控制方式支持切换至手动控制。

5.3.4　异位快速稳定化处理装备技术参数及设备特点

5.3.4.1　技术参数

异位快速稳定化处理装备技术参数如表5.6所列。设备设计处理能力根据土壤不同最高可达50m³/h；破碎筛分斗容积为2m³，处理后的土壤粒径≤30mm；上料系统输送能力为150m³/h（变频可调），带宽800mm，带速1.6m/s；搅拌混合系统处理能力为2m³/次。

表5.6　设备技术参数

序号	技术项目	参数
1	产能/（m³/h）	30～50
2	单次搅拌方量/m³	1.5～2
3	生产模式	自动和手动
4	一次处理合格率/%	100
5	混合均匀性变异系数/%	≤5
6	土壤加水的比例/%	0～15
7	土壤称量误差/%	±1
8	药剂称量误差/%	±1
9	筛分系统后下料粒径/mm	≤30
10	装机容量/kW	110

5.3.4.2　设备特点

① 本设备采用模块化与集成化的设计理念，实现了组件的集约化布局，从而确保了设备的快速转移与即时反应能力。所有与土壤及药剂直接接触的部件均采用封闭式设计，以最大限度地降低扬尘所引发的二次污染问题。

② 本研究采用卧式双轴搅拌原理，对搅拌混合装置进行了针对性的优化设计。通过精确调整搅拌机的叶片间距、倾角、转速及搅拌时间等关键参数，针对污染土

壤的含水率特性及药剂配比进行了定制化适配。该设计有效克服了土壤抱团、轴向包裹及混合不均等技术难题，显著提升了污染土壤修复的效率与质量。试验结果表明，该修复技术的单次修复合格率达到了90%以上。

③ 该装备集成了智能控制系统，实现了对污染土壤处理全流程的远程监控，包括上料、计量、混合、出料及养护等关键环节。药剂添加系统采用了智能化计量控制技术，并能依据工艺流程自动调节药剂的添加量，有效解决了传统人为操作所导致的药剂添加不稳定问题。

参考文献

[1]   尚小龙，袁瑜. 日本土质改良机械一瞥 [J]. 工程机械与维修，2015（7）：16-17.
[2]   诸毅，宋立杰，黄攀攀，等. 重金属污染土壤异位修复施工技术及设备发展 [J]. 广州化工，2017，45（19）：16-19.
[3]   蒋忠. 异位污染土壤修复设备关键部件设计分析及送料控制策略的研究 [D]. 上海：华东理工大学，2015.
[4]   王湘徽. KH200集成破碎混合设备在重金属污染土壤稳定化修复中的应用及其效果 [J]. 环境卫生工程，2015，23（4）：55-58.
[5]   张娟，刘阳生，李书鹏，等. 2018年土壤修复行业发展概述及发展展望 [J]. 中国环保产业，2019（4）：15-17.
[6]   张皓，李军，杨捷，等. 上海地区土壤水分月季变化特征分析 [J]. 中国农业气象，2009，30（s1）：10-15.
[7]   陈婷，罗丰，周斌，等. 土壤异位高效稳定化修复一体化设备及应用 [J]. 中国环保产业，2021（04）：63-67.

第**6**章

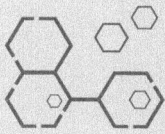

异位稳定化技术
与装备应用典型
案例

6.1
湖南某铅锌冶炼老工业区土壤异位稳定化治理工程

6.1.1　工程概况

6.1.1.1　地块基本情况

地块所在工业区是国家"一五""二五"期间重点建设工业聚集区，以有色冶炼、重化工产业为主，属典型的高污染、高能耗、高排放集中区域，地块所在位置为铅锌冶炼厂，生产铅、锌及其合金产品，并综合回收铜、金、银、铋、铟等多种稀贵金属，是国内较为典型的铅锌冶炼厂区，其污染特征能基本代表中南地区铅锌冶炼场地的情况。地块在完成了土壤污染状况调查和风险评估等相关工作后启动了土壤污染治理工程。

6.1.1.2　项目场地修复目标及范围

（1）修复目标

地块所在位置规划为道路用地，根据地块风险评估报告、地块污染重金属的修复目标考察浸出指标。浸出指标根据《地表水环境质量标准》（GB 3838—2002）确定，如表6.1所列。

表6.1　地块修复目标

修复目标	砷	镉	铅	参考标准
土壤浸出目标/（mg/L）	0.1	0.005	0.05	《地表水环境质量标准》（GB 3838—2002）Ⅳ类标准

（2）修复范围及方量

原地异位稳定化区域面积为1116.9m²，开挖深度平均为2.33m，异位稳定化土方量为2608.1m³。工程修复范围见图6.1（书后另见彩图）。

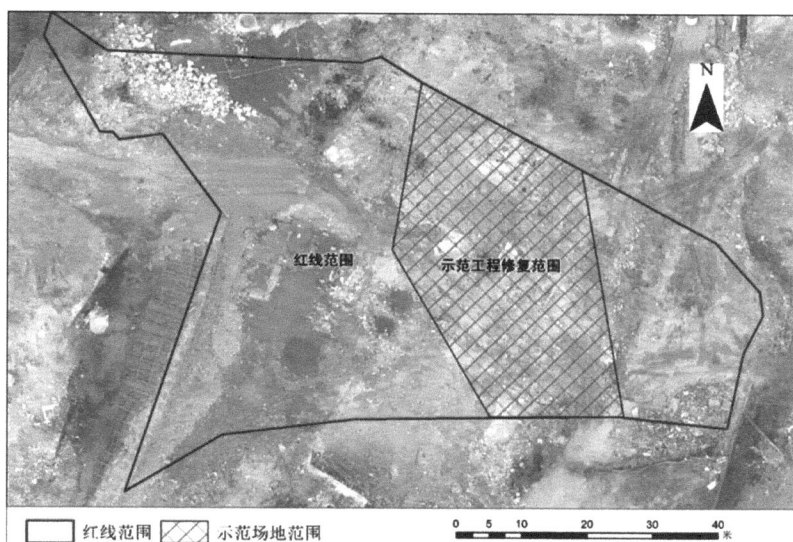

图6.1 工程修复范围

6.1.2 治理修复过程

6.1.2.1 修复方案设计

（1）小试试验

根据修复要求，污染土壤经异位稳定化治理后，污染土壤浸出液中砷、镉、铅和pH值必须满足《地表水环境质量标准》（GB 3838—2002）IV类标准。依据场地调查报告数据，选取典型污染点位，并携带重金属快速检测仪XRF(X射线荧光光谱仪)前往现场进行样品采集。现场采集土壤样品重金属总量及浸出数据如表6.2所列 [按照《固体废物　浸出毒性浸出方法　水平振荡法》（HJ 557—2010）制备土壤浸出液]。

表6.2 待处理土壤重金属含量及pH值

样品名称	As/(mg/kg)	As/(mg/L)	Cd/(mg/kg)	Cd/(mg/L)	Pb/(mg/kg)	Pb/(mg/L)	pH值
CK-1	2031.22	0.5555	329.32	0.0217	3492.00	0.0026	8.08

由表6.2可知，该项目土壤污染类型主要为砷镉复合污染，因此选择团队研发的半包裹稳定化材料对其进行稳定化处理。

根据土壤污染情况，设计污染土壤重金属稳定化试验方案，如表6.3所列。

表6.3　小试试验方案

土壤样品名称	处理	稳定化材料添加比例/%
CK-1	Y-2	2
	Y-2.5	2.5
	Y-3	3

试验步骤如下：

① 将污染土样品磨碎，过3mm筛，过筛后样品混合均匀备用。

② 每个试验批次称取污染样品100g，按不同添加比例添加稳定化材料并混合均匀。

③ 加入适量水润湿，揉捏均匀，养护2d。

④ 采用《固体废物　浸出毒性浸出方法　水平振荡法》（HJ 557—2010）测定土壤中砷、镉的浸出浓度。

稳定化试验结果如图6.2、图6.3所示。针对污染土壤CK-1，当稳定化材料添加比例从2%增加到3%时，其对土壤中砷、镉的稳定化率均随着添加比例的增加而升高。当稳定剂的添加量为3%时，土壤中砷浸出浓度为0.0303mg/L，土壤中镉浸出浓度为0.001mg/L，均满足修复目标要求；对砷、镉的稳定化率分别为94.5%和95.3%。基于上述分析结果，考虑添加3%的稳定化材料作为该污染场地的处理方案。

（2）修复工艺参数

该工程修复场地涉及的污染物主要为土壤重金属污染，处理总量为2608.1m³。根据实验室小试参数，初步确定异位稳定化修复过程技术参数如下。

① 含水率：养护反应时水分添加比例约为土壤质量比的10%，加水后稳定化土

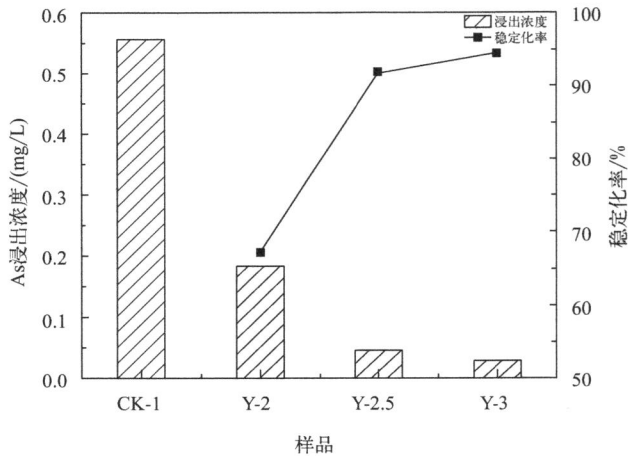

图6.2　稳定化材料对砷浸出浓度的影响

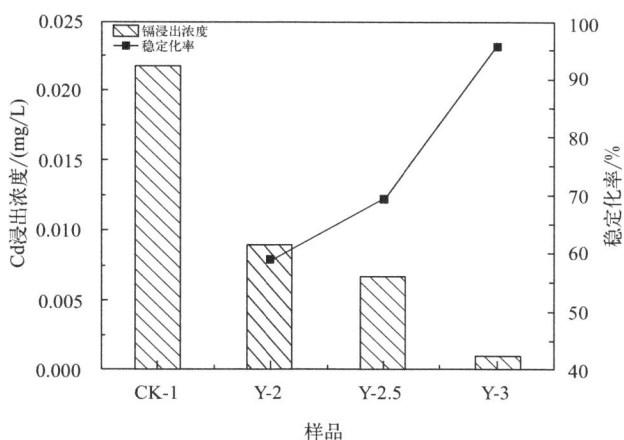

图6.3 稳定化材料对镉浸出浓度的影响

壤的含水率控制在20%～40%之间。

② 药剂添加量：实验室小试的结果显示，半包裹稳定化材料对该场地土壤中的砷和镉均有较好的修复效果。在添加3%的稳定化材料时，稳定化后土壤浸出液砷、镉的浸出浓度均达到修复目标值，同时满足修复要求稳定化率≥90%的要求。

③ 养护时间：污染土壤与药剂搅拌结束后，进行为期1～2d的养护，使得药剂在土壤中充分反应，养护反应时需要对含水率进行控制。

④ 设备选择：该工程采用团队研发制备的冶炼场地土壤重金属异位快速稳定化处理集成装备（简称异位快速稳定化处理集成装备）对污染土壤与药剂进行混合搅拌处理，该设备的运行能力设为35.2m³/h。

工程稳定化技术关键参数见表6.4。

表6.4 稳定化技术关键参数一览表

序号	项目	数量
1	修复土方量/m³	2608.1
2	药剂用量（污染土壤：稳定剂=1：0.03，土壤容重按1.8kg/m³）/kg	140.84
3	药剂平均添加比例/%	3
4	养护期土壤的含水率/%	20～40
5	养护周期/d	1～2
6	处理能力/（m³/d）	250～259
7	稳定化处理工期/d	12
8	养护后检测周期/d	7

（3）修复工艺流程

该工程异位稳定化处理污染土壤方量2608.1m³，污染土壤送至稳定化治理车间，由预处理设备和异位快速稳定化处理集成装备对污染土壤进行破碎、筛分及稳定化处理。污染物与稳定化材料搅拌混匀后，进行反应养护，养护期满后，对稳定化修复效果进行浸出检测，满足《地表水环境质量标准》（GB 3838—2002）Ⅳ类标准限值则处置达标；若未达标再次输入土壤修复一体化设备进行稳定化处理，直到达到修复目标。

异位稳定化修复工艺流程如图6.4所示。

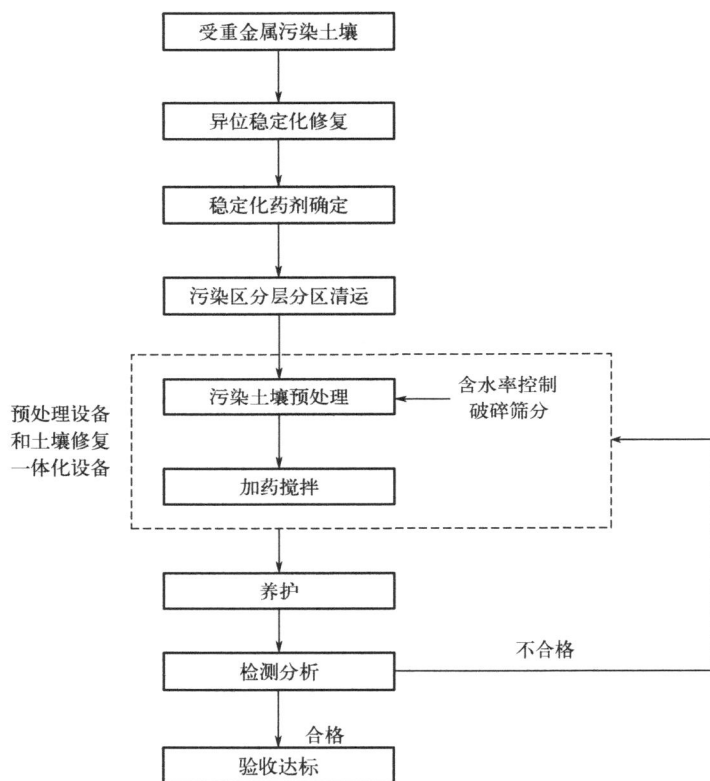

图6.4 异位稳定化处理工艺流程

6.1.2.2 修复实施过程

（1）污染土壤清挖

1）基坑清挖

该工程采用机械分层清挖以及分区分层清挖、修复及验收的思路，每层区域内遵循由中心向四周的开挖原则。清挖基坑边界进行放坡分层开挖，坡比为1：1。根据处置进度控制施工的清挖进度，控制暂存土壤的质量，满足场地清挖、修复高效性要求。同时，通过分区分层清挖减少开挖面，降低清挖过程对环境的影响。现场基坑开挖主要有表6.5所列的几种方法。

表6.5 基坑开挖方法一览表

分类	开挖深度/m	开挖分层/m	开挖方法	支护方式
污染土壤	0～2.0	0～0.5	推土机开挖，局部区域人工辅助配合	直接放坡开挖
		0.5～1.0		
		1.0～2.0	挖机开挖，局部区域人工辅助配合	

① 开挖分层0～0.5m、0.5～1.0m区域。此类0～0.5m、0.5～1.0m分层断面开挖深度浅，采用挖机比较难达到精度要求，清理表面树木、石块、建筑垃圾及积水等后采用推土机控制深度平推清挖，局部区域采用人工辅助配合方式。为确保基坑的稳定性，对清挖污染土壤边界进行放坡，直到清挖至该地块分层设计标高。该地块分层区域清挖方式如图6.5所示。

图6.5 分层0～0.5m、0.5～1.0m区域开挖示意

② 开挖分层1.0～2.0m区域。此类1.0～2.0m分层断面采用挖机开挖，根据厚度情况、挖机型号、控制单层深度，采用单层开挖或双层开挖，局部区域采取人工辅助配合方式。为确保基坑的稳定性，对清挖污染土壤边界进行放坡，直到清挖至该地块分层设计标高。该地块分层清挖方式如图6.6所示。

2）放坡开挖

本工程修复区域采用直接放坡开挖，设计放坡坡比为1：1，如图6.7所示。

3）基坑排水

基坑土方分层开挖，采用明沟排水处理，在距坑底0.5m处设置400mm×400mm

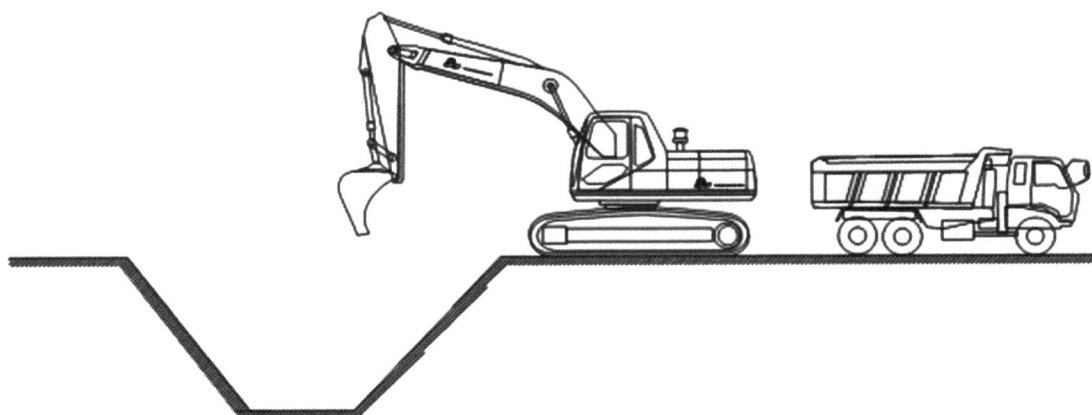

图6.6 分层1.0~2.0m区域开挖示意

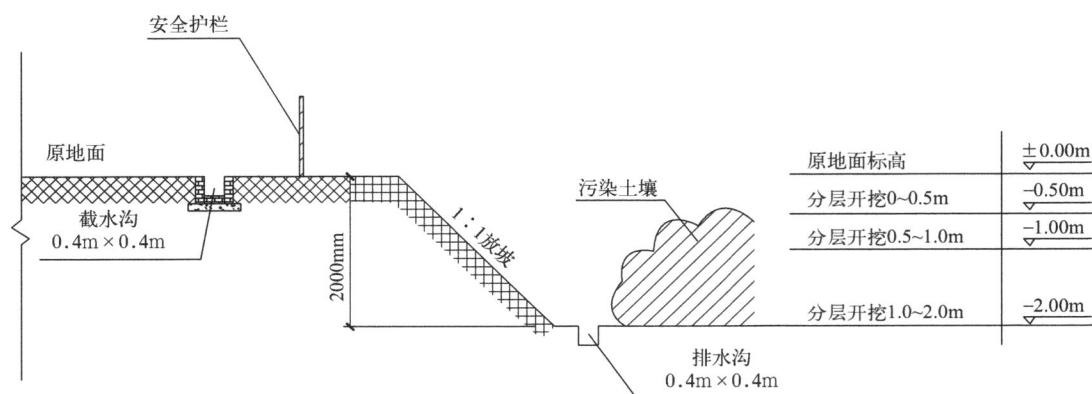

图6.7 基坑开挖示意

的排水沟，按0.3%坡率流入集水井。基坑内外排水沟采用直接清挖沟槽的方式，压实后用HDPE（高密度聚乙烯）防渗膜铺设在沟槽内；集水井1000mm×1000mm，240mm砖砌侧壁，20mm厚1∶25防水砂浆抹面，100mm厚C20素砼垫层，沟边黏土填实。集水井内安装扬程＞25m、3t/h的潜水泵，考虑到特殊情况现场需配备一定数量额定抽水量更高的潜水泵，水泵用钢丝绳吊在井内并用胶管或塑料管连接，将水抽排至基坑周边沉淀池，经处理达标后回用。

（2）预处理

将污染土壤采用自卸式运输车运至稳定化车间，由预处理设备对污染土壤进行筛分、破碎作业，破碎后粒径达到30mm以下。污染土壤经过破碎筛分设备的处理，确保进入混合反应工序的污染土壤粒径小而均匀，为稳定化处理过程创造条件。根据工程经验及试验要求，稳定化处理污染土壤含水率一般控制在20%～25%，粒径

＜30mm，此时药剂与污染土壤搅拌能达到最佳效果。

（3）稳定化处理

根据小试试验结果及设备进料要求，稳定化处理污染土壤含水率控制在20%~25%，粒径≤30mm。污染土壤采用破碎筛分设备通过进料斗进入储料仓，经输送系统运输至自动计量系统进行实时自动计量，同时根据该计量结果，药剂输送系统从药剂的存储系统添加一定比例的稳定化药剂至药剂计量模块，计量完成后自动落入搅拌混合系统进行充分搅拌混合，在搅拌混合过程中同时自动进行下一批待处理污染物的输送和计量。

（4）处理后养护

通过设备处理混合后的土壤，由装载机转运至养护区进行堆放养护。处理后的土壤养护按照批次依次堆置成长条土垛，采用薄膜对养护土壤进行覆盖，且对覆盖物进行固定处理。密闭式养护应避免阳光直射及雨水淋洗，同时也避免大风时出现扬尘。稳定化处理的土壤需要养护1~2d时间，养护期间保证养护土壤中的含水率控制在20%~40%，保证稳定化反应的效果。

（5）取样及回填

记录每堆土养护的起始时间，在开始养护后48h时对加药养护后的土壤进行混合取样。每次取样采集过程严格依照采样规范布置采样点，在堆体至少5个不同点位处按梅花采样法进行取样混合，并送至实验室进行分析检测。每个堆体得到一个混合样。待所有取样完成后再将养护后的土壤回填。

（6）现场施工

现场施工见图6.8~图6.19。

图6.8 土壤清挖

图6.9 土壤筛分

图6.10 土壤转运

图6.11 土壤转运至预处理车间

图6.12 预处理模块进料破碎筛分

图6.13 稳定化设备进料

图6.14 稳定化药剂精准计量进料

图6.15　稳定化后土壤下料

图6.16　稳定化后土壤养护土堆

图6.17　稳定化后样品取样

　有色金属冶炼场地重金属污染土壤异位稳定化技术

图6.18　转运

图6.19　回填

6.1.3　修复效果验证

现场污染土壤原样按照每500m³采集1个原样原则进行采集，共计4个样品，样品编号为C1～C4。稳定化后的土壤共分为4个土堆进行养护处理，按照每个土堆采集2个样品的原则进行稳定化后样品的采集，共计8个样品，编号为W1～W8。其原样结果如表6.6所列，稳定化后的结果如表6.7所列。

表6.6 原样检测结果

项目	As/(mg/L)	Cd/(mg/L)	pH值
C1	0.577	0.0261	6.88
C2	0.550	0.0192	6.91
C3	0.377	0.0188	6.43
C4	0.318	0.0158	7.01
平均值	0.456	0.0199	6.81

表6.7 稳定化后检测结果

项目	As/(mg/L)	Cd/(mg/L)	Pb/(mg/L)	pH值
W1	0.0435	0.0010	0.0020	8.62
W2	0.0364	0.0010	0.0050	8.74
W3	0.0264	0.0005	0.0021	8.46
W4	0.0310	0.0007	0.0082	8.58
W5	0.0029	0.0007	0.0065	8.27
W6	0.0030	0.0006	0.0032	8.18
W7	0.0206	0.0010	0.0058	8.77
W8	0.0194	0.0006	0.0064	8.82
修复目标值	0.1	0.005	0.05	—

由表6.7可知，添加3%的稳定化材料，土壤浸出液中砷浓度从平均0.456mg/L下降至0.0029～0.0435mg/L，稳定化率为90.46%～99.34%；土壤浸出液中镉浓度从平均0.0199mg/L下降至0.0005～0.0010mg/L，稳定化率为94.9%～97.9%；土壤中浸出液中铅浓度无明显变化，表明该药剂在稳定砷、镉的同时不会对铅造成副作用。

综上所述，添加3%半包裹稳定化材料时，稳定化材料对砷、镉的钝化效率均达到90%以上，且能保证土壤砷、镉浸出浓度满足修复目标要求。

6.1.4 案例总结

本案例采用异位稳定化技术结合土壤预处理设备、一体化污染土壤修复设备等设施，成功修复砷、镉、铅复合污染土壤面积1116.9m²，开挖深度平均为2.33m，异位稳定化土壤方量为2608.1m³，经第三方检测验证，修复后土壤重金属有效态含量降低了90%以上，模拟3年老化，其稳定化率波动小于20%，重金属稳定化率达到90%以上。项目实施周期短、见效快，具有较好的推广应用价值。

6.2
湖南某重金属与有机复合污染工业用地治理修复工程

6.2.1 工程概况

本案例地块规划为商服、住宅用地，场地土壤环境调查结果显示该地块部分区域土壤中的污染物为重金属、总石油烃和多环芳烃。根据国家有关规定，为减少土地在开发利用过程中可能带来的环境问题，确保人体健康安全，需要对该场地的污染土壤进行治理，达到修复目标值后方能开发利用。待治理受污染地块土壤面积为19422.2m²，修复土壤总工程量为7768.88m³，其中通过化学氧化技术以及固化/稳定化技术修复的复合污染土壤量为5774.24m³，采用固化/稳定化技术修复的单独重金属污染土壤量为1994.64m³。

6.2.2 地块污染状况

6.2.2.1 地块土壤环境调查结果

地块内土壤受到不同程度的重金属和有机物污染，污染因子为铅、镉、铜、锌、总石油烃、苯并［a］蒽、苯并［a］芘、菲，污染区域主要集中在场地的表层（0～0.4m），深层土壤（0.4～3m）中仅有一个土壤样品的镉超标。

（1）土壤重金属检测结果

调查结果显示，铅、镉、砷、铜超过《土壤环境质量　建设用地土壤污染风险管控标准（试行）》（GB 36600—2018）第一类用地的筛选值，超标率分别为3.0%、1.8%、3.6%、1.8%，最大超标倍数分别为12.4倍、6.1倍、0.4倍、4.2倍；且土壤中铅、镉、铜、锌超标的点位主要分布于0～0.5m土壤层，土壤中砷超标的点位主要分布于0.5～3.5m土壤层。

（2）土壤有机物检测结果

总石油烃超过《土壤环境质量　建设用地土壤污染风险管控标准（试行）》（GB 36600—2018）中第一类用地的筛选值，超标率为1.3%，最大超标倍数为4.0倍。苯并［a］蒽、苯并［a］芘超过《土壤环境质量　建设用地土壤污染风险管控标准（试行）》（GB 36600—2018）第一类用地的筛选值，超标率分别为2%、4%，最大超标倍数分别为0.1倍、1.0倍。

土壤中总石油烃、菲、苯并［a］蒽、苯并［a］芘超标的点位主要分布于0~0.4m土壤层。土壤污染物统计情况见表6.8和表6.9。

表6.8　土壤样品中污染物超标情况统计

污染物名称	铅	镉	砷	铜	锌	总石油烃	苯并[a]芘	苯并[a]蒽
检出限/（mg/kg）	2.1	0.01	0.5	1.2	3.2	0.2	0.17	0.12
最大值/（mg/kg）	5370	141	27.2	10300	1970	4150	1.11	5.93
检测样品数/个	169	169	169	169	169	150	50	50
检出样品数/个	169	169	169	169	169	150	9	16
检出百分比/%	100	100	100	100	100	100	18	32
筛选值/（mg/kg）	400	20	20	2000	500	826	0.55	5.5
最大超标倍数/倍	12.4	6.1	0.4	4.2	2.9	4.0	1.0	0.1
超标样品数/个	5	3	6	3	2	2	2	1
超标率/%	3.0	1.8	3.6	1.8	1.2	1.3	4	2

表6.9　超标点位信息及检测结果一览表

污染物类型	超标污染物	筛选值/（mg/kg）	超标点位及深度	检测值/（mg/kg）
重金属	铅	400	16号（0~0.4m）	810
			17号（0~0.4m）	404
			20号（0~0.4m）	$2.11×10^3$
			27号（0~0.4m）	502
			38号（0~0.4m）	$5.37×10^3$
	镉	20	24号（0~0.4m）	30.0

污染物 类型	超标 污染物	筛选值/ （mg/kg）	超标点位 及深度	检测值/ （mg/kg）
重金属	镉	20	27号（0～0.4m）	26.3
			34号（0～0.4m）	141
	砷	20	13号（1m）	24.1
			26号（3m）	20.1
			27号（2m）	21.6
			33号（2m）	20.5
			44号（1m）	23.6
			49号（1m）	27.2
	铜	2000	16号（0～0.4m）	1.03×10^4
			34号（0～0.4m）	5.40×10^3
			50号（0～0.4m）	5.70×10^3
	锌	500	38号（0～0.4m）	1.75×10^3
			50号（0～0.4m）	1.97×10^3
总石油烃	总石油烃	826	38号（0～0.4m）	4.15×10^3
			42号（0～0.4m）	1.29×10^3
SVOCs（半挥发性有机污染物）–多环芳烃	苯并［a］芘	0.55	16号（0～0.4m）	0.88
			42号（0～0.4m）	1.11
	苯并［a］蒽	5.5	16号（0～0.4m）	5.93

6.2.2.2 地块风险评估结果

依据风险评估结果，地块土壤中铅、镉、砷、铜、总石油烃、苯并［a］芘在未来地块作为商业、居住、医疗卫生用地的暴露情景下对地块内的居民产生的风险超过可接受水平。经计算最终确定土壤修复建议目标值如表6.10所列，修复深度为0.4m，修复范围如图6.20所示（书后另见彩图）。

表6.10 风险评估计算土壤修复目标值

污染物名称	铅	镉	砷	铜	总石油烃	苯并[a]芘
修复目标值/（mg/kg）	517	34.9	50	5263.2	1090	0.74

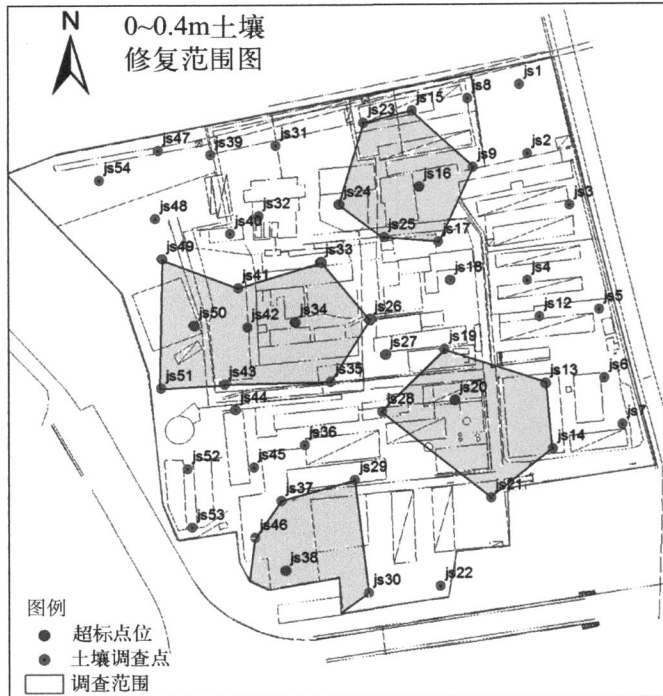

图6.20 土壤修复范围

6.2.2.3 地块治理修复基本情况

（1）修复治理目标及修复土方量

1）修复目标

该项目修复总量目标如表6.11所列，土壤采用固化/稳定化技术进行修复，修复后的土壤水浸达到《地表水环境质量标准》（GB 3838—2002）Ⅳ类标准。

表6.11 场地重金属污染修复水浸标准值   单位：mg/L

序号	重金属污染物	《地表水环境质量标准》（GB 3838—2002）Ⅳ类标准
1	铅	0.05
2	镉	0.005
3	铜	1.0
4	砷	0.1

2）修复范围

对比检测数据与修复目标，0～0.4m土壤主要污染物及超过修复目标点位统计见表6.12。0～0.4m土壤修复范围见图6.20。修复范围面积为19422.2m²，修复土方量为 7768.88m³。

表6.12 土壤主要污染物及超过建议修复目标值点位统计   单位：mg/kg

污染物	铅	镉	砷	铜	总石油烃	苯并[a]芘
修复目标值	517	34.9	50	5263.2	1090	0.74
最大浓度	5370	141	27.2	10300	4150	1.11
16号	810	—	—	10300	—	0.88
20号	2110	—	—	—	—	—
34号	—	141	—	5400	—	—
38号	5370	—	—	—	4150	—
42号	—	—	—	—	1290	1.11
50号	—	—	—	5700	—	—

（2）修复策略

根据场地规划和招标文件对工程进度的安排可知，该场地规划为商服、住宅用地，且场地的工程建设进度安排比较紧张，污染土壤的处理时间紧迫，因此选择处理周期较短的污染土壤修复技术。该场地土壤污染类型有仅重金属污染、重金属+有机物复合污染2种。对于重金属污染土壤，采用固化/稳定化技术修复；对于重金属+有机物复合污染土壤，先采用化学氧化技术去除有机污染物再对土壤中的重金属进行固化/稳定化后进行综合处置，如表6.13所列。

表6.13 场区内污染土壤修复技术确定

污染类型	土方量/m³	修复技术
重金属+有机物复合污染	5774.24	化学氧化+固化/稳定化+资源化利用
仅重金属污染	1994.64	固化/稳定化+资源化利用

6.2.3 治理修复方案

6.2.3.1 重金属污染治理修复方案

重金属污染治理修复方案技术实施路线设计如图6.21所示。

（1）污染土壤挖掘

单独重金属污染土壤方量为1994.64m³。采用机械清除为主、人工清除为辅的方法对污染土壤进行挖掘，配备1台挖掘机、2辆运输车。

（2）土壤预处理

将土壤运输至稳定化车间，利用挖机、筛分破碎斗等对污染土壤进行破碎、筛分等预处理，降低土壤含水率及土壤粒径，便于药剂拌和。

（3）土壤固化/稳定化处理

在预处理后的污染土壤中投入稳定化药剂，进行拌和处理，使土壤中的重金属元素与药剂发生配位/螯合等化学作用形成稳定的化合物，并进一步与土壤中的黏结剂形成稳定的固体结构，从而将土壤中的重金属污染物固定在颗粒结构中，阻止重金属离子渗出及迁移。

（4）土壤暂存

经过土壤稳定化处理后，对修复土壤进行检测分析，待检测结果达到修复目标后，将修复后的土壤转运出稳定化车间，放至暂存点，用苫布覆盖防尘。

（5）资源化利用

将达标后暂存的土壤转运至具有处置能力的砖厂进行资源化利用。

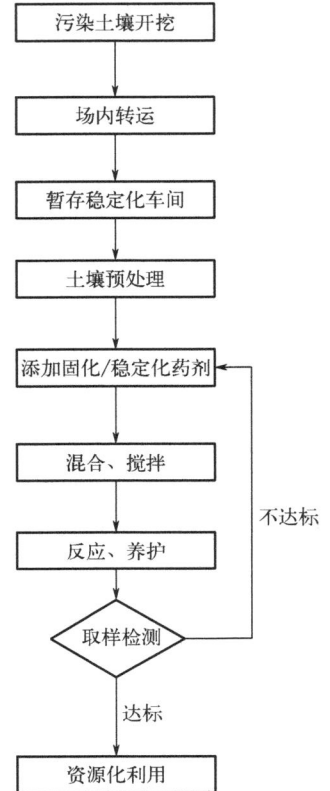

图6.21 重金属污染治理修复技术治理流程

6.2.3.2　复合污染治理修复方案

重金属+有机物复合污染土壤修复实施路线设计如图6.22所示。

（1）污染土壤挖运

复合污染土壤方量为5774.24m³，采用机械清除为主、人工清除为辅的方法对污染土壤进行挖掘，并转移至钢结构密闭大棚，进行预处理。

（2）土壤预处理

将土壤运输至预处理车间，利用挖机、筛分破碎斗等对污染土壤进行破碎、筛分等预处理，降低土壤含水率，减小土壤粒径，便于后续处理。

（3）土壤化学氧化处理

对预处理后的污染土壤进行搅拌和处理，使得氧化剂与污染土壤充分接触，达到使污染物与土壤分离的目的。

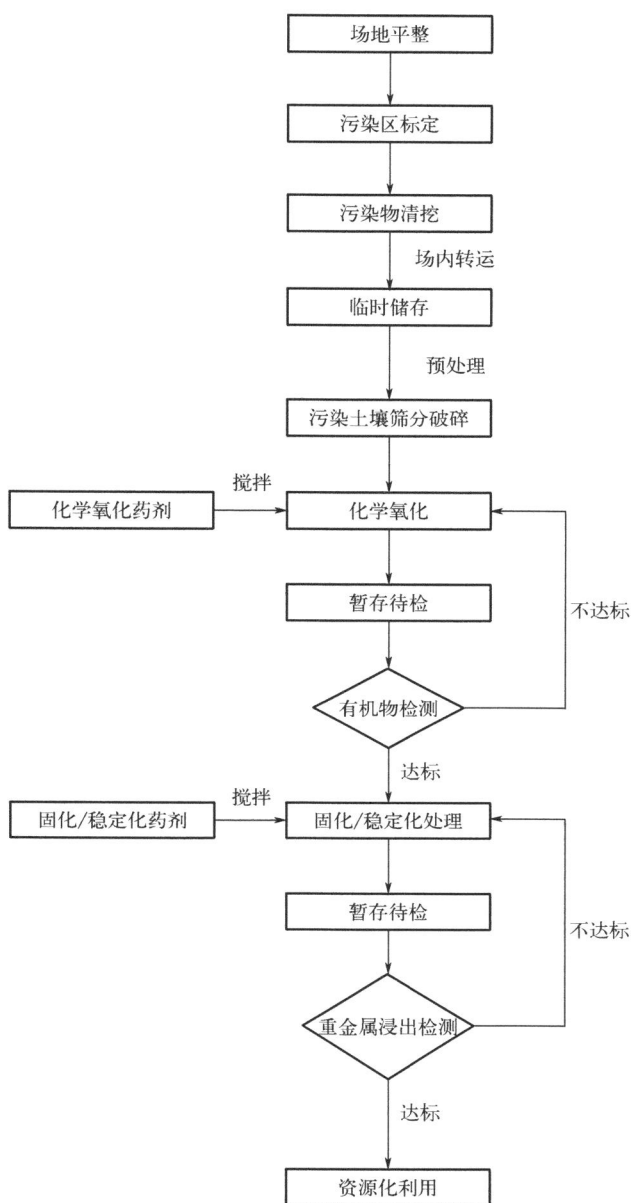

图6.22 复合污染区域修复工艺流程

（4）尾气处理

富集气态污染物的尾气通过旋风除尘、焚烧、冷却降温、布袋除尘、碱液淋洗等环节去除尾气中的污染物。

（5）实验室检测

对经化学氧化处理的土壤进行实验室检测分析，直至达到修复目标后进行固化/稳定化处理。

(6) 固化/稳定化处理修复

经化学氧化处理的土壤转移至稳定化车间后，进行固化/稳定化处理，将土壤中的有害污染物固定起来，阻止其在环境中迁移、扩散。

(7) 土壤暂存和利用

经过土壤稳定化处理后，对修复土壤进行检测分析，待检测结果达到修复目标后，将修复后的土壤转运出稳定化车间，放至暂存点，用苫布覆盖防尘。随后转运至砖厂进行资源化利用。

6.2.3.3 资源化利用

依托场地周边现有设备完善且能够正常运转的制砖厂，将修复后土壤纳入制砖生料的配比中，与制砖生料充分混合后，压制成砖坯形状，接着在制砖窑中进行煅烧，最终制成砖块。

根据污染土壤的成分，设计技术路线与流程如图 6.23 所示。

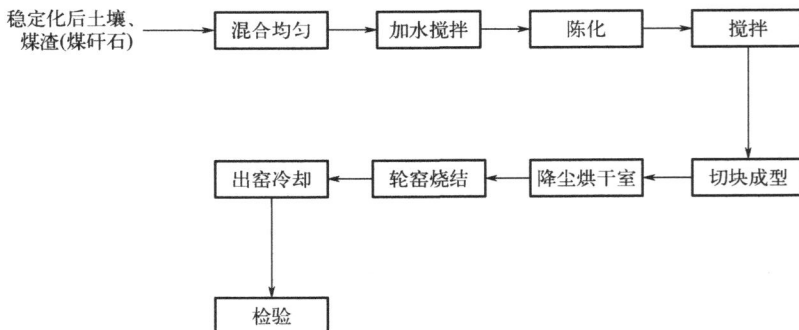

图6.23 资源化利用技术路线

具体来说，经稳定化处理后的污染土壤通过加盖泥头车运输至协议制砖企业，堆放至防雨专用堆放场。根据专门设计的制砖生料配料方案，将土壤与煤渣混合后加水搅拌、陈化、搅拌，使其充分混合。采用一次码烧大断面轮窑进行烧制。通过一次码烧热循环轮窑的窑顶夹层和外部烟管，由风机进行窑炉内外干净气体和烟气的供给和调配，对一次码烧热循环轮窑进行低温回流换热循环和高温回流换热循环。制好的砖坯由自动上下架机组码放到窑车上，窑车由顶车机送入轮窑降尘烘干室中进行干燥，湿砖坯在干燥窑内与热空气进行热交换蒸发水分。干燥后的窑车由窑头处的摆渡车、顶车机送入轮窑，在窑内热气流的作用下坯体温度逐渐升高，当温度继续升高达到内燃料着火点后，砖坯开始进入内燃焙烧阶段，经过一定的焙烧、冷却等工艺过程，砖坯发生了一系列物理及化学变化，最终成为具有优良力学性能和耐久性能的墙体材料。烧制成型的砖体采用TCLP标准流程进行可能的重金属淋滤风险评价，确保重金属固定的有效性和长期性。由协议制砖企业进行砖体行业使用标准检测，检测由有资质的专业机构进行。标准采用《烧结普通砖》（GB/T 5101—2017）和《建筑材料放射性核素限量》（GB 6566—2010）。

6.2.3.4　基坑处置

异位修复工程挖掘完毕后进行基坑验收，由于该场地挖掘深度仅0.4m，利用场地内土壤进行场地平整。

6.2.4　治理修复实施

6.2.4.1　土壤处理设施建设

本案例土壤处理设施建设内容主要包括土壤暂存区、处理修复车间、土壤养护区。项目土壤暂存区、土壤养护区分别位于土壤修复车间两侧，土壤暂存区建设面积为2000m²，土壤养护区建设面为1000m²，地面进行防渗处理，如图6.24与图6.25所示。

土壤修复车间建设面积为1000m²，为封闭式结构，内部地面进行防渗处理，外部四周建设排水沟截留外界雨水，如图6.26与图6.27所示。

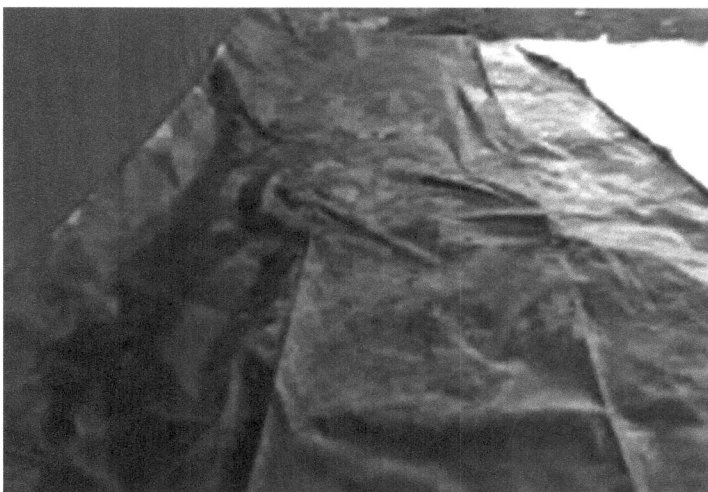

图6.24　土壤暂存区建设

图6.25　土壤养护区建设

图6.26　土壤修复车间

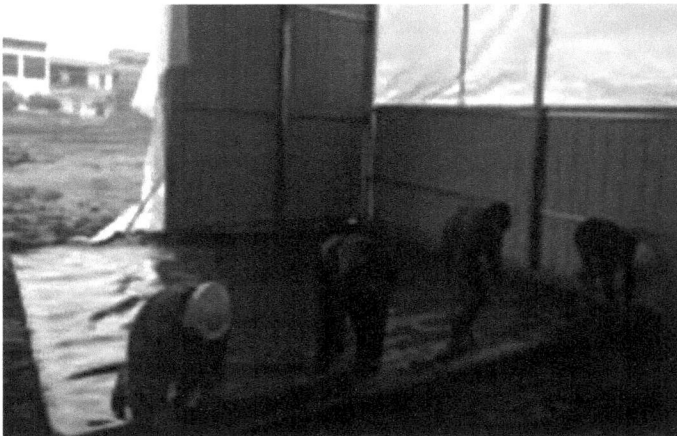

图6.27　修复车间地面防渗

6.2.4.2 污染土壤清挖

重金属污染区实际清挖面积5060m^2，清挖方量2024m^3；重金属与有机复合污染区实际清挖面积14885m^2，清挖方量9601m^3。实施过程见图6.28~图6.31。

图6.28 区块Ⅰ土壤清挖

图6.29 区块Ⅱ土壤清挖

图6.30 区块Ⅲ土壤清挖

图6.31 区块Ⅳ土壤清挖

6.2.4.3 污染土壤修复

项目涉及两种不同类型污染土壤,区块Ⅰ土壤为重金属污染土壤,区块Ⅱ、区块Ⅲ、区块Ⅳ土壤为复合污染土壤。重金属污染土壤采用稳定化处理修复方式,复合污染土壤采用化学氧化+稳定化处理修复方式。区块Ⅰ处理时间与其他3个区块清挖土壤错开。首先对复合污染土壤进行处理,清挖后运送至暂存区,将暂存区堆放的污染土壤转移至修复车间,采用筛分破碎斗进行筛分、破碎预处理,降低土壤含水率及土壤粒径,便于药剂混合;预处理后的复合污染土壤首先投入质量比2%的化学氧化剂进行拌和处理，再投入稳定化药剂与土壤充分混合，转移至养护区养护3~5d。单独重金属污染土壤经清挖，运输至暂存区后，转移至修复区进行预处理，在预处理后的重金属污染土壤中加入稳定化药剂，添加量为4%，在筛分破碎斗的作用下使药剂与土壤充分混合，转移至养护区养护3~5d。经处理后的土壤在外运至砖厂资源化利用前，第三方检测机构对处理后土壤进行抽样检测。现场施工见图6.32~图6.35。

图6.32 药剂进场

图6.33 污染土壤处理

图6.34 土壤养护

图6.35 土壤入棚暂存

6.2.4.4 资源化利用

　　根据实施方案要求，经修复处理达到修复目标要求的污染土壤外运至砖厂进行资源化利用。经修复处理达到修复目标要求的污染土壤采用密闭的渣土车运至制砖企业原料棚内堆放，根据专门设计的制砖生料方案，将修复后土壤和砖厂自备土壤及煤渣一起经加水混合搅拌、陈化、搅拌处理，使其充分搅拌混合，经制砖机制成砖坯。制好的砖坯由自动上下架机组码放到窑车上，窑车由顶车机送入轮窑降尘烘干室中进行干燥，干燥后的窑车由窑头处的摆渡车、顶车机送入轮窑，焙烧，经过一定的焙烧、冷却等工艺过程，最终成为具有优良力学性能和耐久性能的墙体材料。煅烧完成后，质量检测机构对成品砖物理性能（外观、尺寸、强度、抗风化性能、泛霜、石灰爆裂等）进行检测，检测结果为合格。环境机构随机抽取成品砖，并对成品砖淋滤液重金属（铜、砷、镉、铅）进行22d检测，根据检测结果，淋滤液重金属检测结果均满足《地表水环境质量标准》（GB 3838—2002）I类标准。

图6.36为修复后土壤外运至制砖厂。

图6.36 土壤外运至制砖厂

6.2.5 修复效果验证

6.2.5.1 污染土壤清挖效果

经两次清挖，共在坑底布设68个监测点位，侧壁布设57个监测点位。监测结果表明，清挖后项目基坑侧壁和底部的土壤铅、镉、砷、铜监测结果（总量）均满足实施方案修复目标值，土壤铅、镉、砷、铜监测结果（水浸）均满足《地表水环境质量标准》（GB 3838—2002）IV类标准。项目场地内污染土壤均已清挖完毕。

6.2.5.2 污染土壤修复效果

各区块土壤修复处理后，重金属污染物、有机污染物总量检测结果满足风险评估报告提出的修复目标值，重金属污染物水浸检测值满足《地表水环境质量标准》（GB 3838—2002）IV类标准，场地内各类型污染土壤处理达到修复目标要求。

6.2.5.3 治理区域范围内土壤修复效果

施工结束后，对4个修复区域内的土壤进行了监测，共布设12个点位。监测结果表明，项目治理红线范围内土壤（总量）中的铅、镉、砷、铜、总石油烃、苯并[a]芘满足修复目标值，土壤（重金属水浸指标）满足《地表水环境质量标准》（GB 3838—2002）Ⅳ类标准。

6.2.5.4 污染物排放监测情况

施工过程中，对废气处理设施排口、废水处理设施排口及场界噪声污染物排放情况进行监测。监测结果表明，施工过程中废气臭气排放浓度满足《恶臭污染物排放标准》（GB 14554—1993）表2标准限值，其他废气监测因子满足《大气污染物综合排放标准》（GB 16297—1996）表2中最高允许排放浓度限值；废水监测因子满足《污水综合排放标准》（GB 8978—1996）一级标准；噪声排放满足《建筑施工场界噪声排放标准》（GB 12523—2011）限值。

6.2.5.5 环境质量效果

施工结束后，对项目所在区域周边环境空气、地表水、地下水环境质量进行监测。监测结果表明，地表水监测因子满足《地表水环境质量标准》（GB 3838—2002）表1标准和表3标准限值；环境空气中TVOCs（总挥发性有机化合物）满足《环境影响评价技术导则 大气环境》（HJ 2.2—2018）中附录D标准限值，其他环境空气监测因子均满足《环境空气质量标准》（GB 3095—2012）二级标准及修改单要求；地下水监测因子均满足《地下水质量标准》（GB/T 14848—2017）中Ⅱ类标准。

6.2.6 案例总结

该项目严格按照现行的环境修复领域标准、规范和经评审的实施方案来实施，高标准地完成项目施工，达到预期目标。施工过程中，采取多项措施控制扬尘、废水、噪声等，降低对环境的不利影响。

① 该项目重金属污染土壤及复合污染土壤均全部清挖完毕，开挖区域侧壁及底部土壤中有机污染物浓度均小于修复目标值。清挖出的污染土壤经修复处理后，重

金属污染物、有机污染物总量检测结果满足修复目标值。修复后的土壤经资源化利用，烧制为墙体材料，其物理性能（外观、尺寸、强度、抗风化性能、泛霜、石灰爆裂等）检测结果为合格，污染土壤焚烧过程中排放出的尾气经检测满足行业尾气排放标准。

② 工程结束后，场地内铅、镉、铜、锌、有机污染物超标问题得到解决，周边面貌和居民生活条件将得到大大改善。

③ 本案例为重金属复合污染场地异位稳定化修复工程实践提供了宝贵经验。一是现场踏勘、资料收集分析、现场访谈与采样检测为修复工程提供了大量参考信息，但调查过程中一定要保证信息的准确性、全面性；二是需根据项目特点科学合理组织施工，保证修复效果和工程进度；三是工程的开展必须建立完善的监测体系、技术支撑机构体系以及现场监督管理队伍；四是需充分做好场地健康与环境风险评估工作，完善污染场地环境管理框架体系；五是修复技术体系的构建与完善，需要考虑环境效益的提高与实现。

6.3
其他冶炼场地稳定化技术应用案例

上述重点案例，作为重金属复合污染场地异位稳定化修复工程中极具典型性与代表性的样本，为有快速开发需求的同类场地修复工作提供了极具价值的参考依据。通过对其进行深入研究，笔者团队详细解析了项目场地的具体特征、科学合理的修复方案、切实有效的修复措施以及严谨规范的修复效果验证流程等关键要素，为深入洞察该领域的现状与问题搭建了重要的研究框架。在国内外的污染场地修复领域，也存在类似的工程实践案例。不同污染来源和污染种类的场地修复工程案例蕴含着丰富的研究素材，这些案例从不同角度反映了场地修复过程中的技术挑战、应对策略和实际成效，为进一步拓展和深化该领域的研究提供了广阔的空间，亦可为该领域的理论发展和工程实践提供新的启示与思路。

6.3.1 矿冶区镉、砷、铅污染土壤稳定化－景观构建工程案例

6.3.1.1 工程概况

（1）工程场地情况

该工程建设区域为湖南省某退役冶炼厂周边约20亩污染场地。涉事冶炼厂曾从事铅、锌和铜矿的开采及冶炼活动。经调查，场地区域内土壤pH值范围为6.33～6.70，属中性偏弱酸性。区域内有废渣堆场，曾堆置废渣，现废渣已被清运，有少量遗留。经检测，土壤存在重金属Cd、As、Pb污染，土壤中Cd含量最高值达1661.63mg/kg、As含量最高值达1278.93mg/kg、Pb含量最高值达10671.85mg/kg，区域重金属污染严重，对当地居民的生活、生产造成了不利影响，需要对其进行处理，降低重金属对该地区的危害。

（2）工程建设目标

对该场地内20亩重金属污染土壤实施治理与生态修复工程，修复后植被覆盖率达到80%以上，修复后污染土壤中镉等重金属有效态含量降低30%以上。

6.3.1.2 治理修复过程

（1）修复方案设计

采用废渣清运、污染土壤中重金属化学稳定等方法，结合抗性植物群落优化配置一体化生态修复技术，治理该场地污染土壤，修复植被与生态景观。具体来说，对废弃场地污染土壤表层残留废渣进行清理、集中堆置，进行防蚀防渗处置，待建设中废渣堆场建成后，即将其清运到废渣堆场集中安全处置；采用化学-植物联合生态修复解决污染土壤中重金属的污染风险问题。将工程实施区划分为不同植物群落复合功能区，种植香樟、银杏、桂花、芦竹、女贞、珊瑚树、海桐等先锋植物和耐性植物，形成具有生态型园林景观效果的修复建设区，为矿区居民构建一个环境优美并具有消夏避暑、休闲健身、科普与生态文明教育多重功能的休闲场地。

（2）实施过程

1）场地的前期整理

开展土地上危房拆除、杂物清理和土地平整，按照地块形状，明确场地边界，修建周边排水沟渠。

2）污染土壤分区

将场地划分为4个小区域，分区开展土壤修复。

3）化学固定建设工程

① 化学固定剂使用量核算。通过小试试验结果，选用钙基、碳基材料作为稳定剂。根据每小区待处理土方量和每方土需要的固定剂用量，计算出1亩土壤所需固定剂的用量，结合固定剂袋装规格，折合成每亩地所需试剂袋数量。

② 化学试剂的使用。把所需固定剂用装载机运往修复区域，人工拆封固定剂，通过装载机往复装料和卸料把两种试剂混合均匀，运往划定区域均匀铺撒。

③ 固定剂的破碎、混匀。待固定剂全部均匀铺撒在被处理土壤区域后，用旋耕机横向旋耕4次、纵向旋耕4次以上，直到大块土壤破碎以及土壤和试剂充分混合均匀为止。

④ 土壤水分调节。根据土壤最大田间持水量的70%计算需要的用水量，通过水管将工程用水施入田间，使固定剂与土壤重金属充分反应15d以上。

⑤ 固定效果检测。修复后的土壤，按S路线，在地块区域随机取20个土壤样品，检测土壤有效态重金属含量。若有效态重金属含量达到项目考核指标要求，进行后续土地平整与植被恢复工作；若有效态重金属含量未达到项目考核指标要求，按上述步骤再补充固定剂用量。

4）平整土地与培肥

待土壤中水分自然蒸发到约50%的最大持水量，在土壤中施一定量的基肥，基肥可用有机肥、熟化处理后的生活垃圾肥、氮磷钾复合肥等，再次对土地进行平整，平整过程中，将各小区土壤平整为具有一定坡度（为2°～3°）的缓坡地形，坡地周边高，中间低，形成一中部稍凹的缓坡地集水区域，有利于调控污染土壤中污染物的稳定和固化。

5）供水系统工程

采用PVC（聚氯乙烯）管在地块各小区铺设供水管网系统，为干旱时修复植被生长提供水源。

6）植被搭配与生态景观重建工程

土壤平整与培肥以及供水管网铺设完成后，采取人工植苗法进行污染土壤修复和地块植被恢复。根据生态修复工程技术原理，选择抗重金属胁迫、适应干湿交替环境、有一定重金属元素吸收能力的香樟、银杏、桂花、芦竹、女贞、珊瑚树、海桐、蜈蚣草等先锋植物（耐性植物和富集植物），形成乔-灌-草多元一体搭配的重金属污染土壤生态恢复与重建模式，实现工程区景观生态修复。

6.3.1.3 效果验证

经取样监测，修复后土壤DTPA有效态Cd、Pb、As的平均值分别为3.50mg/kg、37.47mg/kg、0.42mg/kg，Cd、Pb和As的DTPA有效态含量（平均值）分别降低了69.8%、70.6%和91.9%。修复后地块植被覆盖率达到80%。图6.37（书后另见彩图）展示了修复前后地块的景观变化情况。

(a) 修复前

(b) 修复后

图6.37 工程场地

6.3.2 历史遗留含砷、铅冶炼废渣污染场地固化/稳定化修复工程案例

6.3.2.1 工程概况

（1）工程场地情况

该场地堆存的含重金属废渣主要来源于老工业区冶炼、化工企业的倾倒。场地主要污染物为重金属砷、铅，污染最重的土壤点位砷含量为12600mg/kg，铅含量为7100mg/kg，污染最重的废渣点位含量为7.72mg/L，超过《危险废物鉴别标准 浸出毒性鉴别》（GB 5085.3—2007）规定的标准要求。由于废渣没有采取任何覆盖和防护措施，雨水冲刷、自然沉降及人为活动都很容易使场地的重金属污染物通过地表径流和地下水向河流扩散，造成重金属污染。为消除重金属砷和铅对环境安全及周边群众和河流下游人民群众的健康威胁，启动了对废渣污染场地的修复工作。

（2）修复目标

清运目标参考《土壤环境质量 建设用地土壤污染风险管控标准（试行）》（GB 36600—2018）中第二类用地筛选值。清挖出的废渣及污染土壤，经处理后浸出态砷、铅需满足《一般工业固体废物贮存、处置场污染控制标准》（GB 18599—2001）（该标准已于2021年废止，由GB 18599—2020全部替代）中Ⅱ类工业固体废物定义的标准。

6.3.2.2 治理修复过程

（1）修复方案设计

该工程将含重金属废渣及污染土壤进行就地固化/稳定化处理，处理后异地安全填埋，原场地回填新土并绿化，达到消除隐患、恢复生态的目的。因场地污染主要由历史遗留废渣导致，大部分含重金属废渣堆弃在土层表面，故采取分批次与分地块相结合的方式处理遗留废渣和被污染土壤。首先根据场地遗留废渣堆存分布、地块目前情况、土壤性质及原始地形等进行分析评估，再根据施工布置、设备安放、水电设施安装、交通运输、环保设施、施工安全等情况进行综合考虑，对需治理的场地科学划分地块。技术路线如图6.38所示。

根据环保要求，对划分的每一地块首先收集处置堆存的遗留废渣，处置合格后

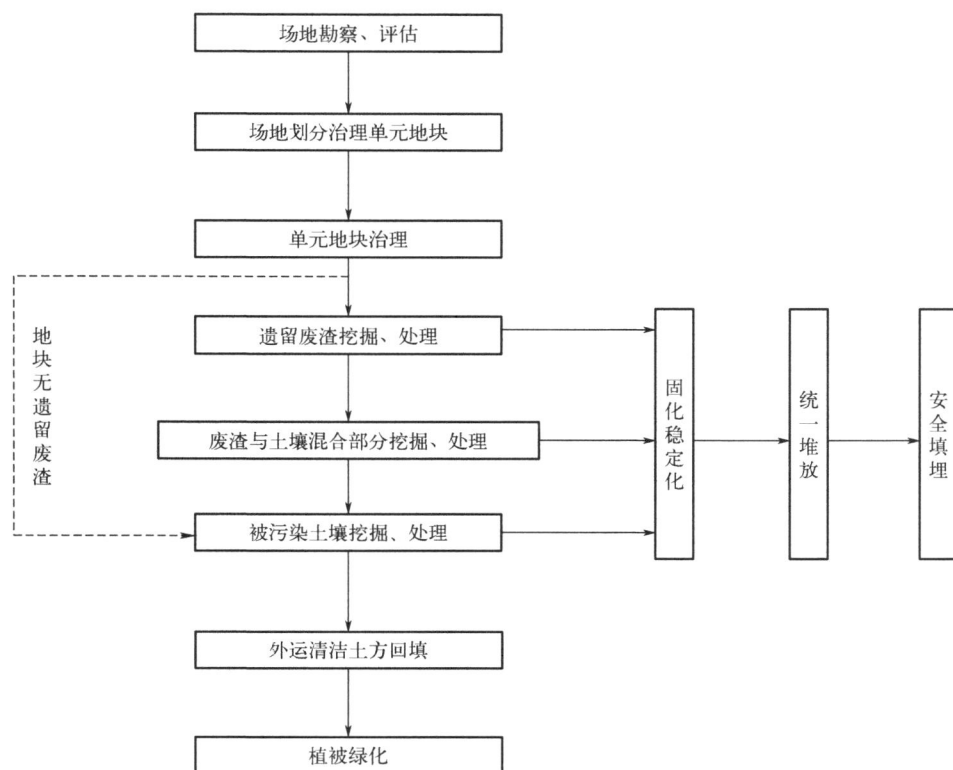

图6.38　技术路线

统一堆放；再挖掘固体废渣和土壤混合的部分进行处置，处置合格后统一堆放；最后挖掘被污染的土壤进行处置，处置合格后统一堆放。经验收合格后进入填埋场安全填埋。再对已完成挖掘的地块外运清洁土壤回填，做好绿化。

（2）实施过程

工程遗留废渣及污染土壤原地异位固化/稳定化治理工程分为现场准备阶段、第一步处理阶段、第二步处理阶段、收尾和竣工阶段4个阶段。

1）现场准备阶段

对治理场地进行布置，包括公用设施接入、设备安装调试、人员准备等；清运现场施工准备，包括临时设施、场地分区等；选取所需处理的遗留废渣和污染土壤，经实验室检测分析验证污染浓度；根据检测结果，计算出各种固化/稳定化剂的添加量。

2）第一步处理阶段

将污染物浓度高的废渣挖掘至处理场地投加药剂1，并投加适量的水，根据现场实际情况采用筛分铲斗进行预处理，采用双轴搅拌机对废渣和污染土壤进行搅拌，搅拌均匀后放置反应。

3）第二步处理阶段

待第一步反应完全后，向处理过的废渣中投加药剂2，通过使用双轴搅拌机对废渣（污染土壤）进行搅拌后加入药剂3，使用双轴搅拌机对废渣（污染土壤）进行搅拌，搅拌均匀后放置反应。

4）收尾和竣工阶段

治理合格的废渣（污染土壤）经验收通过后运至填埋场进行安全填埋。不合格的废渣（污染土壤）进一步处理至合格。

6.3.2.3 检测和验收

场地修复验收包括两部分：一是基坑底和侧壁采样检测，分析修复区域是否还存在污染；二是固化/稳定化技术修复后是否达到Ⅰ类固体废物填埋场的入场标准。

1）污染土壤清挖效果的监测

对按照工程设计要求进行污染土壤清挖后的界面进行监测，包括界面的四周和界面的底部。对于超标区域根据监测结果确定二次清挖的边界，二次清挖后再次进行监测，直至达到标准。

2）污染场地修复工程验收监测

对治理修复后的场地土壤进行监测，采用系统布点法对监测地块进行划分，每个监测地块的面积不应超过1600m²。工程验收监测过程中，如发现未达到治理修复标准的地块，则应进行二次治理修复，并再次进行工程验收监测。

验收采样共采集27个样品。经检测固化/稳定化技术修复后的污染废渣及污染土壤目标污染物浸出浓度值均达到修复目标要求，修复效果良好。有效态砷的去除率可达到98%[1]。

6.3.3 铜冶炼厂场地土壤铅、砷污染固化/稳定化修复工程案例

6.3.3.1 工程概况

某有色金属冶炼厂主要以黄铜熔化废渣为原料生产阳极铜，由于企业管理不规范等原因，造成了区域内的土壤铅、砷污染，经评估该地块土壤中铅、砷在第二类用地的情景下对人体健康风险不可接受，需要进行修复。修复面积约为16000m²，修复土方量约为32000m³。清挖出的污染土经处理后，要求浸出液重金属浓度不超过《地下水质量标准》（GB/T 14848—2017）IV类标准，其中铅为0.1mg/L，砷为0.05mg/L[2]。

6.3.3.2 修复方案

（1）修复技术路线

经综合考虑各方因素最终选用固化/稳定化技术修复该场地。其主要流程（图6.39）包括：

① 污染土壤分区、分层清挖，通过密闭式运输车运输至修复车间的暂存区。

② 待破碎筛分等预处理后，采用ALLU设备对污染土壤进行处理，可实现加药、混合、搅拌一体化功能。同时能有效防止二次污染。

③对固化/稳定化处理后的土壤进行养护，并按批次取样进行浸出检测，检测合格后进行下一步处置。

固化/稳定化药剂选用有机硫＋碳基＋铁基材料[3]。修复前取部分污染土与各投放比例的药剂混合，通过分析土壤铅、砷的浸出浓度以及pH值，确定最佳投放比例。

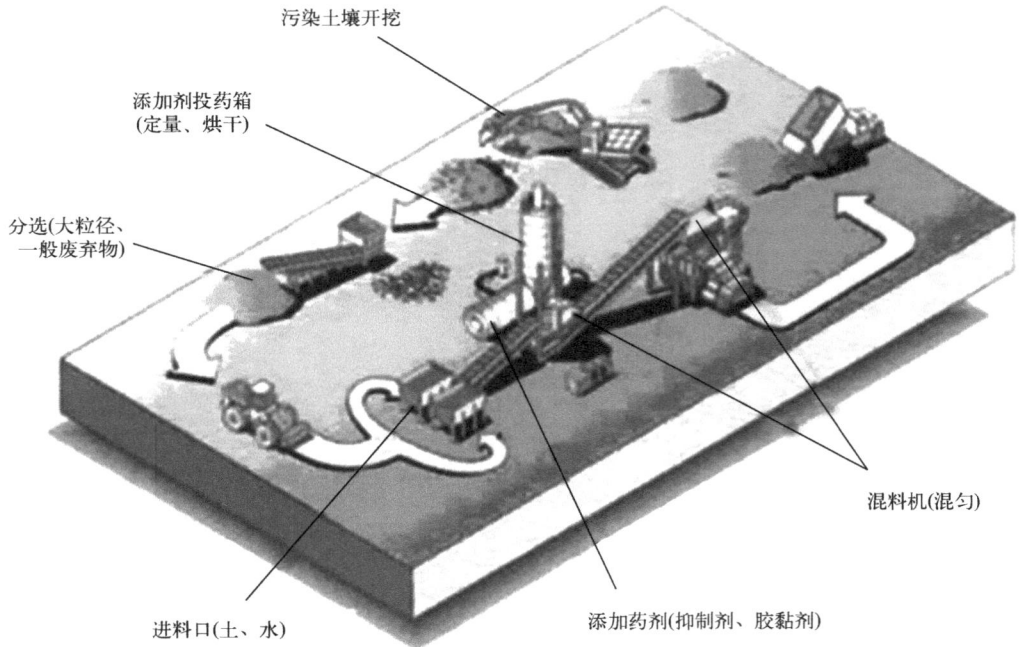

图6.39　固化/稳定化修复技术

污染土壤开挖

添加剂投药箱
(定量、烘干)

分选(大粒径、
一般废弃物)

混料机(混匀)

进料口(土、水)

添加药剂(抑制剂、胶黏剂)

（2）工程实施

工程实施过程中根据实施方案确定的修复范围进行放线，放线全程采用全站仪碎步测量。确定修复范围后采用挖掘机挖掘至指定的深度，该场地修复深度达到4m，故污染土挖出时每2m需进行放坡，以防修复时出现滑坡现象。污染土通过密闭运输车运输至修复中心，通过ALLU设备完成破碎、筛分、药剂添加、搅拌等过程。修复完成后的土壤，通过推土机堆成500m的堆体进行为期2d的养护，养护过程中保证土壤含水量在20%～40%。养护完成的土壤通过取样分析，浸出液达到修复目标值后可回填至基坑中。在修复土方回填前，基坑需铺设2mm厚的HDPE膜，土壤全部回填完毕后，将膜包覆土壤，表层铺设30cm厚未污染土壤，播撒草籽即完成整个修复工程。

6.3.3.3　效果评估及小结

对该场地基坑底部及侧壁进行取样分析，表明该场地清挖效果达到了修复目标值要求；对该场地修复土壤进行取样分析，表明该场地修复效果达到修复目标要求。该场地项目修复案例总体而言实施过程是较为成功的，但还存在原位回填未考虑土地的经济效应，污染区域主要集中在该场地中部，原位回填后由于采用HDPE膜包覆，填埋区域的空间无法再规划建设项目，今后仅能作为道路或绿地使用等问题。故后期此类土壤修复项目，在制定实施方案时应充分考虑土地利用价值，确定修复土壤回填方式[4,5]。

6.3.4 某冶炼厂铅、锰、锌污染土壤异位固化/稳定化＋阻隔填埋修复案例

6.3.4.1 项目概况

地块土壤污染物为铅、锰和锌，它们最大浓度分别超过第一类用地筛选值66.25倍、9.86倍和4.97倍，最大超标深度为11.0m。此外，地块范围内存在铅超过第一类用地管制值的情况，说明地块对人体健康存在不可接受的风险，需采取风险管控或修复治理措施。在修复措施方面，表层污染土壤采用"异位固化/稳定化＋阻隔填埋"技术处理，异位修复土壤面积40000m²，异位修复土方量130000m³，最大修复深度8.0m；深层污染土壤则结合开挖土壤的阻隔填埋采取"黏土封顶阻隔"措施。该地块未来利用规划为公园绿地，修复目标为锌2mg/L，锰2mg/L，铅1mg/L。

6.3.4.2 工程方案

（1）技术路线

该场地采用固化/稳定化修复技术，通过污染土壤清挖、转运、固化/稳定化、养护、自检阻隔填埋或外运处置、资源化利用等一系列步骤，以达到重金属污染土壤修复治理的最终目的。

该项目重金属污染土壤修复技术路线和工艺流程如图6.40所示。

修复药剂选用固化/稳定化药剂，主要成分为水泥、氢氧化钠、磷酸盐。异位固化/稳定化修复的关键工艺参数见表6.14。

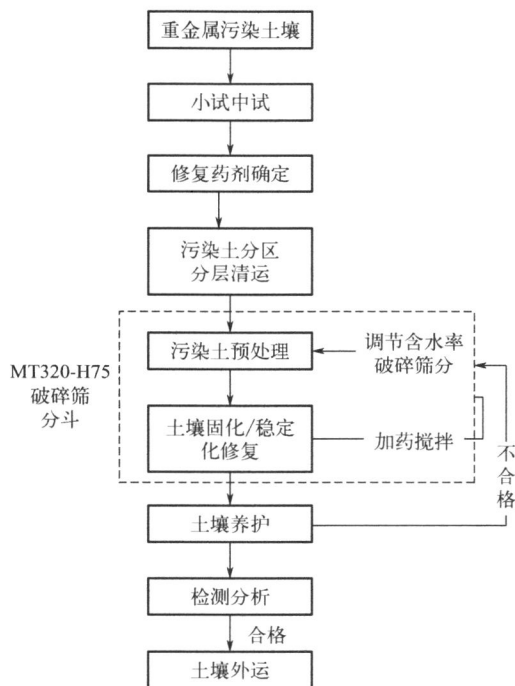

图6.40 重金属污染土壤修复工艺流程

表6.14　异位固化/稳定化技术参数

序号	项目	数量
1	重金属污染土壤治理量/m³	100000
2	污染土湿重/t	177000
3	稳定化/固化药剂添加比例/%	2
4	稳定化/固化药剂添加量/t	3540
5	土壤养护周期/d	5~7
6	含水率/%	20~30
7	处理能力/（m³/台班）	300~500

（2）施工

① 初步筛分破碎与土壤预处理。首先采用专业施工机械 MT320-H75 筛分破碎搅拌斗进行污染土壤的初步筛分及破碎。再利用MT320-H75破碎筛分斗将预处理药剂与土壤混合搅拌，充分接触混合，同时进一步对土壤进行破碎。

② 固化/稳定化药剂撒布与施工。根据小试、中试结果最终确定添加质量比约为2%的药剂，现场施工时根据实际情况进行调整，采用普通挖机将吨袋中的固化/稳定化药剂均匀地铺撒于土壤上方。随后采用MT320-H75破碎筛分铲斗将固化/稳定化药剂与土壤混合搅拌，充分接触，同时喷洒清水，控制含水率在30%左右。

③土壤养护、自检与回填。对混合后的土壤喷洒一定量的水保证养护土壤中的含水率为25%。然后由装载机将土壤转运至养护区域进行堆放养护。养护区地面做硬化处理，养护区堆存高度为3m，堆好的土壤表面覆盖薄膜进行保水处理，养护5~7d。修复过程及验收自检过程中对修复后土壤取样后交由具有相关CMA（中国计量认证）检测资质的第三方检测单位进行分析检测，检测合格的土壤由封闭式运输车从场内转运至阻隔填埋区原地回填。

6.3.4.3　修复效果评估

经第三方检测，该工程基坑坑底和侧壁污染土壤样品共156个均达到GB 36600—2018第一类用地筛选值要求；固化稳定化修复后的土壤样品共328个，铅、锰、锌的浸出浓度均达到《污水综合排放标准》（GB 8978—1996）的相关要求，达到了治理目标[6]。

6.3.5　某冶炼厂铜、锌、铅、镉复合污染土壤固化/稳定化+陶粒窑/砖瓦窑修复工程案例

6.3.5.1　项目概况

项目场地位于长江三角洲地区，该冶炼厂主要从事电解铅、电解锌、硫酸铜、镉锭等的生产。经调查，土壤中镉、铜、锌和铅等污染物均超过人体可接受水平。在41个土壤调查点位中，铜、锌、铅、镉超标率分别为9.8%、31.7%、7.3%、31.7%。该场地对污染土壤采用源头消减的对策，采用异地处理处置技术，污染土壤经固化/稳定化修复后外运至陶粒窑及砖瓦窑协同处置。基坑修复目标值与固化/稳定化浸出目标值详见表6.15。场地污染区域总面积约13761.9m²，污染土方量约27916.9m³。

表6.15　场地修复目标值

污染物	基坑修复目标值/（mg/kg）	固化稳定化浸出目标值/（mg/L）
铜	600	1
锌	4220	1
铅	400	0.01
镉	9.91	0.005

6.3.5.2　工程施工

（1）技术路线

污染场地经定位放线后，对污染区域进行开挖。由于污染地块污染区域较大，不便进行原地异位修复，因此将污染土壤转运至异地修复场地进行固化/稳定化修复。固化/稳定化后土壤经检测达到浸出标准后外运进行陶粒窑/砖瓦窑协同处置。

污染场地修复总体技术路线见图6.41。

（2）施工

1）场地准备

污染场地建设一套污水处理设施，处理施工过程中的洗车水、基坑水、地下水和其他施工废水。污染土壤开挖清运前，设置异地修复场地，主要包括密闭大棚、污染土壤暂存区及修复后土壤暂存区。

2）基坑支护及土方开挖

结合工程地质条件及周边环境情况，1.5m和3.0m基坑采用放坡支护方式。5.25m

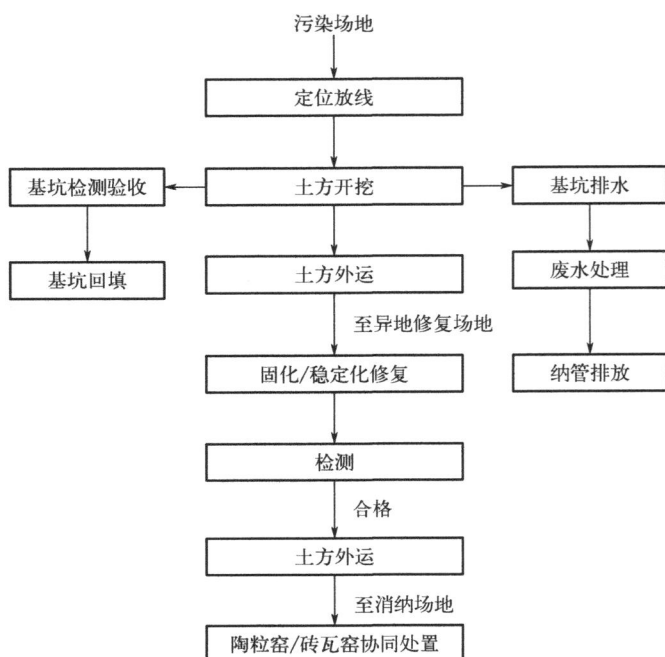

图6.41 污染场地修复总体技术路线

深基坑开挖采用分两级放坡方式，第一级坡率为1：1.5，第二级坡率为1：2，坡底加4m长松木桩进行加固。

　　3）固化/稳定化施工

　　固化/稳定化施工流程见图6.42。首先利用筛分设备对污染土壤进行筛分，挑选大石块，将粒径＞50mm的土壤颗粒采用ALLU分级破碎，使其粒径≤50mm，并调节土壤含水率为约20%。使用ALLU修复设备将污染土壤与固化/稳定化药剂混合搅拌均匀。该项目的固化/稳定化药剂为凹土与石灰，平均添加比例分别为2.2%和3.4%。经过固化/稳定化处置的土壤，在暂存区养护5d。固化/稳定化达标土壤外运至砖厂或陶粒厂协同处置。

6.3.5.3　修复效果及小结

　　该场地污染土壤经清挖后对基坑进行检测，结果显示镉、铜、铅、锌均达到场地清理目标。固化/稳定化后土壤中镉、铅、锌浸出浓度均达到《地下水质量标准》（GB/T 14848—2017）Ⅲ类标准。固化/稳定化合格后的土壤经协同处置，处置产品浸出标准满足《水泥窑协同处置固体废物技术规范》（GB/T 30760）要求。该修复工程实现了污染场地的彻底修复，同时实现了土壤的资源化利用。该工程的成功实施可为其他同类冶炼厂污染土壤修复项目提供一定的借鉴与参考[7]。

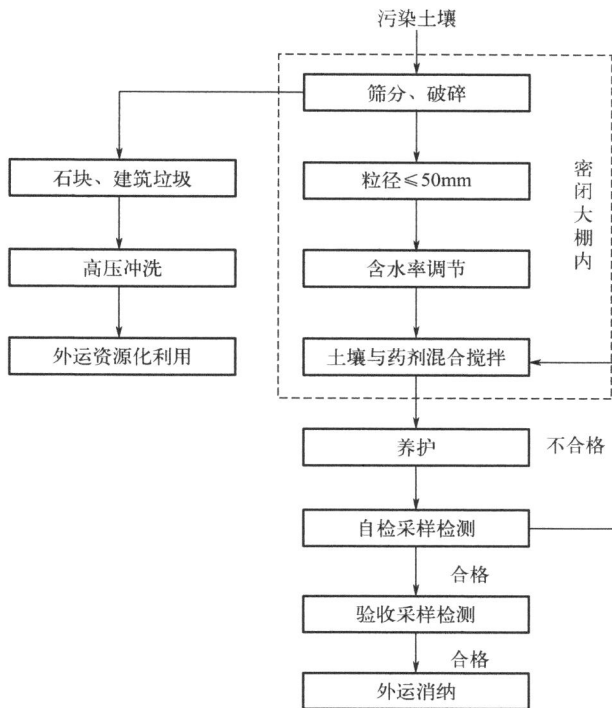

图6.42 固化稳定化施工流程

参考文献

[1] 林云青，李亚男，王莹. 历史遗留含砷、铅冶炼废渣污染场地修复工程案例 [J]. 环境与发展，2019，31（02）：52-54.

[2] 陈博，王凌燕. 某有色金属冶炼厂场地土壤铅、砷污染修复技术及修复效果评估 [J]. 绿色科技，2021，23（20）：153-154，185.

[3] 邓湘湘. 污染场地环境调查的土壤监测点位布设方法的研究 [J]. 皮革制作与环保科技，2020，1（24）：80-83.

[4] 李淋萍，吕忠祥. 重金属污染土壤修复技术研究的现状与展望 [J]. 化工管理，2020（29）：76-77.

[5] 孙杰，刘骏龙，胡晶晶，等. 广西锰矿区土壤重金属垂直分布和赋存形态分析 [J]. 中南民族大学学报（自然科学版），2016（1）：12-16.

[6] 李杨，吴晓烽，梁吉哲. 某冶炼厂重金属污染土壤修复案例研究 [J]. 科技创新与应用，2023，13（5）：131-134.

[7] 黄旋，郭宝蔓，顾爱良. 某冶炼厂污染土壤修复工程实施 [J]. 环境科技，2024，37（2）：34-39.

图1.1 冶炼厂污染土壤中重金属污染源

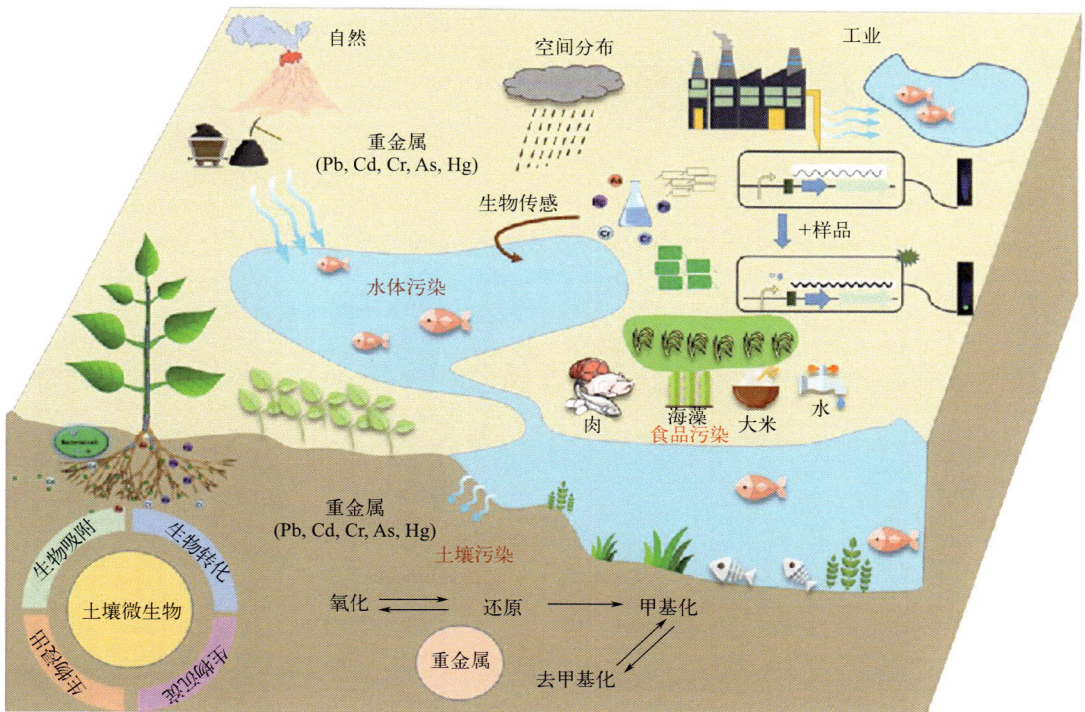

图1.2 重金属元素生物降解与生物地球化学循环

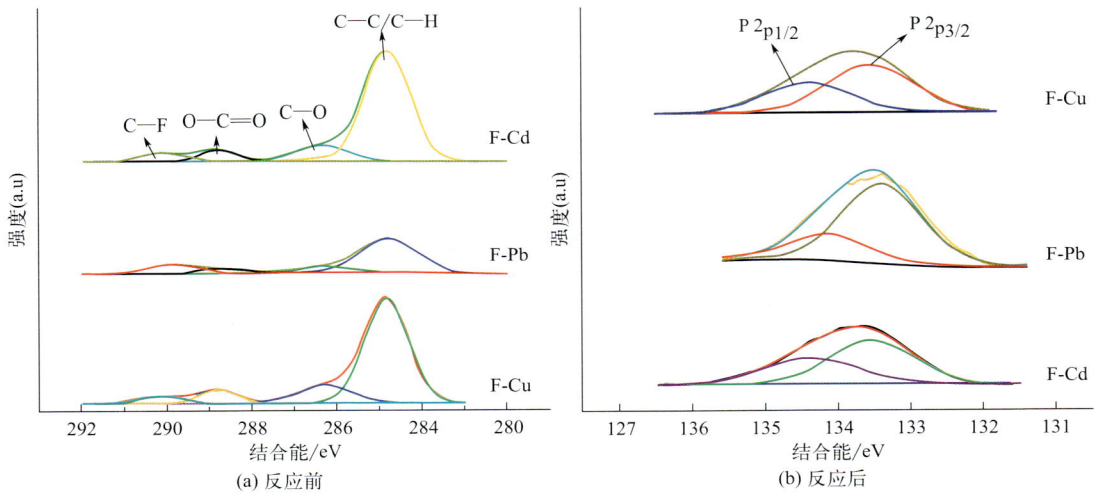

图 3.30   F 型材料与重金属反应前后 XPS 图谱

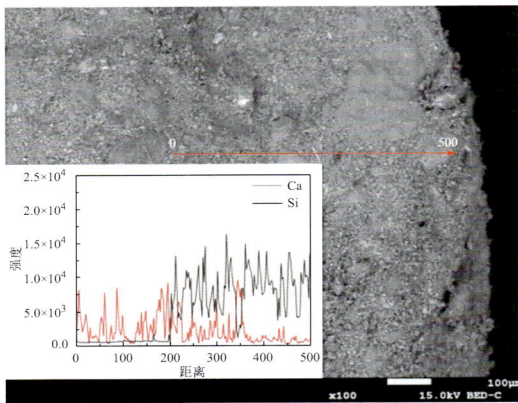

(a) SEM图-1 (插图表示Ca和Si元素的线分布)

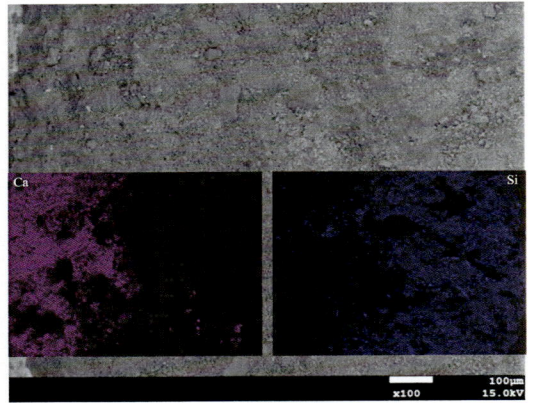

(b) SEM图-2 (插图表示Ca和Si元素的分布)

(c) 稳定化前

(d) 稳定化后

图 3.68   HWA 的 SEM 图、稳定化前和稳定化后的土壤

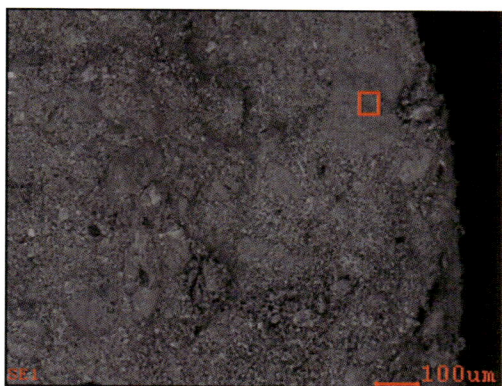

(a) SEM图-1

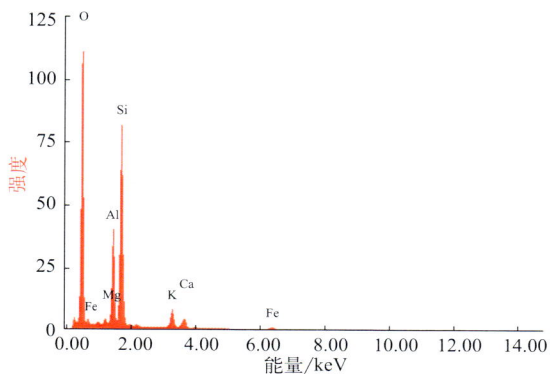

(b) 小球外表面EDS-1

元素	质量分数/%
O	51.26
Mg	00.83
Al	11.58
Si	27.23
K	04.42
Ca	02.71
Fe	01.98

(c) 小球外表面EDS-2

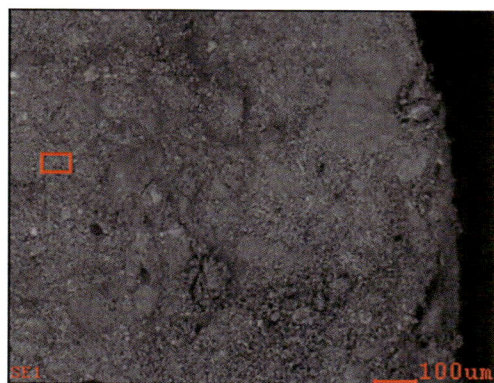

(d) SEM图-2

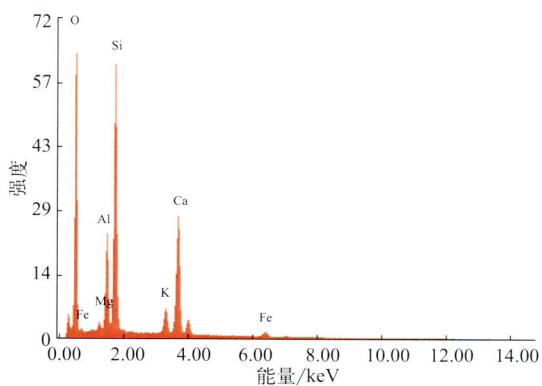

(e) 小球内部EDS-1

元素	质量分数/%
O	45.23
Mg	00.66
Al	07.23
Si	21.09
K	03.62
Ca	19.55
Fe	02.62

(f) 小球外部EDS-2

图3.69 半包裹稳定化材料的SEM图，小球外表面及内部的EDS分析

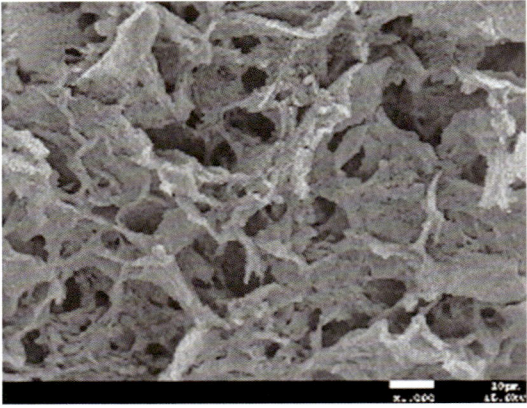

(a)

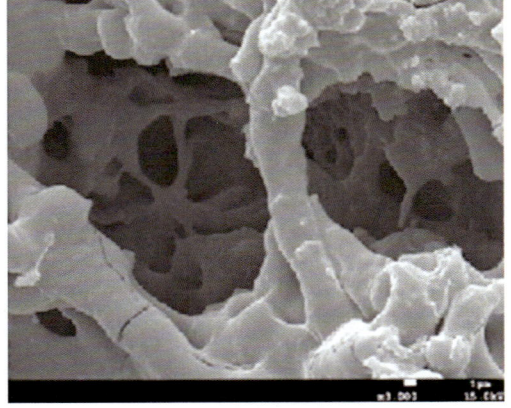

(b)

(c)

(d)

图3.76 负载铁氧化物的多孔高分子凝胶型稳定化材料的SEM图

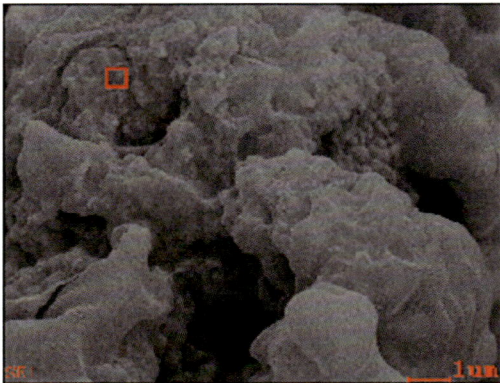

元素	质量分数/%	原子分数/%
N	18.26	27.75
O	38.65	51.45
Cl	19.91	11.96
Fe	23.18	08.84

注：采用ZAF定量校正法，Z表示原子序数校正因子，
A表示吸收校正因子，F表示荧光校正因子

图3.77 负载铁氧化物的多孔高分子凝胶型稳定化材料的EDS图

(a) 原有原材料料仓

(b) 改造后雷达料位计

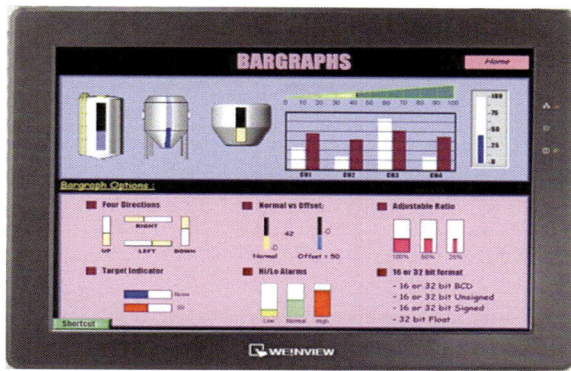

(c) 改造后显示器界面

图4.2 原料仓

(a) 原有包装机

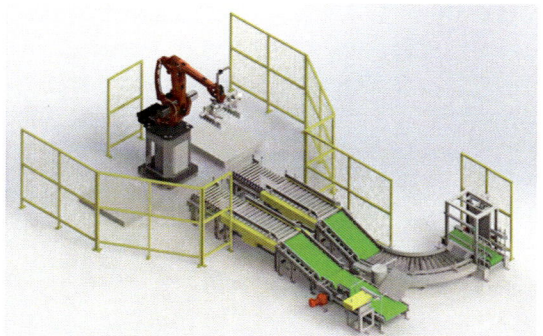

(b) 改造后全自动包装堆垛

图4.3 包装码垛

(a) 改造前

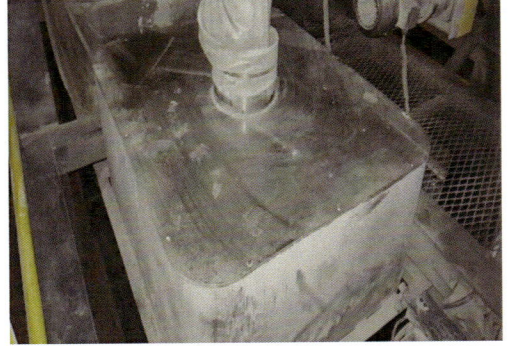

(b) 改造后

图4.4 改造后原材料仓排气口

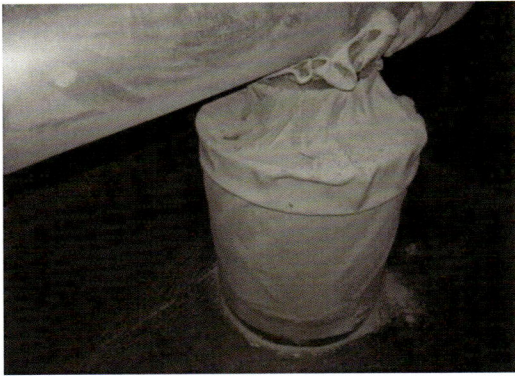

(a) 原计量仓入口

(b) 新换橡胶波纹管

图4.5 改造后计量仓入口

增加排气口

图4.6 改造后计量仓盖

(a) 原有现状

(b) 预埋地基及隔声彩钢板

图4.7 改造后风机房

(a) 原有堆垛存储区

(b) 改造后全自动包装堆垛存储区

图4.8 厂房堆垛

(a) 上料模块

(b) 存储和计量模块

(c) 包装和码垛模块

(d) 包装模块

(e) 机器人码垛模块

(f) 中控系统

图4.9 稳定剂制备系统

(a) 添加药剂

(b) 样品采集

(c) 混合搅拌

图 5.13 小试添加药剂、样品采集与混合搅拌试验

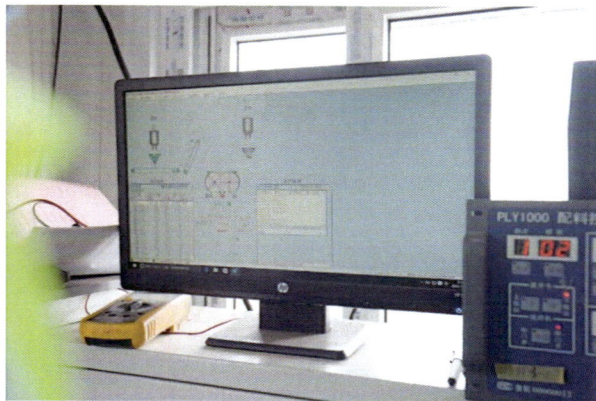

图 5.25 控制室

图 6.1 工程修复范围

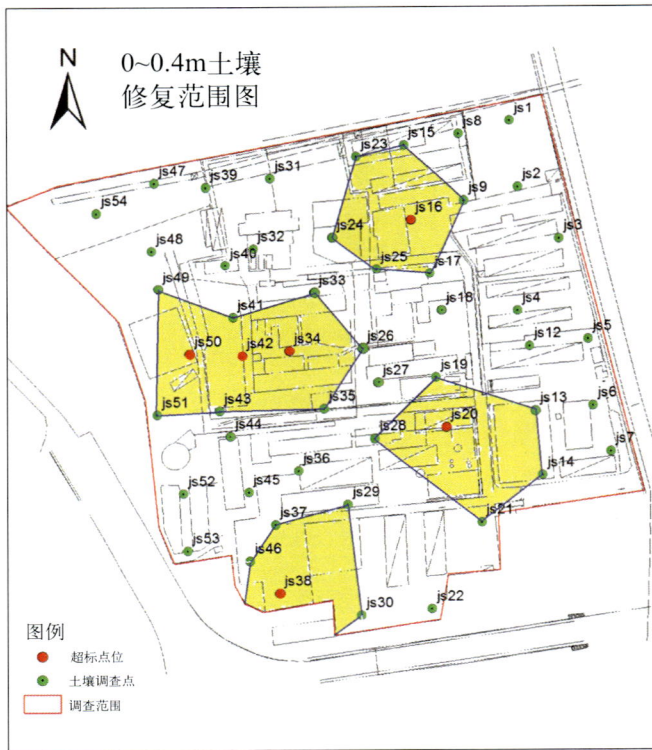

图6.20　土壤修复范围

(a) 修复前

(b) 修复后

图6.37　工程场地